U0175151

本丛书得到国家社科基金艺术学重大项目"中国传统工艺的当代价值研究"（17ZD05）支持

中国传统工艺经典

杭间 主编

髹饰录图说

〔明〕黄成 著 〔明〕扬明 注

长北 校勘、注释、解说

山东画报出版社

图书在版编目（CIP）数据

髹饰录图说 / （明）黄成著；（明）扬明注；长北校勘、注释、解说. —济南: 山东画报出版社, 2021.9
（中国传统工艺经典/杭间主编）
ISBN 978-7-5474-3346-1

Ⅰ. ①髹… Ⅱ. ①黄… ②扬… ③长… Ⅲ. ①漆器－生产工艺－中国－明代－图解 Ⅳ. ①TS959.3-64

中国版本图书馆CIP数据核字(2019)第301409号

XIUSHILU TUSHUO

髹饰录图说

〔明〕黄成 著 〔明〕扬明 注 长北 校勘、注释、解说

项目统筹 怀志霄
责任编辑 张 欢
装帧设计 王 芳

出 版 人 李文波
主管单位 山东出版传媒股份有限公司
出版发行 山东画报出版社
　　　　　　社　　　址　济南市市中区英雄山路189号B座　邮编 250002
　　　　　　电　　　话　总编室（0531）82098472
　　　　　　　　　　　　市场部（0531）82098479　82098476（传真）
　　　　　　网　　　址　http://www.hbcbs.com.cn
　　　　　　电子信箱　hbcb@sdpress.com.cn
印　　　刷 山东临沂新华印刷物流集团有限责任公司
规　　　格 976毫米×1360毫米　1/32
　　　　　　13.5印张　227幅图　376千字
版　　　次 2021年9月第1版
印　　　次 2021年9月第1次印刷
书　　　号 ISBN 978-7-5474-3346-1
定　　　价 126.00元

如有印装质量问题，请与出版社总编室联系更换。

总　序

杭　问

　　十七年前，我获得了国家社科基金艺术学项目的资助，开展"中国艺术设计的历史与理论"研究，这大约是国家社科基金最初支持设计学研究的项目之一；当时想得很多，希望古今中外的问题都有所涉略，因此，重新梳理中国古代物质文化经典就成为必须。这时候的学界，对物质文化的研究早有人开展，除了考古学界，郑振铎先生、沈从文先生、孙机先生等几代文博学者，也各有建树，成就斐然。但是在设计学界，除了田自秉先生、张道一先生较早开始关注先秦诸子的工艺观以外，整体还缺少系统的整理和研究。

　　这就成为我编这套书的出发点，我希望在充分继承前辈学人成果的基础上，首要考虑如何从当代设计发展"认识"的角度，对这些经典文本展开解读。传统工艺问题，在中国古代社会格局中有特殊性，儒道互补思想影响下的中国文化传统中，除《考工记》被列为齐国的"官书"外，其他与工艺有关的著述，多不入主流文化流传，而被视为三教九流之末的"鄙事"，因此许多工艺著作，或流于技术记载，或附会其他，有相当多的与工艺有关的论著，没有独立的表述形式，多散见在笔记、野史或其他叙述的片段之中。这就带来一个最初的问题，在浩瀚的各类传统典籍中，如何认定"古代物质文化经典"？尤其是"物质文化"（Material Culture）近年来有成为文化研究显学之势，许多社会学家、文化人类学者涉足区域、民族的衣食住行研究，都从"物质文化"的角度切入，例如柯律格对明代文人生活的研究，金耀基、乔健等的民族学和文化人类学研究等；这时候还有一个问题需要特别指出，这就是"非物质文化遗产"的概念随着联合国教科文组织对其的推进，也逐渐开始进入中国的媒体语言，但在设计学界受到冷落，"传统工艺""民间工艺"等概念，被认为比"非物质"更适合中国表述，因此，确立"物质文化"与中国设计学"术"的层面的联系，也是选本定义的重要所在。

其实，在中国历史的文化传统中，有一条重生活、重情趣的或隐或显的传统，李渔的朋友余怀当年在《闲情偶寄》的前言中说：王道本乎人情，他历数了中国历史上一系列具有生活艺术情怀的人物与思想传统，如白居易、陶渊明、苏东坡、韩愈等，联想传统国家治理中的"实学"思想，给了我很大的启发，这就是中国文化传统中的另外一面，从道家思想发展而来的重生活、重艺术、重意趣心性的源流。有了这个认识，物质文化经典的选择就可以扩大视野，技术、生活、趣味等，均可开放收入，思想明确了，也就具有连续、系统的意义。

上述的立场决定了选本，但有了目标以后，如何编是一个关键。此前，一些著作的整理成果已经在社会上出版并广为流传，例如《考工记》《天工开物》《闲情偶寄》等，均已经有多个注解的版本。当然，它们都是以古代文献整理或训诂的方式展开，对设计学的针对性较差。我希望可以从当代设计的角度，古为今用，揭示传统物质文化能够启迪今天的精华。因此，我对参与编注者有三个要求：其一，继承中国古代"注"的优秀传统，"注"不仅仅是说明，还是一种创作，要站在今天对"设计"的认识前提下，解读这些物质经典；其二，"注"作为解读的方式，需要有"工具"，这就是文献和图像，而后者对于工艺的解读尤其重要，器物、纹样、技艺等，古代书籍版刻往往比较概念化，语焉不详；为了使解读建立在可靠的基础上，解读可以大胆设想、小心求证，但文献和图像的来源，必须来自1911年前的传统社会，它们的"形式"必须是文献、传世文物和考古发现，至于为何是1911年，我的考虑是通过封建制在清朝的覆灭，作为传统生活形态的一次终结，具有象征意义；其三，由于许多原著有关技艺的词汇比较生僻，并且，技艺的专业性强，过去的一些古籍整理学者尽管对原文做了详尽的考据，但由于对技艺了解的完整度不够，读者仍然不得其要，因此有必要进行翻译，对于读者来说，这样的翻译是必要的，因为编注者懂技艺，使得他的翻译能建立在整体完整的把握的基础上。

正因为编选者都是专业出身，我要求他们扎实写一篇"专论"用作导读，除了对作者的生平、成书、印行后的流布及影响做出必要的介绍外，还要对原著的内容展开研究，结合时代和社会变化，讨论工艺与政治、技艺与生活、空间营造与美学等的关系，因此这篇文字的篇幅可以很长，是一篇独立的论文。我还要求，需要关心同门类的著作的价值和与之关系，例如沈寿的《雪宦绣谱》，之前历史上还有一些刺绣著述，如丁佩的《绣谱》，虽然没有沈寿的综合、影响大，但在刺绣的发展上，依然具有重要价值，由于丛书选本规模所限，不可能都列入，因此在专论里呈现，可以让读者看到本领域学术的全貌。

如何从现代设计的角度去解读这些古代文献，是最有趣味的地方，也是最有难度的地方。这种解读，体现了编注者宏富的视野，对技艺发展的深入的理解，对原文表达的准确的洞察，尤其是站在现代设计的角度，对古代的"巧思"做出独特的分析，它不仅可从选一张贴切的图上面看出，也更多呈现在原文下面的"注"上，我注六经，六经注我，重在把握的准确和贴切，好的注，会体现作者深厚的积累和功力，给原文以无限广阔的延伸，所以我跟大家说，如有必要，"注"的篇幅可以很长，不受限制。当然这部分最难，因人而异，也因此，这套丛书的编注各具角度和特色。由于设计学很年轻，物色作者很伤脑筋，一些有影响的研究家当然是首选，但各种原因导致无法找到全部，我大胆用了文献功底好的年轻人，当时确实年轻，十七年以后，他们

三

都已经成为具有丰富建树的中坚翘楚。

要特别提到的是山东画报出版社的刘传喜先生，他当年是社长兼总编辑，这套书的选题，是我们在北京共同拟就的，传喜社长有卓越的出版人的直觉，他对选题的偏爱使得决策迅速果断；他还有设计师的书籍形态素养，对这套丛书的样貌展望准确到位。徐峙立女士当年是年轻的编辑室主任，她也是这套书的早期策划编辑，从开本、图文关系、注解和翻译的文风，以及概说的体例，等等，都是重要的思想贡献者。

这套书出版以来，除了受到设计界的好评外，还受到不少喜欢中国传统文化读者的喜爱，尤其是港澳台等地的读者，对此套丛书长期给予关注，询问后续出版安排，而市面上也确实见不到这套丛书的新书了，有鉴于此，在徐峙立女士的推动下，启动了此丛书的再版，除了更正初版明显的错误外，还因为2018年我又获得国家社科基金艺术学重大项目"中国传统工艺的当代价值研究"的立项支持，又开始了后续物质文化经典的编选和选注工作，并重新做了开本和书籍设计。

也借此机会，把当年只谈学术观点的总序重写，交代了丛书的来龙去脉。在过了十七年后，这样做，颇具有历史反思的意味，"图说"这种样式当年非常流行，我们的构思也不可免俗地用了流行的出版语言，但显然这套丛书的"图说"与当年流行的图说有很大的不同，它希望通过读文读图建构起当代设计与古代物质生活之间全方位的关系，"图"不仅仅是形象的辅助，而更是一种解读的"武器"，因而也是这套书能够再版的生命力所在。对古代文献的解读仍然只是开始，这些著述之所以历久常新，除了原著本身的价值外，还因为读者从中看到了传统生活未来的价值。

是为序。

2019年12月19日改定于北京

目　录

专论：论古代漆器髹饰工艺的经典著作《髹饰录》 .... 一

凡例 .... 二一

原典及校勘、注释、解说

髹饰录 .... 二七

髹饰录·序 .... 三〇

髹饰录·乾集 .... 三六

利用第一 .... 三八

楷法第二 .... 一一〇

三法 .... 一一〇

二戒 .... 一一四

四失 .... 一一五

三病 .... 一一八

六十四过 .... 一一九

髤漆之六过 .... 一二一

色漆之二过 .... 一二六

彩油之二过 .... 一二七

一

贴金之二过 ……………………………… 一二九

罩漆之二过 ……………………………… 一三〇

刷迹之二过 ……………………………… 一三一

蓓蕾之二过 ……………………………… 一三三

揩磨之五过 ……………………………… 一三四

磨显之三过 ……………………………… 一三七

描写之四过 ……………………………… 一三九

识文之二过 ……………………………… 一四一

隐起之二过 ……………………………… 一四二

洒金之二过 ……………………………… 一四三

缀蜔之二过 ……………………………… 一四五

款刻之三过 ……………………………… 一四六

鎗划之二过 ……………………………… 一四八

剔犀之二过 ……………………………… 一五〇

雕漆之四过 ……………………………… 一五二

裹衣之二过 ……………………………… 一五四

单漆之二过 ……………………………… 一五六

糙漆之三过 ……………………………… 一五八

丸漆之二过 ……………………………… 一六〇

布漆之二过 ……………………………… 一六一

捎当之二过 ……………………………… 一六二

补缀之二过 ……………………………… 一六四

髹饰录·坤集 ……………………………… 一六七

质色第三 ……………………………… 一六九

纹䰄第四 ……………………………… 一八八

罩明第五 ……………………………… 一九四

描饰第六 ……………………………… 二〇一

填嵌第七 .... 二一三

阳识第八 .... 二四〇

堆起第九 .... 二四九

雕镂第十 .... 二五四

鎗划第十一 .... 二九二

斒斓第十二 .... 二九九

复饰第十三 .... 三二九

纹间第十四 .... 三四〇

裹衣第十五 .... 三五〇

单素第十六 .... 三五五

质法第十七 .... 三六四

尚古第十八 .... 三九五

参考文献 .... 四〇三

髹饰工艺术语索引 .... 四〇八

后记 .... 四一四

专论：论古代漆器髹饰工艺的
经典著作《髹饰录》

《髹饰录》是中国古代唯一传世的漆器工艺专著。"髹饰"一词，初见于《周礼》①。"髹"②指拿刷子蘸漆髹涂器物；"饰"，指装饰；"髹饰"指用漆髹涂器物并且制为装饰。今人统称艺术髹涂为"漆艺"。

一、《髹饰录》的主要内容

《髹饰录》诞生于明代隆庆年间（1567—1572），作者黄成，为安徽新安名漆工。半个世纪以后的天启年间（1621—1627），浙江嘉兴名漆工扬明为之笺注。就是这样一本原典加原注不足万言的专著，成为中国、东亚乃至世界髹饰工艺史上永远的经典。

书分乾、坤两集，计18章、220条。《乾集》与《坤集》集首，黄成各以百余字导言说明全集要旨。《乾集》凡2章，《利用第一》记录制造漆器的材料、工具、设备，《楷法第二》提出髹饰工则，列举各类工

---

① 〔汉〕郑玄注，〔唐〕贾公彦疏：《周礼注疏·卷二十七》："驸车……髹（原文作'髤'）饰。"〔清〕永瑢等编：《文渊阁四库全书》第90册，台湾商务印书馆，1986年版，第504页。以下此书不再注出版本。

② 髹：颜师古注："以漆漆物谓之髹（原文作'髤'）。"〔汉〕班固：《汉书·卷九十七下·外戚传第六十七下》，中华书局，1962年版，第3989页。

一

艺可能产生的过失。《坤集》凡16章：《质色第三》至《单素第十六》14大类漆器装饰工艺：《质色第三》章记光底漆胎上素髹一色漆或油饰、金髹的工艺，《纹䰄第四》章记漆面以细阳纹为装饰的工艺，《罩明第五》章记色地或洒金地上罩透明漆的工艺，《描饰第六》章记漆面描写纹饰的工艺，《填嵌第七》章记以彩漆、金银、螺钿埋伏纹饰、髹漆再磨显出纹饰、文质齐平的工艺，《阳识第八》章记漆面平起或线起阳纹的工艺，《堆起第九》章记漆面堆起图画并加以雕刻的工艺，《雕镂第十》章记漆胎浮雕图画或刻如雕版的工艺，《鎗划第十一》章记在漆面轻镂浅划出阴纹后戗入金、银箔粉或彩漆的工艺，《斒斓第十二》章记如何将两种或三种装饰工艺谐调地并施于一件漆器，《复饰第十三》章记如何在已经装饰了纹样的漆地上再以另一门工艺制为花纹装饰，《纹间第十四》章记文质齐平的填漆、嵌螺钿、嵌金银工艺与文质不平的戗划工艺、款彩工艺互为主、次装饰，《裹衣第十五》章记胎上不做灰漆、糊裹皮、罗或纸为表面装饰的工艺，《单素第十六》章记胎骨只打底不做灰漆的单漆、单油工艺。这14章，"总论成饰而不载造法"；至《质法第十七》直切造法，详细记录制造光底漆胎的工艺步骤；《尚古第十八》记漆器的仿古、仿时与修复，托出"温古知新"的主旨。总之，《乾集》以天象设喻，《坤集》言效法古人，作者以"乾""坤"二字为上、下两集命名，当受《周易》"成象之谓乾，效法之谓坤"（《易传·系辞上传》）的启示。黄成从哲学高度论述髹饰工艺并且梳理出完整体系，使《髹饰录》成为《考工记》之后中国古代考工的重要文献。现将《髹饰录》各章集内容以表归纳如下：

《髹饰录》内容简表

集别	章名	条目起迄	内容	条目细则
《乾集》序			总论髹饰工具和工匠法则中的天道	
《乾集》	《利用第一》	第1～39条	记制造漆器的材料、工具、设备	原典凌乱未做归类，请参见《利用第一》章首"《利用》章条目内容归类简表"
	《楷法第二》	第40～115条	提出髹饰工则，列举各类工艺可能产生的过失	《三法》《二戒》《四失》《三病》《六十四过》
《坤集》序			总论髹饰工艺分类中的阴阳大道	
《坤集》分类记录文法，其中，第三章至第十四章器胎用"质法"工艺制成，第十五、十六章器胎不需要用"质法"工艺制作	《质色第三》	第116～123条	记光底漆胎上髹推光漆或油饰、金髹的工艺，属阴	"黑髹""朱髹""黄髹""绿髹""紫髹""褐髹""油饰""金髹"
	《纹䰎第四》	第124～127条	记漆面以细阳纹为装饰的工艺，属阳	"刷丝""绮纹刷丝""刻丝花""蓓蕾漆"
	《罩明第五》	第128～131条	记色地罩透明漆的工艺，属阴	"罩朱髹""罩黄髹""罩金髹""洒金"
	《描饰第六》	第132～136条	记漆面描写纹饰的工艺，属阳（唯"描金罩漆"属阴）	"描金""描漆""漆画""描油""描金罩漆"
	《填嵌第七》	第137～143条	记以彩漆、金银、螺钿埋伏纹饰、髹漆再磨显出纹饰、文质齐平的工艺，属阴	"填漆"（下记"镂嵌填漆"）"绮纹填漆""彰髹""螺钿""衬色蜔嵌""嵌金、嵌银、嵌金银""犀皮"
	《阳识第八》	第144～148条	记漆面平起或线起阳纹的工艺，属阳	"识文描金""识文描漆""揸花漆""堆漆""识文"
	《堆起第九》	第149～151条	记漆面堆起图画并加以雕刻的工艺，属阳	"隐起描金""隐起描漆""隐起描油"

三

（续表）

集别	章名	条目起迄	内容	条目细则
《坤集》分类记录文法，其中，第三章至第十四章器胎用"质法"工艺制成，第十五、十六章器胎不需要用"质法"工艺制作	《雕镂第十》	第152～163条	记漆胎浮雕图画或刻如雕版的工艺，属阳	"剔红""金银胎剔红""剔黄""剔绿""剔黑""剔彩""复色雕漆""堆红""堆彩""剔犀"
	《鎗划第十一》	第164～165条	漆面轻镂浅划出阴纹、戗入金、银箔粉或彩漆的工艺，属阴	"鎗金"（含"鎗银"）"鎗彩"
	《斒斓第十二》	第166～184条	记几种装饰工艺谐调地并施于一件漆器，有属阳，有属阴	综合工艺、日本传入的新工艺共19种，顺序较为散乱
	《复饰第十三》	第185～189条	记美纹地子上再以一种或几种工艺制为花纹装饰，有属阳，有属阴	"洒金地诸饰""细斑地诸饰""绮纹地诸饰""罗纹地诸饰""锦纹鎗金地诸饰"
	《纹间第十四》	第190～195条	记文质齐平的填漆、嵌螺钿、嵌金银工艺与文质不平的戗划工艺、款彩工艺互为主次装饰，属阴	"鎗金间犀皮""款彩间犀皮""嵌蚌间填漆，填漆间螺钿""填蚌间鎗金""嵌金间螺钿""填漆间沙蚌"
	《裹衣第十五》	第196～198条	记胎上不做灰漆而糊裹皮、罗或纸为表面装饰的工艺，属阳	"皮衣""罗衣""纸衣"
	《单素第十六》	第199～202条	记胎骨打底后不做灰漆就髹漆或髹油的工艺，属阴	"单漆""单油""黄明单漆""罩朱单漆"

（续表）

集别	章名	条目起迄	内容	条目细则
《坤集》分类记录文法，其中，第三章至第十四章器胎用"质法"工艺制成，第十五、十六章器胎不需要用"质法"工艺制作	《质法第十七》	第203～217条	别于上述十四章"不载造法"，本章直切造法，记制造光底漆胎的基本程序	从"楷榡""合缝""捎当""布漆""垸漆"到"糙漆"共六步（"漆际"例外）
	《尚古第十八》	第218～220条	记漆器的仿古、仿时与修复，托出全书"温古知新"的主旨	"断纹""补缀""仿效"

二、《髹饰录》的经典意义

以下试从四个方面分析《髹饰录》的经典意义：

1.系统梳理出髹饰工艺的完整体系

中国漆器艺术的最高峰在宋元①。明永、宣年间，漆工"以唐为古格，以宋元为通法"创为新式，于是出现了中国漆器艺术的又一高峰；明中晚期，江南经济极端繁华，髹饰工艺集历代髹饰工艺之大成，进入了"千文万华，纷然不可胜识"（引文见《髹饰录·序》）的境界。《髹饰录》正诞生在中国漆器髹饰工艺集大成时期的江南。它全面梳理和系统确立了中国漆器髹饰工艺的完整体系，记录了千文万华的漆器装饰，提出了较为合理的工艺分类法则。作者对漆器装饰工艺的逐条记录，蔚成大观又体系完整，纲目清晰，使后世漆工既可以追宗溯源、技

---

① 明代董其昌说漆器："其佳者有古犀毗，有剔红，有堆红，有戗金，有攒犀，有螺钿，亦无宋以前之物，继宋作者莫能逾也。"诚为极高明识见。〔明〕董其昌：《骨董十三说》，金城出版社，2012年版，第37页。

有所本，又能据此生发不断创新；作者为各类漆器装饰定名并且分类，使后世文物工作者为古代漆器定名分类有所凭据；作者品鉴髹饰工艺良窳，切中肯綮，成为后世漆艺研究者、收藏者的重要参照；作者以阴、阳变化作为漆器装饰工艺分类的标准，尤为极富中国特色的创造。

《髹饰录》问世以后，大漆髹饰工艺不断成长衍变精进，大体是在《髹饰录》记录的工艺体系基础上变通、更新和超越。有《髹饰录》这样一本经典在，人们就可以按照它所记录的髹饰工艺体系，全面恢复失传、失制的大漆髹饰工艺，重振中华漆文化的光荣传统；人们就可以在它记录的髹饰工艺体系基础上创新，按照其归类法则记录新创工艺，使髹饰工艺生生不灭，光景常新。现代，中国各地的漆艺家们，逐条仿效《髹饰录》记录的漆器髹饰工艺，创作出许多反映时代精神面目的新艺术品；日、韩漆艺家对《髹饰录》和髹饰工艺传统的尊重与敬畏，有过中华子民。《髹饰录》将与中华历史、东亚历史同在，流淌在东亚文化、人类文化的长河之中。

2. 集中反映天人合一的造物思想

《髹饰录》集中反映了中华文化传统中"天人合一"的造物思想，"天人合一"成为贯穿全书的思想主线。

《乾集》卷首导言道："凡工人之作为器物，犹天地之造化……利器如四时，美材如五行。四时行、五行全而百物生焉，四善合、五采备而工巧成焉。今命名附赞而示于此，以为《乾集》。乾所以始生万物，而髹具、工则，乃工巧之元气也。乾德至哉！"中国古代，人们视天为最高信仰，"大哉乾元，万物资始，乃统天"（《易传·象辞上传》），工匠制造器物，正是对天地自然的模仿，工具、材料好比四时、五行，四时、五行化生万物，天时、地气、材美、工巧相合，再巧用五色，便造成器物。《乾集》开首，便凸显出中国古代天人合一的造物观。

此集中，以天、地、日、月、星、风、雷、电、云、虹、霞、雨、露、霜、雪、霰、雹等天文景象，春、夏、秋、冬、暑、寒、昼、夜等时令交替，山、水、海、潮、河、洛、泉等山川景象比附制造漆器的材料与工具。如：黄成以"天运"比附旋床，因为旋床像天一样环形运转；以"日辉"比附金，因为金光好比阳光；以"月照"比附银，因为银光恰如月光；以"电掣"比附锉刀，因为使用锉刀如风驰电掣；以"云彩"比附颜料，因为漆调颜料如五色彩云；以"水积"比附湿漆，因为漆是漆树的汁液；以"露清"比附桐油，因为桐油如露之清；等等。黄成记，"土厚，即灰……大化之元，不耗之质"，扬明注，"黄者，厚也，土色也。灰漆以厚为佳。凡物烧之则皆归土，土能生百物而永不灭，灰漆之体，总如卒土然矣"。土是造物主赋予人类的物质，在五行之中居于首位，不管什么物质，焚烧以后都归于泥土，土能化生百物而永远不灭，做漆器用的灰，大抵像随处可见的黄土。黄成用隐语指代制造漆器的材料工具，读者很难贸然理解，而一俟联想到"名"与"实"诸方面的关联，又不能不为他丰富的联想叫绝。

《坤集》卷首导言道："凡髹器，质为阴，文为阳。文亦有阴阳，描饰为阳。描写以漆。漆，木汁也。木所生者火而其象凸，故为阳。雕饰为阴，雕镂以刀。刀，黑金也，金所生者水而其象凹，故为阴。此以各饰众文皆然矣。今分类举事而列于此，以为《坤集》。坤所以化生万物，而质、体、文、饰，乃工巧之育长也。坤德至哉！"中国古人认为，万物都由地所化生，"至哉坤元，万物资生，乃顺承天"（《易传·象辞上传》）。《坤集》以阴阳五行为纲，为纷纭错综的漆器装饰工艺定位并且分类：凡是造漆器，地子是阴，纹饰是阳；漆器用漆来描写花纹，漆是木，木生火，描写的花纹凸起于漆面，所以是阳；雕镂的刀是黑金，金生水，雕镂的花纹凹陷于漆面，所以是阴。据此，不管什么漆器装饰都可以区分阴阳，阴阳相调才能化生万物，阴阳相调，漆器装饰才能臻于完善。

中国古代，以"天有时，地有气，材有美，工有巧"为造物法则（《考工记》）。《髹饰录》乾、坤集导言和每条内容，莫不强调工人制造器物当取法天地造化。作者以乾坤大道阐述髹漆工则；以天、地、阴、阳、四时、五行附会漆器工艺，强调人与自然和谐，人应该尊重自然，师法自然，利用自然材料造物，体现了中国古代"天人合一"的造物观。反思近百年来，人类对自然近乎疯狂地毁坏掠夺，遭到了自然的报复。今天，人类终于重新发现了中华先民的生存智慧——"天人合一"，觉悟到了只有敬畏自然，尊重自然，善待自然，与自然和谐相处，自然才会给人健康的生命、轻松的生活和无尽的收获。"天人合一"既是疗救工业社会弊端的灵丹妙药，也是传承手工技艺的至理大道。

3.严格树起了敬业敏求的工匠规范

黄成将工匠品德作为漆工入门之前必须知晓的工则，置于《髹饰录》第二章并予以高度强调。《楷法第二》涵盖两方面内容：《三法》《二戒》《四失》《三病》，从理论上树起了一个合格漆工的品德规范；《六十四过》则靠实论述髹饰工艺中可能产生的过失。《三法》中，"巧法造化"指师法自然，"质则人身"指漆器的胎、灰、布、漆当取法人体的骨、肉、筋、皮，"文象阴阳"指漆器纹饰当据阴、阳设定。作者一次次地提出取法天地造化的造物法则，甚至将它列入工则。《二戒》说，忌"淫巧荡心"，忌"行滥夺目"，也就是反对装饰过度，反对粗制滥造。扬明注"淫巧荡心"说，"过奇擅艳，失真亡实"；注"行滥夺目"说，"共百工之通戒，而漆匠尤须严矣"。黄成以全书大半的篇幅记录林林总总的漆器装饰，同时反对过于奇巧、华而不实的时风，反对舍本逐末、虚有其表而实质偷工减料的制品，在明中叶以来业已泛滥了的造物奇巧之风之中，实属难能可贵。《四失》是，"制度不中""工过不改""器成不省""倦懒不力"，黄成要求工匠自始至终都要具备勤勉的、一丝不苟的工作态度，制器前，要了解髹漆工则；制器中，要知过即改；制器后，要严格省察；第四失"倦懒不力"，扬明注"不可雕"，语出《论语》"朽木不可雕"，则明显指向工匠的品行。黄成认为，工匠品行最为重要，如果一个漆工连敬业精神都不具备，和他奢谈工则，又有何用？由于学成手艺的不易和手艺创作给工匠带来的精神愉悦，古代工匠总是以虔诚的心态沉浸于手艺，所谓"不问千日工，只问谁人做"，练好手艺不仅是谋生需要，更是工匠内心的精神需求。《楷法》章强调的，正是这种近乎宗教虔诚般的敬业精神。《三病》是："独巧不传""巧趣不贯""文彩不适"。扬明注"独巧不传"道，"国工守累世，俗匠擅一时"，不仅反对技艺不肯传人的保守观念，更对工匠提出了要当国之名工、不当俗匠的期愿；"巧趣不贯"要求漆工注意艺术作品整体趣味的连贯；"文彩不适"要求漆工注意花纹色彩的适度。一件漆器，如果整体不和谐，装饰不适当，愈奇巧，愈与美感背道而驰。"贯"与"适"，正是艺术作品传达美感的关键。

除《楷法》章外，敬业、敏求的工匠精神贯穿全书。如黄成对洗盆和手巾的解释是，"作事不移，日新去垢"（《利用第一》），语出《礼记·大学》："汤之盘铭曰：苟日新，日日新，又日新"，扬明注："宜日日动作，勉其事不移异物，而去懒惰之垢，是工人之德也"，显然不仅在解释洗盆，更要求工人像每天盥洗一样日日自省。书末讲仿效古漆器，仿效的目的是"以其不易得，为好古之士备玩赏耳，非为卖骨董者之欺人贪价者作也"（《尚古第十八》），扬明注，"有款者模之，则当款旁复加一款曰：'某姓名仿造'"。对比今天人心的浮躁与假货的泛滥，黄成、扬明严肃不欺世的态度，堪为工匠百世师、万世法。

4.通篇体现了温古知新的创新精神

《髹饰录》诞生在中国社会转型时期的中晚明，西方思想随传教士来华进入中国，中日两国进入了民间频繁交往的崭新阶段，日本髹饰工艺前所未有地进入了中国。黄成与扬明一次次赞扬"倭制""倭纸"云云，体现出开放的视野和开放的胸怀。这是极其难能可贵的。

基于开放形势下的开放胸怀、开放视野，重振传统、锐意创新便成为全书主旨。中外艺术史上，不乏借"复古"创新的实例，如唐代古文运动、西方文艺复兴运动等。鉴于明中晚期漆器审美倒退、唐宋古法湮灭的现状，黄成于书末专设《尚古》一章，扬明更高张起了"温古知新"的大旗，"一篇之大尾。名尚古者，盖黄氏之意在于斯。故此书总论成饰而不载造法，所以温古知新也"（《尚古第十八》章首扬明注）。黄成记"剔红"道，"唐制多如印板，刻平锦，朱色，雕法古拙可赏；复有陷地黄锦者。宋元之制，藏锋清楚，隐起圆滑，纤细精致"（《雕镂第十》），推崇的是唐代剔红的古拙和宋元剔红的藏锋含蓄；扬明注"洒金"道，"近有用金银薄飞片者甚多，谓之假洒金。又有用锡屑者，又有色糙者，共下卑也"（《罩明第五·洒金》条下），眼见洒金工艺较于唐宋的倒退，扬明对造假者表示不屑。黄成反复夸赞"宋元之制"，提出"模拟历代古器及宋、元名匠所造，或诸夷、倭制等者"，目的是"为好古之士备玩赏"亦即适应明中期收藏市场的需要，"不必要形似，唯得古人之巧趣与土风之所以然为主"一句最堪人们深思：学习古人，不要徒学形骸，而要琢磨古人审美及审美观的时代成因。为激励工匠创新，《髹饰录》除《质法》章记录制胎程序以外，各章"总论成饰而不载造法"（《尚古第十八》章首扬明注）。"不载造法"可以使工匠不为成法所拘，温习"成饰"，再创新法。温古知新的创新精神，是黄成、扬明与庸匠夜郎自大、不思进取、"一招吃遍天"的根本区别。面对今天大漆髹饰工艺传统的大范围丢失，《髹饰录》"温古知新"的创新法则，不正为今人丢弃传统的"创新"敲响了警钟吗？

三、《髹饰录》的时代局限

作为古人著作，《髹饰录》不可能不打上时代印记。

1.思想局限

《髹饰录》的思想局限举其首者，在于对民间诉求的忽视。髹饰工艺是一项广泛服务于民众生活的手工技艺，不仅用于髹饰漆器，还长期被运用于琴瑟、民具、家具、建筑构架等的髹饰。《髹饰录》却把著书立说的主旨定位在"为好古之士备玩赏"上，明确声明意在尚古。因此，全书倾力记录各种漆器装饰，却将民具髹饰中使用频率最高的"单素"工艺放在《坤集》末尾略笔带过，对民间最为常见的油光漆髹饰工艺忽略不记。而恰恰是在民间，髹饰工艺才有着健康质朴、生生不灭的活力。让大漆髹饰工艺回归民间，回归生活，这是笔者在系统梳理漆器髹饰工艺的同时，也整理古琴、民具、家具、建筑构架等髹饰工艺的苦心所在。

《髹饰录》全书中，黄成过多地套用经史名句，致使与工艺无关的文字量超出记录工艺的文字量，更使叙述蒙上了层层面纱。如黄成对旋床的解释是，"有余不足，损之补之"，语出《老子·七十七章》"有余者损之，不足者补之"；黄成对湿漆的解释是"其质分坎，其力负舟"，语出《易传·说卦传》"坎为水"、《庄子·逍遥游》"且夫水之积也不厚，则其负大舟也无力"；黄成将曝漆盘并煎漆锅命名为"海大"，解释为"其为器也，众水归焉"，语出《庄子·外篇》"天下之水莫大于海，万川归之"。至于"模凿、斜头刀、锉刀"像河图上天数、地数那么多，便托其名为"河出"，实属牵强附会；将"笔觇、揸笔觇"比喻为洛书，托其名为"洛现"，更属子虚乌有。套用经史名句，是宋代《营造法式》以来形成的中国古代考工著作传统。明中晚期，匠而能雅、匠而能士成为时髦风气。黄成身为工匠，淹通经史，自是一件儒雅之事。遗憾的是，工匠多不通经史而学者多不通工艺，如此用典，恰恰给双向传播设置了障碍。

《髹饰录》中，黄成过多地以天文山川时令交替附会制造漆器的材料、工具与设备，使不明就里者不知所云。如《乾集·利用第一》将装饰漆器的材料"金"托名为"日照"，解释为"人君有和，魑魅无犯"，将装饰漆器的材料"银"托名为"月辉"，解释为"宝臣惟佐，如烛精光"，冲淡了文字的主旨。《乾集》不往简单务实去说，偏偏往虚处说，绕远了说，绕到君臣伦理大道上去说，绕了很大圈子才说到工艺，却偏偏"不载造法"点到即止。后世漆工多视《髹饰录》为天书，后世学者多远离工艺用经书考据法解说《髹饰录》，其缘由盖在原著文本艰深；加之寿碌堂主人首开用经书考据法注疏《髹饰录》之先例，抄本上密密麻麻的"寿笺""寿按""寿增"，使抄本倍增艰深。

2.资料局限

黄成与同朝扬明生当交通不便、信息相对闭塞的古代。其时，考古学还没有诞生，传世文物有限，因作者未闻、未见而产生的错误与缺陷也就在所难免。如扬明序"漆之为用也，始于书竹简"。其实，早在文字发明以前的新石器时期，先民已经在木器、陶器上涂漆；扬明序"盖古无漆工，令百工各随其用……别有漆工，汉代其时也"，显然因为《考工记》未记髹漆之工而汉代典籍中有了关于漆工的记载。而现代考古成果证明，湖南长沙战国墓出土的漆器上已经刻写有工匠名款。

20世纪以来，中国湖北、湖南、贵州、四川、江苏、浙江、安徽、山东、陕西、河北、广东、甘肃、新疆乃至境外蒙古、朝鲜等地出土了大量战国秦汉漆器，其中立雕与透雕榡胎，针刻、铜釦等工艺，均为黄、扬二氏未曾闻见而未见载于《髹饰录》；《髹饰录》问世以后，许多漆器髹饰工艺如福州薄料漆工艺、台花工艺、仿青铜工艺、仿窑变工艺，扬州雕漆嵌玉工艺、漆皮雕工艺，重庆平地研磨彩绘、高漆研磨彩绘工艺以及现代箔粉研绘、罩明研绘、嵌蛋壳工艺等，更无法见载于《髹饰录》。

学者王国维提出"二重证据法"："吾辈生于今日，幸于纸上之材料外，更得地下之新材料……此二重证据法，惟在今日始得为之。"陈寅恪对王国维"二重证据法"进一步发挥说："一曰取地下之实物与纸上之遗文互相释证……二曰取异族之故书与吾国之旧籍互相补正……三曰取外来之观念，与固有之材料互相参证。"[①] 考古学诞生之前，明

---

① 陈寅恪：《陈寅恪集·金明馆丛稿二编·王静安先生遗书序》，生活·读书·新知三联书店，2001年版，第247页。

代人是没有办法掌握"二重证据"的，更是没有办法取异族故书、外来观念进行释证、补证和参证的。今人不能苛求古人。

3.文本局限

作为记录手工技艺的著作，《髹饰录》没有插图，文字过于简略。笔者逐字记数，原文加标点仅5597字，扬明注加标点6510字，黄成原著加扬明注连笔者所加标点不过12107字。如减去笔者所加的标点，原典加原注约万字。以如此简约的文字记录千文万华的漆器髹饰工艺，只能点到即止，无法展开论述。这可能因为，书是写给业内工匠看的。古代信息闭塞，工匠们很难知道历朝历代曾经流行过、外地市面正在流行着哪些漆器装饰。他们需要见多识广的人帮助他们学习传统，翻为新样。至于具体工艺，千变万化，因人、因地而异，得道与否，全靠工匠自己在实践中体悟，正所谓"师傅领进门，修行在个人"。现代社会，有学习手艺的工匠，更有爱好漆艺、希望了解大漆文化的庞大人群，仅万言没有插图、"不载造法"的经典，便见出文化传承的不足。

《髹饰录》章节顺序尚可推敲。漆器不管如何装饰，都要先制造漆胎，黄成将记录漆胎工艺的《质法》章置于记录文法的各章之后，与漆器工艺流程不合。所以，笔者《〈髹饰录〉与东亚漆艺——传统髹饰工艺体系研究》《〈髹饰录〉析解》二书将《质法》章调至记录文法的各章之前。《楷法·六十四过》介绍的，恰恰是"楷法"的反面——各种过失，列于《楷法》章未尽妥帖，且在尚未展开对漆器制造过程的论述之前，先记录漆器制造过程中的过失，为时过早，读者很难凭空理解过失形态，记"过"顺序又十分凌乱。所以，笔者前述二书将《六十四过》按髹饰工艺实际程序调整顺序，归在相关各章末尾解说。

《髹饰录》条目与章节关系未尽妥帖。扬明注说《描饰》章工艺共同的特点是：描饰之后不再罩漆研磨"于文为阳者"，忽略了此章尚有"于文为阴"的"描金罩漆"条。黄成以"填嵌"为章名，其下列"填漆"条目，含磨显填漆、镂嵌填漆两大类。此章下，"绮纹填漆""彰髹""螺钿""衬色蜔嵌""嵌金、嵌银、嵌金银""犀皮"各条都属于"磨显填漆",独缺"镂嵌填漆"一条,这是原典的局限。百宝嵌虽然五彩斑斓,究其工艺,与《雕镂》章"镌蜔"工艺都属于浮雕镶嵌,黄成将浮雕镶嵌的"百宝嵌"置于《斒斓》章,而将同是浮雕镶嵌的"镌蜔"置于《雕镂》章,于理难圆。《雕镂》章"堆红"条下,扬明于黄成所记"灰漆堆起""木胎雕刻"两种工艺之外,增补"漆冻脱印"。《堆起》章"隐起描金"条下已注"漆冻模脱者",《雕镂》章"堆红"条下又注"漆冻脱印者",同类工艺注于两章,见概念的交叉含混。如果"漆冻脱印"归于《雕镂》章能够成立,"漆冻模脱"何以又注在《堆起》章"隐起描金"条下?依笔者拙见,木胎上浮雕以后罩朱漆宜归于《雕镂》章,用灰漆堆起或用漆冻脱印浮雕图像宜归于《堆起》章;用漆冻脱印线型锦纹则宜归于《阳识》章。

《髹饰录》条目次序凌乱,一些条目内容重出。如《利用》章条目散乱,理应将材料、工具、设备各自归类,以助读者总体把握。黄成记,"山生,即捎盘并髹几",将作为工具的捎盘与作为设备的髹几合为一条,实属眉毛胡子一把抓。《质色》章黄成于"合缝"条谈捎当工艺,有承接下文之意;"捎当"条又谈合缝工艺,条目内容交混。"衬色"本是螺钿漆器制作的一道工序,不是扬明所注"二饰、三饰可相适者,而错施为一饰",黄成于《填嵌》章单列"衬色蜔嵌"一条已属牵强,于《斒斓》章又列"衬色螺钿"一条,既属重出,也造成分章概念的含混。

《髹饰录》一些概念未尽清晰。如黄成先已言"黄髹,一名金漆",后又言"罩金髹,一名金漆,即金底漆也"。"黄髹""罩金髹"怎么能够都"一名金漆"?尽管漆器业内"金漆"称谓混乱,著书理应注意区别。黄成又说"描金,一名泥金画漆",其实,描金的手段有贴金、上金、泥金、清勾描金等,不主要是、也并不限于泥金画漆。"识文"本是《阳识》章中识文描金、识文描漆、揸花漆的前期工艺,黄成于此章另立《识文》一条,界定为"有通黑,有通朱",扬明补注为"以灰堆起"，"花、地纯色"。黄、扬二人都以同一名词指向不同内涵的属、种概念，使此章各条概念交叉含混。

毋庸置疑，扬明注大大丰富了《髹饰录》的内容，升华了《髹饰录》的工艺价值，但也毋庸讳言，误注、窄注、宽注之处尚不在少。如黄成"揩磨之五过·毛孔"条下扬明注，"漆有水气及浮沤不拂之过"，所注不属于"揩磨"过失而属于上涂漆过失，也就是说，注文与原典不合。《描饰》章扬明注，"稠漆写起，于文为阳者，列在于此"，而《描饰》章包括"描金""描漆""漆画""描油"数条，并不都是"稠漆写起"，也就是说，注文较原典外延偏窄。《阳识》章扬明注为："其文漆堆，挺出为阳中阳者，列在于此"，而从黄成下文看，《阳识》章不仅包括用漆堆写出花纹的工艺，还包括用漆灰堆起线纹的工艺，堆写的花纹上，有的加之以描金、描漆等阳纹，有的加之以戗金、刺花等阴纹，并不都是"其文漆堆，挺出为阳中阳者"，注文又较原典外延偏窄，扬明于此章"识文"条注"以灰堆起"，自己将章首自注推翻。《斒斓》章"金理钩描漆加蜔"的特点是有金线而无金象，扬明却将"为金象之处，多黑理"注于此条，是为误注。《复饰》章黄成所举，有二饰重施，也有三饰、四饰重施，扬明注为"二饰重施"，偏窄。黄成于《裹衣》章已列"皮衣"一条，《质法》章"布漆"条下，扬明却注"古有用革、韦衣"，将作为装饰的"衣"注于制胎工艺中的"筋"即"布漆"之下，混淆了"衣"与"质"的区别，故笔者校勘删此"衣"字，白璧微瑕。扬明注对于后人理解《髹饰录》，对于髹饰工艺的传承功莫大焉！它将与《髹饰录》同在，永存于髹饰工艺的史册。

古代信息闭塞，漆工各操方言而识字者少，造成漆器业中大量的方性术语和一词多义、多词一义现象的存在，《髹饰录》作者著书之时，正面临这样的困境。概念含混，是中国漆器制造业长期存在的通病。面对髹饰工艺的大量专门词语、地方词语，业外人士如坠五里雾中，业内人士想了解髹饰工艺体系的枝经肯綮，花十年八年绝难有成。有感于此，笔者早就呼吁：建立漆艺的"共同语"，按照《髹饰录》已经创立的工艺体系发表髹饰工艺文字，以适应新人学习和文化交流的需要，切不可各人生造工艺名词，使本已复杂的工艺概念愈趋复杂混乱。

四、《髹饰录》诞生的时代背景

明初，太祖向全国征集10余万工匠聚居于南京城南，由此带来商贾的云集和人口的猛增，也带来城南密集的商市。南京钟山下建有漆园，南京龙江建有规模庞大的宝船厂，成为永、宣年间郑和七下西洋的物质储备，也成为髹饰工艺在江南空前兴盛的物质储备与技术铺垫。朱棣迁都之后，江南手工业和商业更为迅猛地发展起来。北迁的王朝经济积累日渐丰厚，工艺造物极尽装饰。宫廷玩好之风流播民间，京城"至内造如宣德之铜器、成化之窑器、永乐果园厂[①]之髹器、景泰御前作坊之珐琅，精巧远迈前古，四方好事者亦于内市（在今北京景山正门与神武门间）重价购之"[②]；江南文人和富豪之家也竞相收藏时玩，"玩好之物，以古为贵，惟本朝则不然。永乐之剔红，宣德之铜，成化之窑，其

----

① 果园厂：晚明刘侗、于奕正《帝京景物略》记，"剔红，宋多金、银为素，国朝锡、木为胎，永乐中果园厂制"；晚明高濂《燕闲清赏笺》则记，"我朝永乐年果园厂制，漆朱三十六遍为足。时用锡胎、木胎，雕以细锦者多"；加之《帝京景物略》及刘若愚《酌中志》皆记果园厂在棂星门之西，崇祯间《明皇城图》图绘记此，于是，清人笔记、今人著作往往将永乐剔红成就归于果园厂。然永乐在位二十二年，十九年（1421年）才迁都，迁都之初尚不遑分心玩赏和制造极费工时的雕漆漆器。由此笔者推断，永乐漆器多是在京城南京及其周边制造，很可能南京先有果园厂而后北迁。李经泽先生从北京明初缺乏科学仪器，天气不适合髹漆出发，认为迁都以后，"果园厂功能，亦可能和其他仓库一样，用以贮藏从他地运来之漆器，经官方鉴定，以供宫廷之用。到隆庆年间（1567—1572），果园厂已修改为公廨作坊"（李经泽《果园厂小考》，《上海文博论丛》2007年第1期）。

② 〔清〕孙承泽：《春明梦余录》卷六，《文渊阁四库全书》第868册，第76页。

价遂与古敌……始于一二雅人，赏识摩挲，滥觞于江南好事缙绅，波靡于新安耳食诸大估（当作"贾"）。曰千曰百，动辄倾囊相酬，真赝不可复辨"①。宫廷以华为美的导向与江南收藏古玩时玩的风尚，使明代中晚期以苏州为领军的江南，工艺品装饰愈来愈奇巧，工艺愈来愈烦琐，"今吾吴中，陆子刚之治玉，鲍天成之治犀，朱碧山之治银，赵良璧之治锡，马勋治扇，周治治商嵌及歙，吕爱山治金，王小溪治玛瑙，蒋抱云治铜，皆比常价再倍，而其人至有与缙绅坐者。近闻此好流入宫掖，其势尚未已也"②，漆器、瓷器、金属工艺品、织绣工艺品中数量可观的一部分，背离了它作为生活用品的根本用途，装饰化、陈设化、纯艺术化了，以致西方人认为"装饰艺术才是明朝艺术最大的特长"③。时风所向，漆器造型奇巧，工艺翻新，到了"千文万华，纷然不可胜识"（《髹饰录》扬明序）的境地，其中许多脱离生活实用，走向了装饰的极端。17—18世纪西方巴洛克、洛可可艺术室内大面积使用中国髹饰工艺做装饰，正是晚明清初工艺品装饰风的反响。黄成以《斒斓》《复饰》《纹间》三章，记录以多种工艺综合装饰于一件漆器，正反映出明中叶以降装饰风的弥漫和漆器审美的倒退。

晚明，西方传教士来华，带来了西方文化。面对西方务实的思想和实用的器具，晚明士子开始反思儒家空言心性的弊端，掀起了一股实学思潮。思想的活跃带来学说的活跃，晚明学说著作蜂起，中国古代最务实、最富于创造精神的工艺论著，集中出现于晚明。如果说明代以前有限的考工著作靠近哲学而离科学较远，明后期，著书走向了调查实证；如果说六朝开创了中国艺术理论的形而上性格，明后期至

① 〔明〕沈德符：《万历野获编》卷二十六，《续修四库全书》第1174册，上海古籍出版社，1995年版，第598～599页。以下此书不再注出版本。
② 〔明〕王世贞：《觚不觚录》，不分卷，《文渊阁四库全书》第1041册，第440页。
③ 〔英〕苏立文著，曾堉等编译：《中国艺术史》，台北南天书局，1985年版，第246页。

清代，中国艺术论著从形而上走向了形而下，从坐而论道走向了对材料技法等的靠实记录。

徽州古称"新安"。明代，徽州人就以经商名扬天下，晚明，"富室之称雄者，江南则推新安，江北则推山右。新安大贾，鱼盐为业，藏镪有至百万者，其他二三十万则中贾耳"①。美丽的山川、悠久的历史、丰厚的人文积淀以及徽商雄厚的财力支撑，孕育出了包括新安理学、新安画派、徽州版画、徽州建筑、徽州园林、徽州盆景、徽剧、徽墨、歙砚在内的一整套徽州文化，也孕育出了以剔红、薄螺钿为代表的新安漆器。清代，徽州人大批东进，将明后期以来江南漆器生产的高潮推向顶峰。黄成号大成，生当文化高潮中的徽州，晚明已经以手艺擅名，"新安黄平沙造剔红，可比园厂，花果人物之妙，刀法圆滑清朗"②，作品售价达"一盒三千文"③。受徽风濡染，黄成能通经史，见闻广博，于是以自身经验加之以耳闻目见，写成泽被千古的《髹饰录》。

浙江嘉兴西塘，水路四通八达，农、工贸易兴旺，元后期便以制造漆器闻名遐迩。西塘人彭君宝"戗山水、人物、亭观、花木、鸟兽，种种臻妙"④。永乐时，西塘漆工名达禁中。宫廷剔红上承元后期嘉兴剔红藏锋清楚、隐起圆滑的风格，因此成就了中国剔红漆器的巅峰。扬明号清仲，生当天启间嘉兴西塘，或为西塘扬茂后裔。受漆器之乡氛围的濡染加之以家学渊源，方能为《髹饰录》作注并作序。

---

① 〔明〕谢肇淛：《五杂组》卷四，明万历四十四年潘膺祉如韦馆刻本，第25页。

② 〔明〕高濂：《遵生八笺·燕闲清赏笺上·论剔红、倭漆、雕刻、镶嵌器皿》，见长北编著：《中国古代艺术论著集注与研究》，天津人民出版社，2008年版，第322页。

③ 〔清〕吴骞：《尖阳丛笔》卷五，南京图书馆藏清抄本，原书不标页数。

④ 〔明〕曹昭撰，〔明〕王佐增补：《新增格古要论》卷八"戗金"条，所引见《丛书集成新编》第50册，台湾新文丰出版公司，1985年版，第256页。

结　语

　　《髹饰录》诞生在明后期这样一个时代动荡变化的关捩，其《乾集》立意、造句、遣词有浓重的哲学色彩，《坤集》落脚在分门别类的漆器装饰，从形而上走向了形而下。《髹饰录》的诞生，是明后期文化氛围使然，是明后期漆器装饰工艺集大成使然。《髹饰录》之前，北宋李诚《营造法式》卷第十四、卷第二十五、卷第二十七记录了大木作髹饰工艺中的描油与油饰；南宋赵希鹄《洞天清录》全面记录了制琴之法；元代佚名《画塑记》各有关于髹饰工艺的片言只句。明代，袁均哲辑《太音大全集》、张大命辑《太古正音琴经》、蒋克谦辑《琴书大全》等琴书记录了制琴工艺和制漆工艺，内容有抄袭宋人，有相互抄袭，其中制漆、退光、推光工艺等，可补《髹饰录》之未备。清代，祝凤喈《与古斋琴谱》真正面向漆工去调查记录，工具图例尤见珍贵；清代匠作则例在开列油作工料或佛作工料等的同时，提到相关的髹饰工艺程序。笔记类著作如北宋程大昌《演繁露》、孟元老《东京梦华录》、方勺《泊宅篇》，南宋李心传《建炎以来系年要录》、周密《武林旧事》及《癸辛杂识》、吴自牧《梦粱录》、周煇《清波杂志》、洪迈《夷坚志》、邢凯《坦斋通编》，元末陶宗仪《辍耕录》，明代曹昭《格古要论》、王佐增补《新增格古要论》、沈周《石田杂记》、王世贞《觚不觚录》、高濂《遵生八笺》、郎瑛《七修类稿》、李东阳《怀麓堂集》、陈继儒《妮古录》、张岱《陶庵梦忆》、张应文《清秘藏》、屠隆《考槃余事》、都穆《听雨纪谈》、沈德符《万历野获编》、刘侗及于奕正《帝京景物略》，明末清初方以智《物理小识》及其后高士奇《金鳌退食笔记》、李斗《扬州画舫录》、阮葵生《茶余客话》、吴骞《尖阳丛笔》、钱泳《履园丛话》、谢堃《金玉琐碎》以及20世纪邓之诚《骨董琐记》等，各有关于髹饰工艺的零星记录，《古今图书集成·经济汇编·考工典·漆工部》《太平御览·卷七六六·杂物部一》等类书各汇集有历代关于漆、漆器、漆工的文字约千字。论所记髹饰工艺的专业性、系统性、完整性，前述诸书都无法与《髹饰录》相比。再往上溯，即使五代《漆经》①没有失传，《漆经》也不可能成为髹饰工艺史上首屈一指的经典著作，因为五代髹饰工艺尚欠丰富，作者朱遵度无法预见明后期千文万华的髹饰工艺。是时代将《髹饰录》推上了古代漆器髹饰工艺经典著作的位置。

———————

① 〔五代〕朱遵度：《漆经》，仅书名见存于《宋史·艺文志》与王士禛《香祖笔记》卷五。

凡　例

1.日本江户中期时当中国清代乾、嘉之际，《髹饰录》已经在国内失传。日本木村孔恭氏蒹葭堂藏《髹饰录》抄本一部，世称"蒹葭堂抄本"，辗转于明治时代为帝国博物馆——今东京国立博物馆典藏[①]。日本各图书馆、学校及私家所藏抄本，均从此本抄出[②]。时隔约百年之后的江户末期，日本又出现抄本《髹饰录》，其乾集、坤集末尾各有"德川宗敬氏寄赠"朱印，世名"德川本"，亦为东京国立博物馆入藏[③]。近现代，华语《髹饰录》版本及解说本有：丁卯朱氏刻本转抄转刻自大村西崖从蒹葭堂抄本转抄之本并由阚铎增减笺注；王世襄《髹饰录解说》以转抄复转刻的朱氏刻本为底本；索予明《髹饰录解说》、长北2007版《髹饰录图说》、2014版《〈髹饰录〉与东亚漆艺——传统髹饰工艺体系研究》、2017版《〈髹饰录〉析解》[④]各以现知《髹

---

① 蒹葭堂本《髹饰录》，见东京国立博物馆网页图像检索，网址：http://webarchives. tnm.jp/imgsearch/show/E0032634，长北《〈髹饰录〉与东亚漆艺——传统髹饰工艺体系研究》后附蒹葭堂抄本复印件。新版《髹饰录图说》为缩小图书体量，不附抄本复印件，请自上网查找或翻检索解本、长北《〈髹饰录〉与东亚漆艺——传统髹饰工艺体系研究》。

② 见大村西崖致朱启钤函："我美术学校帝国图书馆及尔余两三家所藏本，皆出于蒹葭堂本，未曾有板本及别本。"引自王世襄：《髹饰录解说》，文物出版社，1983年版，第17页。

③ 德川抄本《髹饰录》，见东京国立博物馆网页图像检索，网址：http://webarchives. tnm.jp/imgsearch/show/E0032693，请自上网查找。

④ 按出版惯例，凡出现书名，以版权页书名为准，不以封面书法体书名为准。

饰录》最早的底本同时也是全世界抄本、印刷本的祖本——蒹葭堂抄本为底本。为使叙述简明，新版《髹饰录图说》校勘中凡涉及以上版本，一律称蒹葭堂抄本、德川抄本、朱氏刻本，解说本则简称"索解本""王解本"或2007版《图说》、《东亚漆艺》、《析解》、新版《图说》，只于首次注释中完整交代出版社、年代等信息。鉴于"王解本"初版于1983年由文物出版社首印，1998年重印，2013年，由三联书店编辑加工，重新排版付印新版，已非王先生在世时面目，本书校勘的是1997年第二次印刷的1983年版；又鉴于长北《东亚漆艺》、长北《析解》或于多卷、或于前后对原典各有援引，本书校勘以《东亚漆艺》第五卷第一章《蒹葭堂抄本〈髹饰录〉并序校勘注疏与今译》与《析解》后附原典全本为参照。

2. 按丛书统一格式，新版《图说》全依原典黄成命名的集、章（扬明独称为"门"）、节、小节名和逻辑顺序展开，按原典条目顺序逐条解说，《乾集》凡115条、《坤集》凡105条，每条条首编号，以利读者与其他解说本对照查检[①]。鉴于同代人扬明注已经成为原典不可分割的组成部分，新版《图说》对扬明注视同原典一字不漏采入并铺阴影，以与不衬阴影的笔者文字区分。各条校勘以楷体排于原典各条之下。

3. 鉴于蒹葭堂抄本是目前全世界各种抄本、解说本、摘译本的祖本且二百余年流传有绪，又鉴于德川抄本迟约百年出现极有可能抄自蒹葭堂抄本，新版《图说》仍以蒹葭堂抄本为底本，兼采德川抄本，逐一比对两抄本装潢与印章流传、注者署名及各条用字差异。笔者的结论是：

---

① 两抄本凡条目必顶格书写，章名降一格，节名再降一格。特例是：第207条"垸漆"下，降格书写"第一次粗灰漆""第二次中灰漆""第三次作起棱角，补平龌缺""第四次细灰漆""第五次起线缘"；第123页"糙漆"条下，降格书写"第一次灰糙""第二次生漆糙""第三次煎糙"：各具扬明注，因此当各视为一条。王解本则将《髹饰录》原典集标、章标、节标各计为一条，或将原典数条文字计作一条，所以，王解本条目数与抄本不符且条首编号与各本解说条首编号不同。读者明察。

蒹葭堂抄本比德川抄本装潢合乎矩度且见流传脉络；其《序》末与两集首页三书注者姓氏为提手之"扬"；德川抄本三处书注者姓名不一，《序》末似署作"扬明"，两集首一署作"杨明"，一署作"杨朙"。校勘计得两抄本同样书错字在21例以上，德川抄本改蒹葭堂抄本古字为今字1例，改蒹葭堂抄本异体字为正体字凡3例，改蒹葭堂抄本错字为正确字凡19例，改蒹葭堂抄本错字为异体字凡5例，轻心改动成两可间凡5例，改蒹葭堂抄本未妥帖或不妥或仍错凡7例，增蒹葭堂抄本所无共2字，错改蒹葭堂抄本2字，比蒹葭堂抄本误脱1字。尤其值得注意的是，两抄本各页书写格式惊人地相同，甚至每章每条占页多少、从何字转行也惊人地酷肖。这种高度近似的模抄，只能出现在被模抄之本流传已久、已为世人认知之后。本书校勘列出两抄本各处各种细微差异，以做德川抄本比较晚近极有可能模抄蒹葭堂抄本的依据。

4.遵从现代出版规范，新版《图说》将原典繁体字更换为简体字，对原典文字不予润色，对原典内容偏差处文字原样保留，对原典古字不予更换而于校勘中指出，只更正原典错字，更换原典异体字并且各列校勘。因两抄本一字有"髤""髹""髤"三种写法，为校勘版本并最大限度保存原典原貌，引原典此一字不予更换，只在校勘中说明。古籍校勘的通例是通假字可以不予更换。鉴于通假字几乎成为错别字的代名词，其前各中文版有换通假字亦有不换，本书兼采各版本不能不迁就大势，前人多换则换，前人多不换则不换，各具一条校勘，以陈版本异同。凡古今字义变迁繁简字义变化者，尊重历史语境用古字、繁体字不敢轻换。如：蒹葭堂抄本、德川抄本频繁使用"鎗"字。经查并承古文献学家见告，"鎗"字古意有二十余种。其读qiāng时，为"枪"的异体字；读qiàng时，通"戗"。故而，新版《图说》引原典仍用"鎗"，解说则按现代汉语规范用"戗"。又如：蒹葭堂抄本、德川抄本频繁使用"钩"字。新版《图说》引原典仍用"钩"，解说则按现代汉语规范分别同"钩""勾"。原典中有多个"象"字。凡

"色象"指金色的图像，凡"漆象"指漆绘的图像，凡"金象"指彩色图像，漆业中已经约定俗成，不可更换为"像"。原典《鎗划》章涉及"划"与"鎗"两道工艺步骤，"划"指用刀划出线槽，为免生歧义，不置换为现代汉语"画"。凡换抄本一字（换简体字除外），凡引文仍用古字、繁体字，必在校勘中说明理由。笔者解说中，有用简体字意思陡变不得不用繁体者，如"釦"；有引其他古籍不能并出校勘而以括号注明者，一并说明。新版《图说》标点系笔者所加，断句理由恕无篇幅解释，凡与其前各中文版断句不同之处均经斟酌，读者请自比较体味。

5. 寿碌堂主人姓名、生卒年无考。其于两抄本上"寿笺""寿按""寿增"引经据典，使抄本平添赘冗，益增艰深。其引用古籍多与髹饰工艺无关且多摘引并引，自注"右省文"。"省文"在古人眉批中固属常见，若采其进入现代书籍，则必须以校勘紧跟。新版《图说》若采入寿笺，不仅将平添太多篇幅，且与笔者原典校勘搅杂，给读者平添识读难度。为切合丛书轻装性质，方便今人紧扣原典阅读研究，新版《图说》不采烦冗的"寿笺""寿按""寿增"；各解说本采寿笺有误者，校勘与寿笺同出；脚注中有参考寿笺者，由笔者校勘增字补文，已非"寿笺"原文，请勿作为寿笺引用。欲查全部"寿笺""寿按""寿增"者，请登录东京国立博物馆网站或查阅笔者《东亚漆艺》附录；欲查寿笺校勘者，请参考笔者《东亚漆艺》第五卷第五章《蒹葭堂抄本〈髹饰录〉"寿笺"校勘》。

6. 新版《图说》紧扣《髹饰录》所处时代和所记工艺，以古代经典漆器、古代文献、古代图例佐以线描图解说，力求条条配图，共插入彩图、线描图192幅并两抄本等影本35幅，其中少采、酌采20世纪农耕社会尾声天然材料手工工艺流程作品彩照，图号即原典条号，以利读者对照阅读。书后按原典笔画数排列"髹饰工艺术语索引"，以利读者查找、对照和检索。

原典及校勘、注释、解说

髹饰录

【校勘】

1. 髹：异体字，同"髤"。蒹葭堂抄本全书书为"髹"，德川抄本封面书为"鬃"，内页文字书为"髹""髤"。朱氏刻本封面与内页文字印为"髹"，索解本封面、版权页与内页文字皆印为"髹"；王解本封面书为"髹"，内页文字印为"髤"；笔者2007版《图说》《东亚漆艺》《析解》封面与内页文字皆由出版社换用"髤"。为体现抄本异同以严校勘，新版《图说》引原典从蒹葭堂抄本用"髹"，解说则用"髤"。

2. 蒹葭堂抄本白页护封后置两重封面。第一重封面题签作"髹饰录"，其下书"乾坤全"三字（影本1）；第二重封面题签仍作"髹饰录"，其下仍书"乾坤全"三字，右下角钤"蒹葭堂藏书印"长方篆文印一枚，右上角钤"昌平坂学问所"长方篆文印一枚，可见其进入东京国立博物馆以前清晰的流传线索（影本2）。其《乾集》《坤集》不另置封面。德川抄本没有白页护封，没有总封面，《乾集》封面题签作"鬃饰录"，其下书"乾"字，右上方以红墨书写"春田永年标注"数字（影本3）。两抄本装潢有繁简，见郑重、简易之不同；印章有多寡，见流传有绪、无绪之差别；蒹葭堂本书名与全书皆书为"髹"，显然比德川本《乾集》封面书为"鬃"、内页文字书为"髹""髤"来得郑重。日本佐藤武敏据《昌平书目》记载提到，德川抄本是德川宗敬氏寄赠的，蒹葭堂抄本不是获赠得来，而是"用钱向官府买回来的"①，从两抄本封面装潢繁简及收藏印章可见，官府流出的蒹葭堂抄本比民间所抄的德川抄本郑重且见流传脉络。

3. 两抄本扉页背面都有寿碌堂主人批语"髹饰录考证未备焉，有经目则补之可也，如色料、器者，别有集解矣。寿碌堂主人"。蒹葭堂抄本书为黑字两行，下接数条寿笺；德川抄本书为朱字两行，空行后寿笺数条未能抄完，改抄在序言天头。

影本1：蒹葭堂抄本第一重总封面　　　　　　影本2：蒹葭堂抄本第二重总封面

① ［日］佐藤武敏：《论〈髹饰录〉——以其文本及注释为中心》，载于东京国立博物馆编：《东京国立博物馆研究志》1988年11月版。转引自何振纪：《海外〈髹饰录〉研究综述》，《中国生漆》2012年第3期。

影本3：德川抄本无总封面，有《乾集》封面，书名改为"髹[1]饰录"

---

① 髹：有动词、名词二解，《说文解字》："髹，桼也，从桼，髟声。"

髹饰录·序

漆之为用也，始于书竹简①。而舜作食器，黑漆之；禹作祭器，黑漆其外，朱画其内②，于此有其贡③。周制于车④，漆饰愈多焉，于弓之六材亦不可阙⑤，皆取其坚牢于质，取其光彩于文也。后，王作祭器，尚之以着色涂金之文、雕镂玉珧⑥之饰，所以增敬盛礼⑦，而非如其漆城⑧、其漆头⑨也。然复用诸乐器⑩，或用诸燕

① 漆之为用也，始于书竹简：扬明此言不确。已知浙江萧山跨湖桥文化遗址出土距今约8000年的桑木漆弓，残长121厘米，弓上明显可见刮生漆灰以后髹本色生漆，比该省余姚市河姆渡文化遗址出土的漆木碗又早了约1000年。

② 舜作食器……朱画其内：语出《韩非子·十过》："尧禅天下，虞舜受之，作为食器，斩山木而财（裁）之，削锯修之迹，流漆墨其上……舜禅天下而传之于禹，禹作为祭器，墨染其外，而朱画其内……"扬明误书为"黑漆其外，朱画其内"。

③ 贡：指贡品。《尚书·禹贡》："厥贡漆丝。"

④ 周制于车：《周礼》记"辇车""驳车""漆车""栈车"等皆用漆饰；《考工记》记周朝典章制度，"故一器而工聚焉者，车为多"。

⑤ 于弓之六材亦不可阙：《考工记》记制弓的六种原料是：干、角、筋、胶、丝、漆，"漆欲测，丝欲沉，得此六材之全，然后可以为良"。

⑥ 珧：《尔雅·释鱼》："蜃，小者珧。"郭璞注："珧，玉珧，即小蚌。"

⑦ 增敬盛礼：制器为使礼乐光明盛大。

⑧ 漆城：语出《史记·滑稽列传》："（秦）二世立，又欲漆其城。优旃曰：'善。……漆城虽于百姓愁费，然佳哉！漆城荡荡，寇来不能上。即欲就之，易为漆耳，顾难为荫室。'于是二世笑之，以其故止。"

⑨ 漆头：语出《史记·刺客列传》："豫让者，晋人也……事智伯，智伯甚尊宠之。及智伯伐赵襄子，赵襄子与韩、魏合谋灭智伯，灭智伯之后而三分其地。赵襄子最怨智伯，漆其头以为饮器。"

⑩ 用诸乐器：诸，"之""于"的复合词。湖北江陵、河南信阳等地楚墓大量出土髹漆乐器。

器①，或用诸兵仗②，或用诸文具③，或用诸宫室④，或用诸寿器⑤，皆取其坚牢于质，取其光彩于文。呜呼，漆之为用也，其大哉！又液叶共疗疴⑥，其益不少。唯漆身为癞状者，其毒耳⑦。盖古无漆工，令百工各随其用，使之治漆固之，益于器而盛于世。别有漆工，汉代其时也⑧。后汉申屠蟠，假其名也⑨。然而今之工法，以

---

① 燕器："燕"通"宴"，燕器，一般指宴饮之器。王解本第21页注为："《仪礼·既夕礼》：'燕器，杖、笠、翣。'《疏》：'杖者所以扶身，笠者所以御暑，翣者所以招凉。'"

② 兵仗：一般指兵器，特定情况下，指兵器作坊或执兵仗的人。古代兵器如弓、箭、甲、盾及箭、剑鞘等髹漆。

③ 或用诸文具：古代髹漆文具有墨匣、墨床、沙砚、笔管、笔阁、水丞、砚山等。

④ 或用诸宫室：《春秋穀梁传·庄公二十三年》："秋，丹桓公楹。"

⑤ 寿器：在世之人为自己身后准备的棺椁。

⑥ 液叶共疗疴：《本草纲目》："干漆入药，须捣碎炒熟，不尔损人肠胃。若是湿漆，煎干更好，亦有烧存性者"，"生漆，去长虫，久服轻身耐老"，"干漆，疗咳嗽，消淤血、痞结、腰痛、女子疝瘕，利小肠，去蛔（原文作'蚘'）虫"，"削年深坚结之积滞，破日久凝结之瘀血"。〔明〕李时珍：《本草纲目》卷三十五，清光绪十一年合肥张氏刻本，第19、20页"乔木·漆"条。又《三国志·魏书二十九·华佗传》："佗授以漆叶青黏散……言久服去三虫，利五藏，轻体，使人头不白。"

⑦ 漆身为癞状者，其毒耳：对大漆过敏者，遍身红肿如癞，奇痒难忍，漆工俗说"被漆咬"。《本草纲目》卷三十五"乔木·漆"条："生漆毒烈……外气亦能使身肉疮肿，自有疗法……"〔明〕李时珍：《本草纲目》，清光绪十一年合肥张氏刻本，第19页。

⑧ 别有漆工，汉代其时也：20世纪以来，湖南、湖北、江苏、贵州、广西乃至朝鲜乐浪和蒙古出土了大量汉代漆器，从出土的蜀郡、广汉郡漆器铭文可知，汉代官造漆器分工严密，有素工、髹工、上工、铜釦黄涂工、铜辟黄涂工、铜耳黄涂工、洀工、画工、清工、造工、供工等。贵州清镇平坝出土的西汉耳杯上，铭文长达70字："元始三年，广汉郡工官造乘舆髹洀画木耳黄栖，容一升十六籥。素工昌、髹工立、上工阶、铜耳黄涂工常、画工方、洀工平、清工匡、造工忠造。护工卒史恽、守长音、丞冯、掾林、守令史谭主。"见贵州省博物馆编：《贵州清镇平坝汉墓发掘报告》，《考古学报》1959年第1期。贵州清镇平坝出土西汉耳杯上铭文"掾林"，王解本第23页误作"椽林"，随手勘出。

⑨ 申屠蟠，假其名也：申屠蟠，字子龙，东汉贤士，《后汉书·申屠蟠传》记其"家贫，佣为漆工"，其人"安贫乐潜，味道守真"。假其名，指申屠蟠借漆工之名隐遁于世。

唐为古格，以宋元为通法。又出国朝厂工①之始制者殊多，是为新式。于此千文万华，纷然不可胜识矣。新安黄平沙②，称一时名匠，复精明古今之髹法，曾著《髹饰录》二卷，而文质不适者、阴阳失位者、各色不应者，都不载焉：足以为法。今每条赘一言，传诸后匠，为工巧之一助云。

天启乙丑③春三月

西塘④扬明⑤撰

【校勘】

1. 蒹葭堂抄本《髹饰录·序》首页钤有三枚红色印章：下方钤篆体朱文印"蒹葭堂藏书印"，版心右侧上方钤楷体朱文印"浅草文库"，天头正中钤篆体朱文印"帝国博物馆图书"：流传线索清晰（影本4）。德川抄本《序》首页书名"纂"变为"髹"，版心右侧唯篆体朱文"国立博物馆图书之印"一枚，显然为该馆入藏之时新钤（影本5）。从两抄本《髹饰录·序》首页钤印多寡、德川抄本封面书名用"纂"而序名换用"髹"等可见，蒹葭堂抄本流传有绪，德川抄本缺少流传线索。

2. 着色：两抄本皆书为"著色"，后世各版本多随之，长北两版《图说》按简体规范用"着色"。

3. 雕：两抄本皆书异体字"彫"，朱氏刻本第97页、索解本第1

①　国朝厂工：古人称本朝为"国朝"，这里指明朝。厂工，指宫廷漆器作坊果园厂内工匠。
②　黄平沙：《髹饰录》作者黄成，号大成，隆庆间漆工，新安平沙人。古人常以籍贯称人，如黄平沙、韩昌黎等。
③　天启乙丑：1625年。
④　西塘：镇名，一名"斜塘"，又名"平川"，在今浙江嘉善县北11千米。元明，这里工商业发达，为漆器制造之乡，名漆工张成、杨茂、彭君宝及其后张德刚都是西塘扬汇人。见康熙二十四年《嘉兴府志》。西塘今以水乡知名，元明漆工遗迹已邈不可寻。
⑤　扬明：《髹饰录》原注者，嘉兴西塘人，字清仲，活动于天启年间。

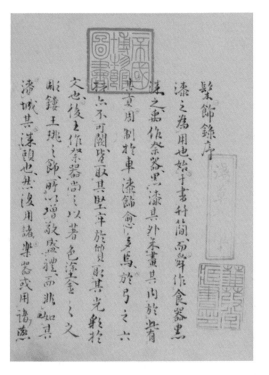

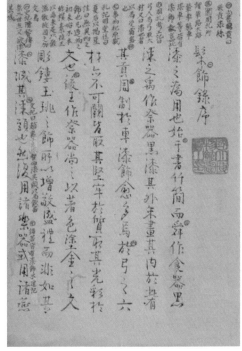

影本4：蕅葭堂抄本《序》
首页钤印可见流传有绪

影本5：德川抄本《序》
首页钤印缺少流传线索

页随用。王解本，笔者两版《图说》与《东亚漆艺》用通行字"雕"。

4.古无漆工，令百工各随其用：扬明当看过《考工记》，所注此言无错。王解本第23页解，"《考工记》中讲到百工，其中应当包括漆工"。［按］查《考工记》，"攻木之工七，攻金之工六，攻皮之工五，设色之工五，刮摩之工五，抟埴之工二"，确实未记髹漆之工，盖因髹漆是古代百工都要掌握的基础技艺。

5.使之冶漆固之：蕅葭堂抄本、德川抄本均书为"使之迨漆固之"，"迨漆"不可解。索解本第1页、王解本第19页、笔者2007版《图说》第1页随朱氏刻本第97页易为"使之冶漆固有"并加标点。

影本6: 蒹葭堂抄本《髹饰录·序》
末页书注者姓氏为提手之"扬"

影本7: 德川抄本《髹饰录·序》
末页书注者姓氏亦为提手之"扬"

[按] 抄本"固之"语义更顺。新版《图说》《东亚漆艺》更正错字并从两抄本语义用"使之治漆固之"。

6.后匠: 蒹葭堂抄本、德川抄本均书为"后匠",索解本第1页随用,王解本第19页随朱氏刻本第98页改为"后进",笔者《东亚漆艺》第444页转繁体被误改作"该匠"。笔者两版《图说》从两抄本勘用"后匠"。

7.蒹葭堂抄本《髹饰录·序》末页、德川抄本《髹饰录·序》末页,注者姓氏皆书为"扬"(见影本6、影本7)。朱氏刻本易"扬"为"杨",王解本随朱氏刻本全本改作"杨明"。索予明先生考,西塘一支扬姓为提

手之"扬",依据是:康熙二十四年
《嘉兴府志·人物》记,"张德刚,西
塘人。父成,与同里扬茂俱擅髹漆剔
红器";扬茂制"剔红花卉纹渣斗"藏
北京故宫博物院,自刻款作"扬茂"
(影本8),非"杨茂"①。故而,索解
本全本恢复注者姓氏作"扬明"。笔
者两版《图说》《东亚漆艺》《析解》
据两抄本恢复注者姓氏作"扬明"。

影本8:剔红花卉纹渣斗
底部,扬茂自刻款为"扬
茂",原器藏北京故宫博物院

【解说】

　　原典总序中,扬明简略勾勒了中
国髹饰工艺的历史,介绍了《髹饰
录》诞生的时代背景。他认为天然漆髹饰广见于社会生活,原因盖在天
然漆的优良特性,明代工匠特别是宫廷工匠以唐代漆器为古格,以宋元
漆器为通法,自创新式,使明中后期漆器装饰走向了"千文万华,纷然
不可胜识"的境界。正是由于古今髹法的丰富积累,正是由于明中后期
江南漆器装饰穷工极巧,新安名匠黄成才能够写出《髹饰录》,使后世
作品更增工巧,使后世技艺代代传承。

---

　　① 　参见索予明:《剔红考》,载于台北"故宫博物院"编:《故宫季刊》1972年第6卷第
3期。

髹饰录·乾集

平沙黄成大成著

西塘扬明清仲注

凡工人之作为器物，犹天地之造化。此以有圣者，有神者，皆示以功以法。故良工利其器。然而，利器如四时①，美材如五行②。四时行、五行全而百物生焉，四善③合、五采④备而工巧成焉。今命名附赞而示于此，以为《乾集》。乾所以始生万物⑤，而髹具⑥、工则⑦，乃工巧之元气也。乾德至哉！

【校勘】

1.此以有圣者：蒹葭堂抄本、德川抄本皆书为"此以有圣者"，王解本第25页从朱氏刻本第107页改为"所以有圣者"。两抄本"此以"文意无错，索解本与笔者《图说》《东亚漆艺》《析解》从两抄本仍用"此以有圣者"。

2.皆示以功以法：蒹葭堂抄本书为"皆示以功以法"，德川抄本

---

① 四时：指春、夏、秋、冬。

② 五行：指金、木、水、火、土。

③ 四善：《考工记》："天有时，地有气，材有美，工有巧。"

④ 五采：《考工记》："东方谓之青，南方谓之赤，西方谓之白，北方谓之黑，天谓之玄，地谓之黄。"

⑤ 乾所以始生万物：语出《易传·彖辞上传》："大哉乾元，万物资始，乃统天。"

⑥ 髹具：髹饰工艺的工具。

⑦ 工则：工匠所应该遵循的法则。

书为"皆示以功以泆"。王解本第25页从朱氏刻本第107页脱"示"字造成语病。索解本与笔者两版《图说》《东亚漆艺》《析解》从蒹葭堂抄本用"皆示以功以法"。

3.而百物生焉：蒹葭堂抄本、德川抄本皆书为"而百物生焉"，王解本第25页从朱氏刻本第107页脱"百"字。索解本第7页，笔者两版《图说》《东亚漆艺》《析解》从两抄本用"而百物生焉"。

4.五采：蒹葭堂抄本、德川抄本皆书为"五采"。这里"五采"接踵四时、五行指五方五色而有一定哲学意味。除笔者《析解》第144页用"五彩"，其余各版皆用"五采"。新版《图说》从抄本用"五采"。

5.乾德至哉：蒹葭堂抄本、德川抄本《乾集》赞语末句"乾德至哉"后，皆有寿按"一本至作大，为是"，王解本第25页从朱氏刻本采寿按改用"乾德大哉"。［按］两抄本说天德是至德，无错，索解本与笔者两版《图说》《东亚漆艺》《析解》从两抄本仍用"乾德至哉"。

【解说】

这段话是黄成为《乾集》所写的导言，不是条目，故不可作为条目编号。导言中，黄成对制造漆器法则做了提纲挈领的概括，体现出中国古人天人合一的造物思想和五行观。黄成认为，工人制造漆器，好比天地造化，天授人以功法而有登峰造极的工匠。良工必须有好的工具。好的工具好比春、夏、秋、冬四时，美的材料好比木、火、土、金、水五行。仿效四季的运转，运用木、火、土、金、水五类材料，充分利用天时、地气、材美、工巧，赋之以青、赤、白、黑、黄等五色，工巧之器也便造成了。正因为天生万物，髹饰所用的工具和工匠所应该遵循的法则，其中工巧皆由天的元气化生，天的恩德泽被万物，所以将记录髹饰工具和工匠法则的上集命名为《乾集》。

利用第一

【扬明注】

非利器美材，则巧工难为良器，故列在于其首。

【校勘】

故列在于其首：蒹葭堂抄本、德川抄本均书为"故列在于其首"，王解本第25页从朱氏刻本第107页减字成"故列于首"。两抄本句法无错，索解本与笔者两版《图说》《东亚漆艺》《析解》从两抄本用"故列在于其首"。

【解说】

"利用第一"是黄成自拟章名，不是条目，故本书不作为条目编号；扬明非注条目，乃注章名，亦不可作为条目编号。此章凡39条，记录了漆器制造的材料、工具、器用、设备及工匠工则、工艺过程中需要防范的过失，立意与遣词造句都有浓重的哲学色彩。扬明注强调，没有好的工具和材料，良工也难造出好的漆器，所以将髹饰工艺的材料工具设备置于《乾集》集首予以记录。

原典以天、地、日、月、星、风、雷、电、云、虹、霞、雨、露、霜、雪、霰、雹等天文景象，春、夏、秋、冬、暑、寒、昼、夜等时令交替，山、水、海、潮、河、洛、泉等山川景象为序，未按工艺实践分类，读者读来不明所以。为方便读者分类理解和查找，兹将《利用》章记录髹饰工艺材料工具设备的39条按工艺程序先后分类列表如下：

《利用》章条目内容归类简表

材料	涂料	33 "水积，即湿漆" 14 "露清，即罂子桐油" 39 "冰合，即胶"
	固底材料	31 "柱括，即布并斫絮、麻筋" 30 "土厚，即灰"
	装饰材料	10 "云彩，即各色料" 2 "日辉，即金" 3 "月照，即银" 12 "霞锦，即钿螺"
工具、器用与设备	工具	15 "霜挫，即削刀并卷凿" 20 "时行，即挑子" 13 "雨灌，即髹刷" 26 "寒来，即柈" 8 "雷同，即砖、石" 7 "风吹，即揩光石并桴炭" 36 "河出，即模凿并斜头刀、锉刀" 9 "电掣，即锉" 17 "霰布，即蘸子" 18 "雹堕，即引起料" 16 "雪下，即筒罗" 19 "雾笼，即粉笔并粉盏" 11 "虹见，即五格揸笔砚" 37 "洛现，即笔砚并揸笔砚" 21 "春媚，即漆画笔" 23 "秋气，即帚笔并茧球" 22 "夏养，即雕刀"
	器用	24 "冬藏，即湿漆桶并湿漆瓮" 27 "昼动，即洗盆并帉"
	设备	1 "天运，即旋床" 34 "海大，即曝漆盘并煎漆锅" 35 "潮期，即曝漆挑子" 38 "泉涌，即滤车并幦" 32 "山生，即捎盘并髹几" 29 "地载，即几" 25 "暑溽，即荫室" 28 "夜静，即窨" 6 "津横，即荫室中之栈" 4 "宿光，即蒂" 5 "星缠，即活架"

1【原典】

天运，即旋床。有余不足，损之补之①。

【扬明注】

其状圜②而循环不辍，令椀、盒、盆、盂，正圆无苦窳③，故以天名焉。

【校勘】

椀、盒：蒹葭堂抄本、德川抄本皆书为"椀合"，索解本第9页随用，王解本第25页随朱氏刻本第109页改为"椀、盒"。椀，《集韵》："或作碗。"《玉篇》："小盂也。"《现代汉语词典》（第7版）推荐用"碗"。鉴于石"碗"不可旋的工艺事实，笔者两版《图说》《东亚漆艺》《析解》用"椀、盒"。

【解说】

旋床，指车旋漆器圆木胎的机床。农业社会，工匠脚踩一双竹板，一上一下带动轴心往复旋转（图1-1）；工业社会，旋床易为电动（图1-2）。将圆形木料毛坯敲、卡于旋床轴心，轴心转动以后，用削刀、卷凿迎向毛坯，先外壁后内壁，削净毛坯多余的部分，削出不同外形和内膛，不足的部分用胶补缀木块，待干固，再进行旋削。因为旋床像天一样循环不辍，所以，黄成将旋床比喻为"天运"。扬明补充说，车旋出的木胎呈圆形，凡是正圆的器物如盆、盂等，用旋床车旋，能

---

① 有余不足，损之补之：语出《老子·七十七章》："天之道，其犹张弓与！高者抑之，下者举之，有余者损之，不足者补之。"

② 圜：念huán，意指旋转。这里指待镟木胎围绕轴心循环运转。

③ 苦窳：念gǔyǔ，指器物粗劣。《史记·卷一五帝本纪》："河滨器皆不苦窳。"张守节正义："苦，读如盬，音古。盬，粗也。窳音庾。"中华书局，1959年版，第34页。

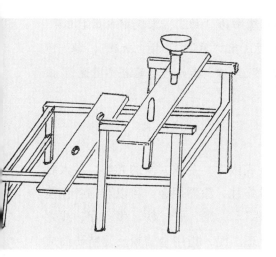

图1-1　手工时代的旋床，
选自索予明《髹饰录解说》

图1-2　机动旋床，
笔者摄于日本轮岛

使木胎正圆而且光滑。

2【原典】

　　日辉，即金。有泥、屑、麸、薄、片、线之等。人君有和，魑魅无犯。

【扬明注】

　　太阳明于天，人君德于地，则魑魅不干，邪诡不害。诸器施之，则生辉光，鬼魅不敢干也。

【校勘】

　　1.蒹葭堂抄本书为"辉光"，德川抄本书为"光辉"，王解本第26页随朱氏刻本第108页用"辉光"，索解本第11页用"光辉"。笔者《图说》《东亚漆艺》《析解》从蒹葭堂抄本用"辉光"。

2.线：蒹葭堂抄本、德川抄本皆书为"線"，朱氏刻本第108页、索解本第11页随用，王解本第26页改用"线"。［按］古代，"線"通"綫"。现代，"线"指作为物质的线，"綫"指姓氏。笔者《图说》《东亚漆艺》《析解》勘用"线"。

【解说】

此条记漆器装饰所用的金。黄成认为，金像太阳的光辉，像人君的恩德，使万物和顺，魑魅也不敢作乱，漆器用金，可以君临各色使色调不乱，所以将金比喻为"日辉"。"泥、屑、麸、薄、片、线之等"，指漆器所用金的各种加工形态。泥，指用金箔粉反复精研而成的金泥；屑，指金锉粉或金丸粉；麸，指假洒金所用小如麦麸的金箔碎片；薄，通"箔"，指金箔，亦即"飞金"；片，指金片；线，指金丝。古人每多称铜为金，读者不可不辨。此条扬明注纯属务虚，读者无妨忽略。

王解本第26页解"泥金"："器物上全面敷金……不管用何等材料，只要全体上成金色，便都叫泥金了。"［按］髹饰工艺中，将器物"全体上成金色"的方法有贴金、上金、泥金、罩金髹、薄料漆拍敷以及贴银、上银、泥银后罩透明漆等，并不都叫泥金。

王解本第26页解"屑金"："器物上有小块碎屑的金，叫屑金。这是用金箔放在筒罗中弄碎了粘上去的。描金漆器往往用屑金。"［按］王解本将"屑金"错解成了"麸金"。"日辉"条"屑"，指金粉，是中国斑洒金工艺、日本莳绘工艺的必备材料；"日辉"条"麸"才是"放在筒罗中弄碎了粘上去"的金箔麸片。

王解本第27页解"片金"："器物上一片一片比麸金面积更大的叫片金。"［按］"日辉"条"片"指嵌贴于漆器上的金片，非指面积大些的碎金箔。

3【原典】

月照，即银。有泥、屑、麸、薄、片、线之等。宝臣惟佐，如烛精光。

【扬明注】

其光皎如月。又有烛银。凡宝货以金为主，以银为佐，饰物亦然，故为臣。

【校勘】

1.线：蒹葭堂抄本、德川抄本皆书为"線"，朱氏刻本第108页、索解本第12页随用，王解本第27页改用"线"。按文意，这里指作为物质的银线，非指姓氏。笔者两版《图说》《东亚漆艺》《析解》勘用"线"。

2.宝臣惟佐：蒹葭堂抄本、德川抄本均用"维"字，索解本第12页、笔者《析解》第145页随用。原典文意不是"维系"，"惟"则为语气助词，以强调"佐"。王解本第27页随朱氏刻本第108页用"宝臣惟佐"，笔者两版《图说》《东亚漆艺》用"宝臣惟佐"。

【解说】

此条指漆器装饰所用的银。黄成认为，银的光辉像蜡烛的微光，又像月亮辅佐太阳、臣子辅佐君王一样，所以将银比喻为"月照"。漆器装饰主要用金，其次用银，所以，黄成又将银比喻为"臣"。"泥、屑、麸、薄、片、线之等"指漆器用银的各种加工形态：泥银，指银箔粉反复细研而成的银泥；屑银，指银、锡等银色金属锉取而成的粉末；麸银，指麸片般的银箔碎片，往往粘贴于奁、盒内壁；薄银，指银箔；片银，指银片；线银，指银丝。此条扬明注仍属务虚，与原典语义基本重复。

4【原典】

宿光，即蒂^①，有木，有竹。明静不动，百事自安。

【扬明注】

木蒂接牝梁，竹蒂接牡梁，其状如宿列也。动则不吉，亦如宿光也。

【校勘】

1.蒂：蒹葭堂抄本、德川抄本用异体字"蔕"，朱氏刻本第108页、索解本第13页随用。王解本第27页，笔者两版《图说》《东亚漆艺》《析解》用正体字"蒂"。

2.王解本第27页扬明注下引："户钥曰牡。《汉书》：'长安章城门门牡自亡。'锁孔曰牝（襄按：系牝之误）……（寿5）"[按]蒹葭堂抄本、德川抄本此条四周并无此条寿笺，王解本将朱氏刻本中阚铎增写的笺注误作祖本寿笺引入。

【解说】

此条记圆形漆坯髹漆以后特需的阴干设备。牝梁，指凿有圆孔的活架；牡梁，指装上"蒂"的活架；木蒂，指实心木棒；竹蒂，指中空的竹筒。圆形漆坯涂漆之时，手不可持，将长三五寸的竹筒粘连在待髹之圆体形漆器底部，手持竹筒，对圆器进行髹涂，涂毕，将竹筒用吸盘吸为真空，套牢于牡梁的木蒂上，状如阴阳交合（图4）。木蒂、竹筒随活架旋转，带动圆形漆坯在漆液均匀流淌的状态下待干，就像天上众星布列，所以，黄成将其比喻为"宿光"。星宿各有定位，移位是不祥之兆，木蒂或竹筒也以插装牢固为好。如果插装未牢，髹

――――――――――

① 蒂：《说文解字》："蒂，瓜当也。"这里指一截木棒或一截竹筒。

图4：髹漆待干的器皿以木蒂为中介，紧密套合在牝梁上，笔者摄于京都

漆待干的圆形器皿掉了下来，髹漆的功夫也就白费了。

王解本第28页解，"竹蒂……因其中空有孔，故曰牝梁。木蒂……因与竹蒂相套接，故曰牡梁"。[按]笔者实地考察，竹蒂不是牝梁，是一截竹筒；木蒂也不是牡梁，是形如瓜蒂的木棒。王解本将竹蒂混同于牝梁，将木蒂混同于牡梁了。

5【原典】

　　星缠，即活架。牝梁为阴道，牡梁为阳道。次行连影，陵乘[①]有期。

【扬明注】

　　牝梁有窍，故为阴道；牡梁有榫，故为阳道。匏数器而接

---

　　① 陵乘：此二字实属难解，查辞书亦不可得。寿笺引《登坛必究》曰："星在下而上曰陵，在上而下曰乘。"可见，"陵乘"指上下。黄成故作此艰深表述。

架，其状如列星次行。反转失候，则淫泆①冰解，故曰有期。又案：曰宿、曰星，皆指器物，比百物之气皆成星也。

【校勘】

1.桦：蒹葭堂抄本、德川抄本用通假字"筍"，索解本第14页随用，朱氏刻本，王解本，笔者两版《图说》《东亚漆艺》《析解》用正体字"桦"。

2.淫泆：蒹葭堂抄本、德川抄本皆书错字成"滛泆"，索解本第14页随错。朱氏刻本第109页勘为"淫泆"。王解本，笔者两版《图说》《东亚漆艺》《析解》用"淫泆"。

【解说】

此条继续记圆形漆坯髹漆以后特需的阴干设备。如果说上条专门记木蒂和竹筒，此条则记荫室里匀速翻转的活架。牝者为阴，牡者为阳。凿有圆孔的木活架因其形被称为"牝梁"，装有木蒂的木活架因其形被称为"牡梁"。髹漆待干的圆器以木蒂、竹筒与活架套合，就像天上众星布列；活架缓慢匀速地翻转，使髹漆待干的圆形器皿在漆液均匀流布的情况之下缓缓干燥，就像众星有规律地上下运行。如果不匀速翻转活架，髹漆待干的圆形漆坯上，漆液就会像积冰融化般恣纵流淌。因为待干圆形漆坯像星宿般规律翻转，所以将活架比喻为"星缠"。装有活架的荫室在中国已难寻觅。日本漆工称荫室为"風呂"，称置有匀速翻转活架的荫室为"回転風呂"（图5）。

———————

① 淫泆：这里形容涂漆恣纵开来。泆：念yì，古通"溢"。

图5：日本"風呂（荫室）"内匀速翻转的活架，笔者摄于日本平泽

6【原典】

津横①，即荫室中之栈。众星攒聚，为章②于空。

【扬明注】

天河，小星所攒聚也。以栈横架荫室中之空处，以列众器，其状相似也。

【解说】

如果说上条记荫室里圆形漆坯特需的阴干设备活架，此条则记荫室里平底漆坯的阴干设备棚架（图6）。棚架定位不移，其上放置髹漆待干的器皿，就像银河是横跨宇宙的通道，银河中众星攒聚，给天空带来了光彩，所以，黄成将荫室内固定的棚架比喻为"津横"。

---

① 津横：传说银河上有木条横搭的棚架以做津梁。"津，这里指银河。
② 章：指文采，这里形容星星般的光彩。

王解本第29页解，"栈是荫室内架子上横放的竹竿或木条"。[按] "栈"指棚架整体，不是指横放的竹竿或木条。《说文解字》："栈，棚也。"横编为棚，竖编为栅。荫室内架子上从不横放竹竿，因竹竿搁置髹漆待干之器极易滑落。

图6：荫室内固定的棚架，笔者摄于日本轮岛

7【原典】

风吹，即揩光石并桴炭。轻为长养，怒为拔拆。

【扬明注】

此物其用，与风相似也。其磨轻，则平面光滑无抓痕；怒，则棱角显，灰有玷瑕也。

【校勘】

1. 桴炭：蒹葭堂抄本、德川抄本均书错字作"浮炭"，索解本第16页随错，朱氏刻本第109页用"桴炭"，王解本，笔者两《图说》《东亚漆艺》《析解》随用"桴炭"。

2.王解本第30页此条下解,"鳗水也须用细夏布滤一次"。[按]桐油可滤,鳗水系桐油与灰的调拌物,是没有办法"用细夏布滤一次"的。

【解说】

漆胎每遍做灰或每遍上漆干后,都要蘸水加以打磨。原典此条与下条都记到打磨用的石头。此条"石"前加"揩光"二字,限定打磨的动作"轻为长养",也就是说,像养息身体、和风拂面一样轻轻地磨,磨到表面光滑,没有手指抓过般的痕迹,可见,此条"揩光石并栲炭"专门用于磨漆,包括"磨糙"和"磨退",即磨糙漆和磨麭漆。因为磨漆动作轻如风吹,所以,黄成将磨漆用的揩光石和栲炭比喻为"风吹"。如果像发怒一样重重地磨,则难免磨出棱角或将漆层磨穿,磨出云斑或将漆层磨穿。

古代磨漆,用细密没有硬颗的鸡肝石、江石、油石等,或用椿木、砂杉木、山榉木、苦李子等质地轻柔、没有硬结的木材烧成栲炭(图7)。揩光石和栲炭稍有硬结,就会在漆胎上留下划痕,选石、烧炭颇费斟酌,这两种工具渐为大陆现代漆工磨漆所淘汰。

图7:揩光石并栲炭,台湾南投黄丽淑供图

王解本第29页此条下解，"揩光石……主要用它来磨漆灰"。〔按〕王解本将用于磨漆、打磨时"轻为长养"的"揩光石"错解为下条"雷同"所记磨漆灰的砖、石了。

8【原典】

雷同，即砖、石，有粗、细之等。碾声发时，百物应出。

【扬明注】

髹器无不用磋磨而成者。其声如雷，其用亦如雷也。

【校勘】

1.粗：蒹葭堂抄本、德川抄本皆用异体字"麤"，朱氏刻本第109页随用，索解本，王解本，笔者两《图说》《东亚漆艺》《析解》用正体字"粗"。

2.磋：蒹葭堂抄本此字偏旁涂改似若"磋"；德川抄本错改为"瑳"，与扬明注语义不合。按文意，其后各版用"磋"。

【解说】

此"砖、石"条又记到了打磨用的"石"。此石非指上条揩光石，乃指较粗的磨石，专门用于磨灰。根据磨粗灰还是磨中灰细灰的不同，选择粗细不同的砖、石（图8）。如硬螺钿漆器的填嵌工

图8：磨灰用的砖、石，台湾南投黄丽淑供图

艺在灰地进行，第一次磨显正是磨灰，"百物应出"指从灰地磨显出花纹，"碾声发时""其声如雷"指磨灰的情状。漆工说"长磨灰，短磨糙"，正是指磨灰时动作幅度大，发出像打雷一样的声音，就像春雷一发而百物复苏，藏于灰漆下的花纹被磨显而出，所以，黄成将磨灰用的砖、石比喻为"雷同"。另，《辍耕录》有记，"粗灰过，停，令日久坚实，砂皮擦磨"[1]，可知元末明初，中国漆工已经用木块包水砂纸磨灰。

9【原典】

电掣，即锉。有剑面、茅叶、方条之等。施鞭吐光，与雷同气。

【扬明注】

施鞭，言其所用之状；吐光，言落屑霏霏。其用似磨石，故曰与雷同气。

【校勘】

1. 锉：蒹葭堂抄本、德川抄本皆书为"鑢"，索解本第17页随用，朱氏刻本，王解本，笔者《图说》《东亚漆艺》《析解》用正体字"锉"。

2. 剑：蒹葭堂抄本、德川抄本皆书异体字作"劒"，其后各版用正体字"剑"。

3. 吐光：蒹葭堂抄本、德川抄本黄成文与扬明注皆书作"吐光"，王解本第30页随朱氏刻本第110页两改为"吐火"。［按］原典"吐光"符合用铁锉锉金属时的情状，而"吐火"不合工艺事实。索解本第17页，笔者《图说》《东亚漆艺》《析解》从两抄本用"吐光"。

---

① 〔元〕陶宗仪：《辍耕录·卷三十·髹器》，《文渊阁四库全书》第1040册，第745页。

【解说】

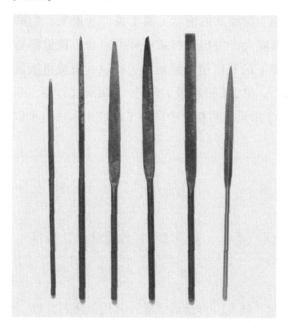

图9：什锦锉，笔者摄于自宅

从原典"施鞭吐光"，可知此条专门记录形似鞭子、锉金属时闪闪发光的铁锉而非木锉；"剑面、茅叶、方条"指锉刀形状细巧丰富，可知此条专门记录铁锉中的什锦锉（图9）。用什锦锉锉取金属粉或修整螺钿工具模凿时，落屑霏霏，发出电光和隐约的雷声，所以，黄成将什锦锉比喻为"电掣"。此条既言"电掣，即锉"，第36条又言"模凿并斜头刀、锉刀"，看似重出。其实，"电掣"之锉，专指锉金属的什锦锉；"模凿并斜头刀、锉刀"，专指切割螺钿、修整螺钿、螺钿开纹所用的刀锉。两者形状与功用都不相同。

王解本第31页解"施鞭吐光"的铁制什锦锉说："漆工用锉，主要在打磨木胎，用它来磨漆灰的时候是比较少的。"［按］黄成既言"施鞭吐光"，可知此条专指形似鞭子、锉金属屑粉时闪闪发光的铁锉而非木锉；黄成又言"有剑面、茅叶、方条之等"，可知此条专指铁锉中的什锦锉。什锦锉用于锉取金锉粉和锉制螺钿工具模凿等，从不用于打磨木胎，漆工磨漆灰则从不用锉。

10【原典】

云彩，即各色料，有银朱、丹砂、绛矾、赭石、雄黄、雌黄、靛花、漆绿、石青、石绿、韶粉、烟煤之等。瑞气鲜明，聚成花叶。

【扬明注】

五色鲜明，如瑞云聚成花叶者。黄帝华盖①之事，言为物之饰也。

【校勘】

1.靛花：蒹葭堂抄本、德川抄本皆书为"靛花"，王解本第31页随朱氏刻本第110页润色为"靛华"。［按］"华"，通"花"，而以"花"为通用。两抄本用"靛花"无错，索解本，笔者《图说》《东亚漆艺》《析解》从两抄本用"靛花"。

2.王解本第32页引："《本草纲目》草部蓝淀条：'以蓝草浸水一宿，入石灰搅至千下……其搅起浮沫，掠出阴干，谓之靛花，即青黛。'"［按］查《本草纲目·草部·蓝淀》条原文为："南人掘地作坑，以蓝浸水一宿，入石灰搅至千下，澄去水，则青黑色。亦可干收，用染青碧。其搅刘（留）浮沫，掠出阴干，谓之靛花，即青黛。"②王解本衍"草"字；"搅起"，按《本草》当勘正为"搅留"。

3.韶粉：蒹葭堂抄本、德川抄本皆书为"韶粉"，索解本第18页误作"诏粉"，朱氏刻本，王解本，笔者《图说》《东亚漆艺》《析解》从抄本用"韶粉"。

---

① 华盖：指皇帝乘舆上的伞形顶盖。
② 〔明〕李时珍：《本草纲目·卷十六草部·蓝淀》，《文渊阁四库全书》第773册，第237页。

【解说】

此条记入漆颜料和染料。中国古代入漆颜料多为矿物颜料（图10），漆工称"石色"，入漆沉着厚重，艳而不俗，永不变色。天然植物染料如靛蓝（靛花）入漆，呈色透明，漆工称"草色"。因为颜料和染料入漆装饰漆器像五色祥云，像皇帝乘舆上的伞盖，所以，黄成将入漆颜料、染料比喻为"云彩"。现将《髹饰录》所记入漆颜料与染料分别介绍如下：

银朱，即硫化汞，入漆艳而不俗，典丽厚重，遮盖力极佳，历千年而不变色。丹砂，一名朱砂，主要成分为硫化汞，以湖南辰州（今沅陵）所产为佳，故名"辰砂"，入漆比银朱沉着，也极耐久，制法见宋应星《天工开物·丹青第十六》①。绛矾，"剔红"条、"朱髹"条称"矾红"，入漆呈色殷暗，制法见《天工开物·燔石第十一》。赭石，即天然赤铁矿石，主要成分为三氧化二铁，研碎成粉后，调配土朱腻子或

图10：入漆矿物颜料，笔者摄于台湾南投埔里天然漆博物馆

---

① 〔明〕宋应星：《天工开物》，《续修四库全书》第1115册。今人点校本有潘吉星译注：《天工开物译注》，上海古籍出版社，1992年版；邹其昌整理：《天工开物》，人民出版社，2015年版；等等。

拌入底漆，制法见《天工开物·丹青第十六》。雄黄、雌黄紧密共生于矿床之中。雄黄，化学成分为硫化坤，漆工称"石黄"，其优者名鸡冠石，研成粉末呈橘红色；次者名"薰黄"，研成粉末色略带青。雌黄，化学成分为三硫化二砷，研成粉末呈柠檬黄色。孔雀石，主要成分为碱式碳酸铜，精研而成高级颜料石绿。去除青金石中的黄色颗粒，精研而成高级颜料石青。韶粉，俗称"铅白"，出自广东韶关者称"韶粉"，调入密陀油用于在漆面描画①，制法见《天工开物·五金第十四》。烟煤，俗称"烟子"，松树或桐油燃烧以后的黑色烟炱，分别称"松烟""油烟"，用于调配黑漆，制法见《天工开物·丹青第十六》。

可以入漆的天然植物染料，有靛蓝、槐黄、藤黄、栀黄、茜草、藏红花等，各用于调配蓝、黄、红色透明漆，《髹饰录》只记"靛花"即"靛蓝"一种，另有漆绿，推测为漆姑草之汁，张彦远《历代名画记》记："漆姑汁炼煎，并为重采，郁而用之"②；陶宗仪《辍耕录》卷十一录王思善《彩绘法》，提到用漆绿调配柏枝绿、墨绿等色，可见漆绿色深犹墨绿。

宋代李诫《营造法式》卷十四详细记录了加工矿物颜料的方法，为笔者《东亚漆艺》所收录③；清代匠作则例《圆明园则例》中有《颜料价值则例》，记矿物颜料如红标朱、黄标朱、石大绿、石二绿、石三绿、石黄、漆黄等较为详尽，可补《髹饰录》之未备。④

① 因为韶粉日久便返铅发黑，明代人已经用珍珠粉调入密陀油用于在漆面描画，见载于《帝京景物略》，称其画"久乃如雪"。高濂《遵生八笺·燕闲清赏笺上》亦记："国初有杨埙描漆、汪家彩漆……杨画《和靖观梅图》屏，以断纹，而梅花点点如雪。"

② 〔唐〕张彦远：《历代名画记·论画体工用拓写》，见《文渊阁四库全书》第812册，第295页。

③ 参见笔者：《〈髹饰录〉与东亚漆艺——传统髹饰工艺体系研究》，人民美术出版社，2014年版，第247～248页。

④ 参见王世襄编著：《清代匠作则例汇编（佛作、门神作）》，北京古籍出版社，2002年版，第176～180页。

11【原典】

虹见①，即五格揸笔觇。灿映山川，人衣楚楚。

【扬明注】

每格泻合色漆，其状如蝃蝀②。又觇、笔描饰器物，如物影文相映，而暗有画山水人物之意。

【校勘】

1.蝃蝀：蒹葭堂抄本、德川抄本皆书为"蝃蝀"。"蝃"，念dì，今体字作"蝃"；"蝀"，念dōng。其后各版皆用"蝃蝀"未改。新版《图说》遵从现代汉语出版规范用"蝃蝀"。

2.蒹葭堂抄本书为"影文相映"，德川抄本书为"影之相映"。［按］"影"与"影"，怎"相映"？其后各版皆从蒹葭堂抄本用"影文相映"。

3.王解本第33页引："高濂《遵生八笺》：'笔觇，有以玉碾片叶为之者，古用水晶浅碟，亦可为此，惟定窑最多。匾坦小碟，宜作此用，更有奇者。'"［按］查《遵生八笺·燕闲清赏笺中·论文房器具·笔觇》，第一个"用"当勘为"有"③。

【解说】

此条记分格调色碟，用于描漆前盛放不同颜色的彩漆。合色漆，指调和了颜料的推光漆；蝃蝀，虹的别名。原典用词故意避浅选深，

---

① 虹见：此处"见"读"现"，下文"虹始见"，"见"亦读"现"。
② 蝃蝀：虹的别名。扬明用词故意避浅选深。
③〔明〕高濂编撰：《遵生八笺（重订全本）·燕闲清赏笺中·论文房器具·笔觇》，巴蜀书社，1992年版，第615页。

形容调色碟内彩漆像彩虹出现在天空，所以将分格调色碟比喻为"虹见"。黄成强调"五格"，当与古人五行观有关。扬明补充说，用彩漆描饰漆器，能画出山川人物光彩灿烂，楚楚分明；如果罩透明漆再推光，漆下像有山川、人物的影子，与漆面互相辉映。

12【原典】

霞锦，即钿螺，老蚌、车螯、玉珧之类，有片，有沙。天机织贝^①，冰蚕失文。

【扬明注】

天真光彩，如霞如锦，以之饰器则华妍，而康老子所卖，亦不及也。

【校勘】

1.冰蚕：王解本第33～34页此条下引："《拾遗记》：'员峤山有冰蚕，长七寸，黑色，有角有鳞，霜雪覆之，然后作茧。长一尺，其色五彩。织为文锦，入水不濡。以之投火，经宿不燎。唐尧之世，海人献之，尧以为黼黻。'（寿13）"［按］查蒹葭堂抄本、德川抄本，此条四周皆无此寿笺，王解本将朱氏刻本上阚铎增写的笺注误作祖本寿笺引入，《拾遗记》此段原文是："员峤山，一名环丘……有冰蚕长七寸，黑色，有角，有鳞，以霜雪覆之，然后作茧，长一尺，其色五彩。织为文锦，入水不濡；以之投火，经宿不燎。唐尧之世，海人献之，尧以为黼黻。"^②

---

① 贝：这里指提花织物，后世称"锦"。《禹贡》："厥篚织贝。"孔颖达正义引郑玄注："贝，锦名。"

② 〔晋〕王嘉：《拾遗记》卷十，《文渊阁四库全书》第1042册，第361页。

2.康老子：王解本第34页此条下引"《乐府杂录》：'长安富家子名康老子，落魄不事生计。常与国乐游，家荡尽。偶得一旧锦褥，波斯胡识是冰蚕所织，酬之千万。还与国乐追欢，不经年复尽，寻卒。乐人嗟惜之，遂制此曲，亦名《得至宝》。又康老子遇老姬，持锦褥货鬻，乃以半千获之。波斯人见曰："此冰蚕所织也。暑月置于座，满室清凉。"'（寿14）"［按］查蒹葭堂抄本、德川抄本此条上方寿笺提康老子甚简，王解本将朱氏刻本上阚铎增写的笺注误作祖本寿笺引入，与《乐府杂录》原文出入较大，《乐府杂录》原文为："康老子者，本长安富家子，酷好声乐，落魄不事生计，常与国乐游处。一旦家产荡尽，因诣西廊，遇一老姬，持旧锦褥货鬻，乃以半千获之。寻有波斯，见，大惊，谓康曰：'何处得此至宝？此是冰蚕丝所织，若暑月陈于座，可致一室清凉。'即酬价千万……"①

【解说】

"螺"与"钿"本是两类不同的材料，"螺"泛指江河湖海中的螺蚌壳，《说文解字》释"钿"，"金华也，从金，田声"，组成双音词"螺钿"（或作"钿螺"）以后不再拆解，专门指镶嵌漆器所用的螺蚌壳。老蚌，指河蚌壳；车螯，指鲍鱼贝壳（图12-1），《本草纲目》卷四十六有"车螯"条；玉珧，指小贝壳（图12-2）。其天然光泽好似云霞锦绣，裁切成片或研磨成粉装饰于漆器，光华灿烂，就像天上机杼织出的锦缎，连传说中康老子卖的冰蚕锦也失去了光彩，所以，黄成将螺蚌壳比喻为"霞锦"。

螺蚌壳切割研磨后的材料形态有数种。河蚌壳直切成厚厚的大块，

① 〔唐〕段安节：《乐府杂录》，《丛书集成新编》第53册，台湾新文丰出版公司，1985年版，第427页。又中国戏剧出版社1959年版《中国古典戏曲论著集成》（共10册）第1册亦全本采入。

用作漆器上的浮雕镶嵌；河蚌壳磨切成厚1毫米左右的白色硬片，用作硬螺钿漆器的嵌贴材料（图12-3）；海螺壳如夜光螺、鲍鱼贝、珍

图12-1：鲍鱼贝壳，笔者摄于扬州

图12-2：小贝壳，选自权相伍《漆工艺·天然漆的魅力和表现技法》

图12-3：嵌厚螺钿漆器所用的河蚌片，笔者摄于扬州

图12-4：嵌薄螺钿漆器所用的薄贝，笔者摄于东京

珠贝（有黄、黑、白诸色）、鹦鹉贝、蝶贝（有黄蝶贝、黑蝶贝、白蝶贝）、耳贝等，用手工磨取、烧烤剥取、沸油剥取、煮螺剥取等法片取为薄贝，用作薄螺钿漆器的嵌贴材料（图12-4）。漆器嵌贝越薄，越能够呈现出彩虹般的色彩。将蚌片碎料捶制、过筛为粗砂，或将螺片碎料捶制、过筛为细沙，分别用于硬螺钿漆器和薄螺钿漆器的嵌饰。桃山时代以降，日本典籍往往以"螺钿"指称厚贝，以"青贝"指称薄贝；现代，日、韩漆工称鲍鱼贝表层为"青贝"，称鲍鱼贝彩色如孔雀羽毛的中心部位为"玉虫贝""孔雀贝"，称白、黑色珍珠贝为"白贝""黑贝"，称夜光螺为"夜光贝"，称螺蚌壳磨碎的粉末为"微尘贝"。

13【原典】

雨灌，即髹刷，有大小数等及蟹足、疏鬃、马尾、猪鬃，又有灰刷、染刷。沛然①不偏，绝尘膏泽。

【扬明注】

以漆喻水，故蘸刷拂器；比雨，麹面无颣，如雨下尘埃不起为佳。又漆偏则作病，故曰不偏。

【校勘】

1.髹刷：蒹葭堂抄本全本书为"髹"，德川抄本此一字改书为正体字"髹"（影本9、影本10），是为德川抄本问世较晚之旁证。

2.疏：蒹葭堂抄本、德川抄本皆书为异体字"踈"，朱氏刻本第111页随用，索解本第21页用异体字"踈"，王解本，笔者《图说》《东亚漆艺》《析解》用正体字"疏"。

---

① 沛然：雨水充足的样子。

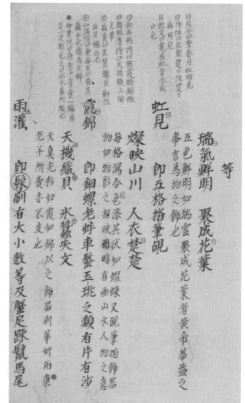

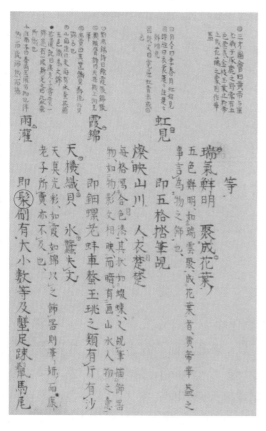

影本9：蒹葭堂抄本此字书为"髹"　　　　　　影本10：德川抄本此字书为晚近字"髹"

【解说】

　　漆工用的刷子，有漆刷、灰刷和染刷之分，每种大小成套，多多益善。漆刷用于髹漆，或蘸漆制造纹饰（图13-1）。明代漆刷有用马尾，有用猪鬃。其形状像蟹足，用于刺破髹漆以后产生的气泡，俗称"消泡刷子"；有如稀疏的鬣毛，用于做刷丝花，俗称"起花刷子"；还有刷柄折向、用于刷漆器内腔的刷子（图13-2）等。髹涂时，蘸漆要充足，下刷要不偏，一偏，则涂漆必有厚薄。髹涂还要严防灰尘，漆面才能没有丝额并且如膏脂般润泽。因为漆刷蘸漆涂布于胎像春雨

图13-1：各式漆刷，
笔者摄于台湾南投

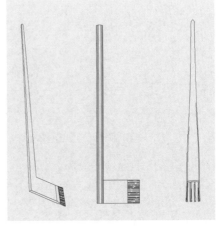

图13-2：内膛漆刷和疏如
鬣毛的起花漆刷，尤真绘

润物使尘埃不起，所以，黄成将漆刷比喻为"雨灌"。

王羲之《笔经》记，"制笔之法，桀者居前，毳者居后，强者为刃，要者为辅，参之以苘（原文作'檾'，念qǐng，指苘麻），束之以管，固以漆液，泽以海藻"[1]，与制漆刷原理相同；祝凤喈《与古斋琴谱》记漆刷制法和使用以后的护养："漆刷：取猪颈、脊背上鬣毛，洗净，晒干，齐平。须用牛胶水黏接，长四五寸。另取薄竹木片二，长四五寸，阔一二寸，厚半分余，即以鬣用胶水匀铺其上，约厚一分，将竹木片夹紧，外缠以绸，用漆调面灰黏固，或用线密扎紧，外加漆，待干。然后以利刀于夹片头上刮去夹片数分，毋刮损鬣毛，以露出之鬣即为刷也。热水泡去鬣内胶水，则柔软便用。用后，以茶油洗去其漆。碱水去其油，清水去其碱。否则漆干鬣硬，不可复用，又须另刮夹片，

---

① 〔晋〕王羲之：《笔经》，《五朝小说大观·魏晋小说·卷十》，上海文艺出版社，1991年版，石印本第290页a。

再露其鬃以为刷也。若制圆刷，毋庸夹片，以鬃胶成一束，随意大小，周用线扎，漆之。干后，刮取为刷"①，可资参考。

图13-3：大小染刷，笔者摄于福州

灰刷，指刷毛较硬、平口而毛厚的猪鬃刷，用于平整灰面，清除浮灰；染刷，指刷毛较软、含水多的羊毛排刷，用于给木胎染色或款彩漆器着色，或扫匀漆面的粉状材料，或扫除漆面粉尘等（图13-3）。

14【原典】

露清，即罂子桐油②。色随百花，滴沥③后素④。

【扬明注】

油清如露，调颜料则如露在百花上，各色无所不应也。后素，言露从花上坠时，见正色，而却至绘事也。

---

① 〔清〕祝凤喈：《与古斋琴谱·卷二·利器善事》，《续修四库全书》第1095册，第588～589页。

② 罂子桐油：罂，念yīng；罂子桐，一名虎子桐、荏桐、油桐，其子可以榨油，称罂子桐油，简称桐油。

③ 滴沥：念dīlì，这里解为圆润如滴且如水一般明丽。

④ 后素：《考工记》载，"凡画缋之事，后素功"，指大凡绘画，应先安排彩色，最后用白色收拾；《论语·八佾》载，"子曰：'绘事后素'"，比喻人必须用礼来收拾。扬明意思是说，漆器描饰最后要用桐油调高明颜料来收拾，"绘事后素"的道理同样适用于髹饰。

【校勘】

却至绘事：蒹葭堂抄本、德川抄本扬明注皆书为"却至绘事"，王解本第35页随朱氏刻本第111页改为"却呈绘事"，索解本第23页认为，"'至'或为'宜'之讹"。〔按〕原典指"绘事后素"的道理正适用于桐油调色画出亮色。朱氏刻本、王解本错改。笔者《图说》《东亚漆艺》《析解》从两抄本用"却至绘事"。

【解说】

桐油，指罂子桐树种榨出的植物油，出油率高达35%～60%。生桐油外观淡黄，不能直接用于涂装。生桐油经过高温熬制并且过滤成为熟桐油，涂层干燥慢，缺乏遮盖力，韧性优于大漆，坚硬度、抗老化性能等逊于大漆。可以入漆的干性植物油有梓油、苏子油、亚麻仁油、胡桃油等多种。战国秦汉漆器多用掺油之漆髹饰，可见彼时，先民已经把握了熬油技术；关于熬油的文字记载，则以齐梁间陶弘景《名医别录》记紫苏"笮其子，作油煎之，即今油帛及和漆所用者"一句、北齐颜之推《颜氏家训》记"煎胡桃油炼锡为银"一句为早。[1]干性植物油炼制以后入漆，冲淡了大漆的红褐色相，减缓了推光漆的干燥速度，加大了漆的黏性，提高了涂层的明度和光泽度，降低了髹涂的成本，可以用于厚髹，可以用于罩明。加入催干剂炼熟以后的干性植物油调入颜料，可以直接用于描饰，古代漆器上白色、桃红色等高明艳丽的图案，往往用描油工艺画出，所以，黄成将桐油比喻为"露清"，认为《论语》"绘事后素"的道理正可用于油饰。因为炼熟的干性植物油是大漆髹涂最为亲密的伴侣，古人常以"油漆"并称，漆工说，"漆无油不明""漆无油不亮"。

---

① 前句见于〔清〕吴其濬：《植物名实图考长编》，商务印书馆，1959年版，第676页；后句见于〔北齐〕颜之推：《颜氏家训》卷五《省事第十二》，《续修四库全书》第1121册，第643页。

恰如漆有六制，随炼制温度与添加物不同，熟桐油亦有各种不同用途、不同称谓。

熬油至油温升到200℃时，立即改文火并用勺子扬烟。烟不得出，漆工俗称"窝烟"，油便不得清澈。勺子拉起桐油能出现3厘米至4厘米长的油丝且往上收缩，挑起油珠滴入冷水，油珠不散，说明油内水分已经完全蒸发，油已熬成。此时应迅速端锅离火，扬烟散温，以防油老、油焦、油不清亮。油温超过280℃，油便焦化报废。待油温降到接近常温，即可过滤装桶。这样的熟桐油，称"广油"，漆工又称"光油""白油"，宜早入漆，不耐存放。

因为桐油涂层干燥太慢，而密陀僧①可以催干外涂层，土子②可以催干内涂层，中国古代漆工在油刚熬成时投入油重3%～5%的干土子粉，待油滚投入同量密陀僧粉，待油滚迅速端锅离火，吹风降温，成"密陀油"。密陀油不能入漆，只能用于油饰，或用于"密陀绘"。密陀油熬法，见载于宋李诚《营造法式》卷十四、明末清初方以智《物理小识》③。

熬成离火的光油，温度继续升高。当油温升到270℃极限，迅速倒入预先熬好的冷油内，使热油在骤冷中变得稠厚。扬州漆工称热油变稠的过程为"来坯"，称这样的油为"坯油""白坯油"，各地又称"明油"，用于调配入油比例较高的油光漆。油温愈高而不熬焦，黏性与干性就愈好。黏性与干性最佳的坯油，别称"大明油"，用于研磨颜料入薄料漆。桐油泡入漆渣数月后熬成坯油，称"紫坯油""漆油"，干燥性能最优。

---

① 密陀僧：一氧化铅，中国称铅丹、黄丹、章丹、金生。

② 土子：二氧化锰，中国称"无名异"。

③〔清〕方以智：《物理小识·器用类》，金沛霖主编：《四库全书子部精要》中册，天津古籍出版社、中国世界语出版社，1998年版，第1195页。

15【原典】

霜挫，即削刀并卷凿。极阴杀木，初阳斯生①。

【扬明注】

霜杀木，乃生萌之初；而刀削朴，乃髹漆之初也。

【解说】

此条记旋削木胎的工具削刀和卷凿（图15-1、15-2）。五行中，金属刀凿属阴，用刀来旋削木胎，是"极阴杀木"；旋削木胎是制造旋木胎漆器的开始，沉睡的木材遇见削刀和卷凿，就像冬至之日遇见

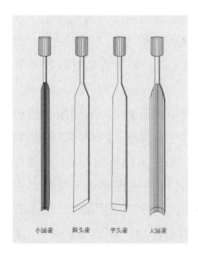

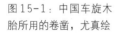

图15-1：中国车旋木胎所用的卷凿，尤真绘

图15-2：日本车旋木胎所用的卷凿，笔者摄于轮岛

---

① 初阳斯生：初阳，指冬至之日的太阳。这里比喻沉睡的木材遇见削刀和卷凿，好比冬至之日云开日现。

太阳，霜打树木，落叶纷纷，春意就此萌动，所以，黄成将车旋木胎所用的削刀、卷凿比喻为"霜挫"。榡胎有旋木、板合、卷木、刳木、雕木等多种，分别用不同工具。木工需备刀凿、小花刨等多种工具大小各若干把。

16【原典】

雪下，即筒罗。片片霏霏，疏疏密密。

【扬明注】

筒有大小，罗有疏密，皆随麸片之细粗、器面之狭阔而用之，其状如雪之下而布于地也。

【校勘】

疏：蒹葭堂抄本、德川抄本三书异体字"踈"，索解本第23页随用，朱氏刻本第112页三用异体字"踈"。王解本，笔者《图说》《东亚漆艺》《析解》用正体字"疏"。

【解说】

此条所记的"筒罗"，显然不是指筛灰的大号筛罗，而是指播撒装饰性粒粉用的小型筛罗和金筒子。"筒有大小，罗有疏密"，指播撒粒粉用罗目不等的筛罗（图16-1）和金筒子（图16-2），随所撒粒粉的粗细、所撒器面的狭阔选择使用，罗眼较稀的金筒子用于少量播撒螺钿粉、干漆粉等较粗的粉粒状装饰材料，罗眼较密的金筒子

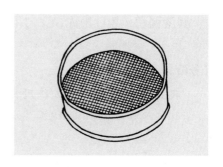

图16-1：播撒粒粉的筛罗，尤真绘

图16-2：大小不一、罗目不一的金筒子和镊子，笔者摄于台中

用于洒金。粉粒状材料如雪片般霏霏落下，疏疏密密地撒布在漆胎上，所以，黄成将筒罗比喻为"雪下"。装饰漆器的粉粒状材料有多种，扬明注为"麸片"，偏窄。

17【原典】

　　霰①布，即蘸子，用缯、绢、麻布。蓓蕾②下零，雨冻先集。

【扬明注】

　　成花者为雪，未成花者为霰，故曰蓓蕾，漆面为文相似也。其漆稠黏，故曰雨冻，又曰下零，曰先集，用蘸子打起漆面也。

【校勘】

　　稠黏：蒹葭堂抄本、德川抄本皆书为"稠粘"，朱氏刻本第112

---

　　① 霰：读xiàn，指下雪前先行聚集的白色小微结晶，《诗经·小雅·甫田之什·頍弁》："先集维霰"；韦应物《寓居沣上精舍寄于、张二舍人》："微霰下庭寒雀喧。"这里以先集下零的"霰"比喻在漆胎上打起细小的颗粒。

　　② 蓓蕾：这里的"蓓蕾"状如中医所指皮肤上密集细小的疙瘩，非指花骨朵、花蕾。

页，王解本第37页，索解本第23页，笔者2007版《图说》第20页、《东亚漆艺》第449页随用"粘"。［按］前述各版"粘"字用错。新版《图说》《析解》用形容词"稠黏"。

【解说】

此条记打起蓓蕾漆的工具蘸子（图17），用麻布类织物包丝绵制作。用蘸子在流平未干黏稠如冻的湿漆胎上打出蓓蕾、小雪珠般的凸起，正像下小雪珠前，阴雨和冰冻先行聚集一样，所以，黄成将蘸子比喻为"霡霂"。扬明注扯出一连串比喻，于内容并无延伸。

图17：打起蓓蕾漆的蘸子，尤真绘

18【原典】

雹堕，即引起料。实粒中虚，迹痕如炮。

【扬明注】

引起料有数等，多禾壳之类，故曰"实粒中虚"，即雹之状。又雹，炮也，中[①]物有迹也。引起料之痕迹为文，以比之也。

【校勘】

炮：蒹葭堂抄本、德川抄本皆二书异体字"砲"，朱氏刻本第113页、索解本第24页随用"砲"，王解本，笔者《图说》《东亚漆艺》《析解》用正体字"炮"。

---

① 中：本条前两处"中"为方位名词，念平声；此处"中"为动词，念去声。

【解说】

此条记彰髹起花的媒介物引起料，用于在湿漆面压印出凹痕。引起料不是制造漆器的材料，而是像冰雹一样打在漆胎上起花的媒介，所以，黄成将其比喻为"雹堕"。将禾壳、纸屑、松针、棕丝、烟丝、发团、树叶、碎荷叶、丝瓜络之类引起料撒布在业已流平的湿推光漆面，待暴露在外的漆干后，剔除引起料，洗清引起料下未干的残漆，漆胎留下了不规则的凹痕。略做砂磨之后，在凹痕内填入不同颜色的推光漆数遍，或在凹痕内饰金属箔粉，填透明漆数遍，入荫室等待干固，磨显出各种各样的斑纹。此条扬明注仍限于解释原典，于内容未做延伸。

19【原典】

雺笼，即粉笔并粉盏。阳起阴起，百状朦胧。

【扬明注】

雺起于朝，起于暮。朱髹黑髹，即阴阳之色，而器上之粉道百般、文图轻疏，而如山水草木被笼于雾中而朦胧也。

【校勘】

1.雺：古字。读 wù 时，同"雾"，唐刘禹锡《楚望赋》："天濡而雺"；读 méng 时，解释为迷漫的雾气，《隋书·天文志下》："将雨不雨，变为雺雾。"蒹葭堂抄本、德川抄本皆书为"雺"，当读为méng。其后各版保留"雺"字未做更换。

2.王解本此条下引"《尔雅》：'天气下，地不应曰雺。'（寿17）"[按] 蒹葭堂抄本、德川抄本此条四周并无寿笺，王解本第39页将朱氏刻本阚铎增加的笺注误作祖本寿笺引入，断句应为："天气下地，不应曰雺。"

3.疏：蒹葭堂抄本用异体字"疎"，朱氏刻本第113页随用，德川抄本、索解本第25页用异体字"疎"。王解本，笔者《图说》《东亚漆艺》《析解》用正体字"疏"。

【解说】

此条记过稿即转印画稿的工具："粉笔"指蘸水粉的毛笔，用于描稿；"粉盏"（图19）用于装粉。古代漆工过稿的方法是：用笔蘸取水溶颜料如胡粉等，在薄叶纸画稿反面勾描线廓，干后，将画稿正面向上，准确覆盖于漆面，用棉花在画稿正面轻抹，揭去画稿，漆面便留下朦胧粗疏的线廓。器面留下了上百条粉线，轻淡朦胧，像山水草木被雾笼罩了一般，所以，黄成将过稿用的粉笔粉盏比喻为"雾笼"。扬明补充说，宜于在朱漆地子或黑漆地子上用粉稿，就像雾有时候在早晨出现，是为阳；有时候在晚上出现，是为阴一样。此注内容亦虚，意在有无之间。中国漆工称转印画稿的过程为"抹样"，日本、韩国漆工称粉盏为"粉镇"，称转印画稿的过程为"置目"。

索解本第25页解此条说，"对着画稿正面临摹，是为阳起；后者在画稿背面按着图画轮廓描粉线，描迄紧贴于漆面，然后稍加压力，此粉线轮廓即印在漆面上，是为阴起"。［按］转印画稿不存在"阴起"一说，索解错。扬明"朱髹黑髹，即阴阳之色"原意是：宜于在朱漆地子或黑漆地子上用粉稿，就像雾有时候在早晨出现，是为阳；有时候在晚上出现，是为阴一样。

图19：漆工过稿用的粉盏，笔者摄于扬州

20【原典】

时行，即挑子，有木，有竹，有骨。百物斯生，水为凝泽。

【扬明注】

漆工审天时而用漆，莫不依挑子，如四时行焉，百物生焉①。漆或为垸，或为当，或为糙，或为麫，如水有时以凝，有时以泽②也。

【校勘】

蒹葭堂抄本、德川抄本"有骨"后，皆无"有角"二字，索解本第25页引文正确，王解本第39页随朱氏刻本第113页衍出"有角"二字，笔者2007版《图说》第24页随错，笔者《东亚漆艺》《析解》从两抄本删去"有角"二字。

【解说】

此条记髹涂必备的工具挑子（图20），漆工或称"角铲""角挑""刮板"，用木、竹或骨制作，漆工打底、做灰漆、糙漆、麫漆莫不要用它。现代漆工往往用有"让"劲的橡皮挑子、不锈钢挑子。挑子有时挑稠厚的漆灰，有时挑稀飘的漆，就像水有时候凝固了，有时候像是沼泽，四时就这样运转，百物就这样萌生，所以，黄成将挑子比喻为"时行"。漆工要备大小挑子多把，还要备刮灰于坯胎束腰的圆口挑子，起棱角、起线缘的起线挑子，起花的起花挑子及随物造型临时制作的挑子等。日本漆工称挑子为"箆"。

---

① 四时行焉，百物生焉：语出《论语》。
② 水有时以凝，有时以泽：语出《考工记》："水有时以凝，有时以泽，此天时也。"

图20：各种材质的挑子，笔者摄于台中

21【原典】

春媚，即漆画笔，有写象、细钩、游丝、打界、排头之等。化工妆点，日悬彩云。

【扬明注】

以笔为文彩，其明媚如化工之妆点于物，如春日映彩云也。日，言金；云，言颜料也。

【校勘】

1.钩：蒹葭堂抄本、德川抄本皆书为"钩"，通"勾"。朱氏刻本、索解本、王解本引原典皆用"钩"。为最大限度尊重原典原貌，笔者《图说》《东亚漆艺》《析解》引原典用"钩"，解说则按现代汉语规范用"勾"；如涉钩刀，仍用"钩"。下同。

2.化工：蒹葭堂抄本、德川抄本此条两言"化工"，索解本第27页改扬明注作"画工"。[按]"化工"指似天工造就，王解本随朱氏刻本，笔者《图说》《东亚漆艺》《析解》从两抄本用"化工"。

3.云，言颜料也：蒹葭堂抄本、朱氏刻本皆书为"云言颜料也"，德川抄本书为"云，颜料也"，较蒹葭堂抄本脱一字。索解本第27页作"云言颜色料"，王解本第39页脱标点作"云言颜料也"。笔者《图说》《东亚漆艺》《析解》依蒹葭堂抄本按现代汉语规范加标点作"云，言颜料也"。

【解说】

此条记漆画笔（图21）。游丝笔、打界笔、排笔等，分别用于写画漆像或细勾线条，或打界，或渲染。用漆画笔将金、银色或颜料妆点于漆器，如天工妆点百物，如春日映照彩云，所以，黄成将漆画笔比喻为"春媚"。

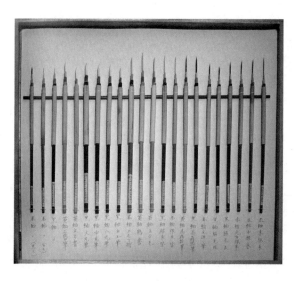

图21：各式漆画笔，笔者摄于京都

22【原典】

夏养，即雕刀，有圆头、平头、藏锋、圭首、蒲叶、尖针、
刳劂①之等。万物假②大，凸凹斯成。

【扬明注】

千文万华，雕镂者比描饰，则似大也。凸、凹，即识、款
也。雕刀之功，如夏日生育长养万物矣。

【校勘】

1. 雕：蒹葭堂抄本、德川抄本原典皆书为"雕"，扬明注书为
"彫"，索解本第27、28页亦然。朱氏刻本，王解本，笔者《图说》《东
亚漆艺》《析解》用正体字"雕"。

2. 针：蒹葭堂抄本、德川抄本用异体字"鍼"，朱氏刻本第114
页、索解本第27页随用，王解本，笔者《图说》《东亚漆艺》《析解》
用正体字"针"。

3. 似大：蒹葭堂抄本、德川抄本扬明注皆书为"似大"，索解本
第28页随用并解为："'雕镂者，比描饰似大。'也许是漆业工匠中自
分彼此，表示其技有难易。"王解本第41页随朱氏刻本改为"大似"。
[按]"似大"表示技有难易，"大似"则是"大差不差""差不多"的
意思：都说得通。笔者2007版《图说》《东亚漆艺》《析解》从朱氏刻
本用"大似"，新版《图说》尊重原典用"似大"。

4. "功""夏日"：蒹葭堂抄本书如此；德川抄本"功"书作"工
刀"，"夏日"书作"夏月"。此为德川抄本抄错例证。其后各版均从
蒹葭堂抄本用"功""夏日"。

---

① 刳劂：刳劂刀，刀口呈曲瓦形。《说文解字》："刳劂，曲刀也。"
② 假：意为借。这里指各种物象借雕刀得到充分表现。

5.王解本第41页此条下引："《释名》：'夏，假也。宽假万物，使长大也。'（寿19）"［按］蒹葭堂抄本、德川抄本上方寿笺非如王解本所引，王解本误将朱氏刻本中阚笺作为祖本寿笺引入。

【解说】

此条记雕刻漆器所用的刀具，有圆头，有平头，有的形似玉圭，有的形似蒲叶，有的形似尖针，还有刀口呈曲瓦形的剖劂刀等。漆器装饰工艺如雕漆、款彩、戗划等，各有专门刀具多把（图22-1、22-2、22-3）。各种物象借雕刀得到充分表现，花纹凸凹就这样产生。漆器用刀雕刻，就像春生万物还需要夏日长养，所以，黄成将雕刀比喻为"夏养"。扬明补充说，雕镂与描饰都能够造出各种花纹，其中自有难易；其注"凸、凹，即识、款"未尽准确：凸、凹当指向漆器上的浮雕图画，"识、款"则分别指向阳文、阴文。

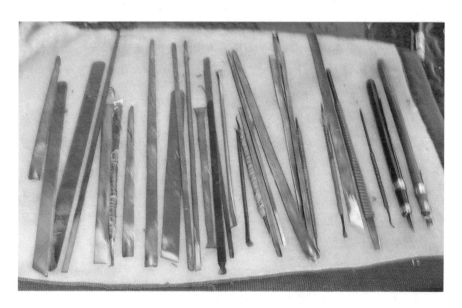

图22-1：雕漆刀，笔者摄于扬州

图22-2：款刻刀，笔者摄于扬州　　　　　　图22-3：戗划刀，福州郑益坤供图

23【原典】

秋气，即帚笔并茧球。丹青施枫，金银着菊。

【扬明注】

描写，以帚笔干傅各色，以茧球施金银，如秋至而草木为锦。曰丹青，曰金银，曰枫，曰菊，都言各色百华也。

【校勘】

1. 茧球：丝绵球。蒹葭堂抄本、德川抄本皆二书异体字"毬"，朱氏刻本第114页、索解本第28页随用。王解本，笔者《图说》《东亚漆艺》《析解》用正体字"球"。

2. 着：蒹葭堂抄本、德川抄本皆书为"著"，其后各版均用"著"。新版《图说》按出版方规定用今字"着"。

3. 干傅各色：蒹葭堂抄本、德川抄本、朱氏刻本、索解繁体本各作"乾傅各色"，王解简体本第41页混入繁体字作"乾傅各色"，笔者《东亚漆艺》为繁体本作"乾傅各色"，《图说》《析解》为简体本作"干傅各色"。

【解说】

  此条记录了两种描写工具："帚笔"即羊毛笔，是干设色即干傅色粉的必备工具；"茧球"即丝绵球，是上金银箔粉的必备工具。颜料和金银赋予漆器万千颜色，就像秋天里枫、菊那样如锦似绣，缤纷灿烂，所以，黄成将帚笔、茧球比喻为"秋气"。这里，"金银"指金属箔粉，"丹青"指颜料。

  王解本第41页解此条："趁（漆）未干透，将色粉洒扑到漆上去。"［按］干设色在涂层表干的情况下进行，色粉要反复擦敷并随擦敷的深入加大力度，"洒扑"是不能使颜料粉牢固附着于漆面的。

24【原典】

  冬藏，即湿漆桶并湿漆瓮。玄冥①玄英②，终藏闭塞。

【扬明注】

  玄冥玄英，犹言冬水。以漆喻水，玄，言其色。凡湿漆贮器者，皆盖藏，令不溓凝，更宜闭塞也。

【校勘】

  1.玄冥玄英：蒹葭堂抄本、德川抄本皆书为"玄冥玄英"，朱氏刻本，索解本，王解本，笔者《图说》《析解》随用，笔者《东亚漆艺》第263页首行引此条脱一字成"冥玄英"，新版《图说》勘出用"玄冥玄英"。

  2.王解本第42页此条下引："《周礼·考工记》注：'溓，读为粘，谓泥不粘著辐也。'《正韵》：'一曰薄冰。'潘岳《寡妇赋》：'水溓

---

① 玄冥：古指冬神。《礼记·月令》："孟冬之月……其帝颛顼，其神玄冥。"玄，指黑色。
② 玄英：古代冬天的别称，《尔雅·释天》："冬为玄英。"

潢以微凝。'《集韵》:'沉物水中使冷。'（寿21）"［按］蒹葭堂抄本、德川抄本此条四周并无此数条寿笺，王解本将朱氏刻本中阙铎加写的笺注误作祖本寿笺引入。

【解说】

此条记用于中长期贮漆的湿漆桶（图24）与湿漆瓮。湿漆桶木制，用于采集、运输和长期贮存漆液，宜存放于0℃～20℃、地面平整的仓库内。湿漆贮藏于桶、瓮中，务要加盖密封，就像冬天到了，水也显出黑气，凝固不再流动了一般，所以，黄成将贮存漆液的桶、瓮比喻为"冬藏"并且提醒漆工，湿漆桶、湿漆瓮以少搬动为好，以免漆液晃动接触空气，表层结出薄冰样的硬痂。

图24：终藏闭塞状态下的湿漆桶，笔者摄于日本木曾

25【原典】

暑溽①，即荫②室。大雨时行，湿热郁蒸③。

---

① 暑溽：溽暑，江南梅雨季节，天穹像有湿布笼罩，天气极其湿热。

② 荫：指树下阴凉之地。荫室内待干之器如在树荫之下，故名荫室。

③ 大雨时行，湿热郁蒸：形容荫室里像江南梅雨季节随时要下大雨那样湿热，蒸气逼人。大雨时行，语出《礼记·月令》："季夏之月……土润溽暑，大雨时行。"

【扬明注】

荫室中以水湿，则气熏蒸。不然，则漆难干。故曰"大雨时行"。盖以季夏之候者，取湿热之气甚矣。

【校勘】

熏蒸：蒹葭堂抄本、德川抄本皆书为"薰蒸"，朱氏刻本第115页、索解本第30页、王解本第42页随用。薰，一种香草，泛指花草香味；熏蒸，形容闷热。笔者《图说》《东亚漆艺》《析解》勘用"熏蒸"。

【解说】

此条记推光漆涂层的荫干设备荫室。黄成所在的江南，一年中约有三季自然温湿度不足以使推光漆涂层干燥，用推光漆做较大面积的髹涂之后，要放入四壁挂上毛毡或是草帘、地面以红砖铺地的

图25: 古人将做灰漆后的盘盒从荫柜取出髹漆，选自《中国制漆图谱》①

① 《中国制漆图谱》:《中国自然历史绘画》16本图谱之一，约绘于18—19世纪，原本藏于法国国家图书馆。全套图谱内有：中国动物图谱，野生植物图谱，通草画（棉布纺织、玻璃制造、竹纸制造、煤矿采运），中国花鸟图绘，中国制漆图谱，各式炉灶图，陶瓷烧制，金属手工艺白描图，中国药用本草绘本等，部分动植物图由法国画家Pierre Joseph Buchoz（1731—1807）绘制，其余绘者不详。

荫室，通过加温洒水等手段，控制温度在25℃～30℃、相对湿度在75%～85%之间，促使涂层在湿热的环境下干燥。这样的荫干设备，称"荫室"。荫室内湿气和热气熏蒸，就像夏季大雨来临前那么湿热，所以，黄成将荫室比喻为"暑溽"（参见图6）。少量小型器皿做推光漆髹涂以后，不妨置入内有棚架的荫箱或荫柜（图25）。中国福建、台湾等地，大自然本身的温湿度就适宜推光漆涂层干燥，髹漆往往不备荫室。日本漆工称荫室为"漆風呂"，称荫箱为"箱風呂"，因海岛空气湿度较高，故日本"風呂"湿度在65%～80%之间。

26【原典】

寒来，即枅，有竹，有骨，有铜。已冰已冻，令水土坚。

【扬明注】

言法絮漆、法灰漆、冻子等，皆以枅黏着而干固之，如三冬气令水土冰冻结坚也。

【校勘】

1. 黏着：蒹葭堂抄本、德川抄本皆书为"粘著"，朱氏刻本第115页改为"黏著"。索解本第31页用"粘着"，王解本第42页用"粘著"。笔者2007版《图说》用"粘著"、《析解》用"粘着"，繁体本《东亚漆艺》从两抄本用"粘著"。新版《图说》遵从现代汉语规范用"黏着"。

2. 王解本第42页此条下引："《尔雅·释宫》：'圬镘谓之杇。'《方言》：'秦谓之杇，关东谓之镘。'《说文》；'杇，所以涂也。'（寿23）"［按］蒹葭堂抄本、德川抄本此条四周无此寿笺，王解本将朱氏刻本中阚铎增写的笺注误作祖本寿笺引入。

八一

【解说】

图26：宁海漆工用㧉挑起漆冻做识文（工作台上有㧉数把），笔者摄于宁海

"㧉"念wū，是漆工填缝或堆起开光、线纹，堆塑浮雕图画的工具（图26），比刮板小而灵巧，用竹、骨等材料制作，大致像现代雕塑家用的雕塑刀，《坤集》扬明注为"起线挑"，各地有称"舔棒""木蹄儿""补土刀"等，宜坚硬而有弹性，以便挑起法絮漆填塞缝隙、挑起漆冻堆塑花纹灵活有力。凡是用稠厚的可塑性材料如法絮漆、法灰漆、漆冻、油鳗等，做填补、起线、堆塑、镶嵌之类的细活，都用㧉做工具。挑起的法絮漆、法灰漆和冻子从稠厚到干固，就像三冬天气水土冰冻，渐渐坚固一样，所以，黄成将㧉比喻为"寒来"。

此条扬明注牵出一些专业名词，解释如下：法絮漆，用法漆调拌木屑或断麻断絮制成，用于填补木胎缝隙；法灰漆，用净生漆与胶水加灰搅拌而成，用于木胎打底；冻子，即漆冻，用生漆、明油、鱼鳔胶、滑石粉、蛤粉、香灰、土子调合而成含胶量多、细腻柔软、可塑性好、透气性好的油漆混合灰，福州漆工称"锦料""锦泥"，生漆使其干后坚固，明油使其容易从模具中脱出，鱼鳔胶使其黏性好，滑石粉使其绵软，蛤粉使其透气性好，香灰、土子使其厚而能干，用于在漆胎上堆塑花纹。

王解本第42、43页解："㧉这个名称，在北京匠师的术语中，并不存在，而通常称之曰'刮板'，或'各敲'"，"北京匠师们所谓的'各敲'，多半是牛角做成的……在上退光漆时，往往用木制'各敲'将稠厚的漆摊开布匀，然后再用刷子刷"。［按］王解本将堆填工具

"杤"误解为刮灰工具刮板了，附图亦随文用错。刮板，即挑子，原典第20条有专门记录。

27【原典】

昼动，即洗盆并帉①。作事不移，日新去垢。

【扬明注】

宜日日动作，勉其事不移异物，而去懒惰之垢，是工人之德也，示之以汤之盘铭②意。凡造漆器，用力莫甚于磋磨矣。

【校勘】

王解本第43页此条下引："《玉篇》：'帉，拭物巾也。'《说文》：'楚谓大巾曰帉。'（寿24）"［按］蒹葭堂抄本、德川抄本此条四周并无此寿笺，王解本将朱氏刻本中阚铎增写的笺注误作祖本寿笺引入。

【解说】

漆坯每遍做灰或每遍上漆干后，都要蘸水反复打磨，水盆和大布、毛巾为漆工不可或缺（图27）。所以，黄成将磋磨漆坯所用的水盆与巾、布比喻为"昼动"。黄成还借汤盘铭文"苟日新，日日新，又日新"，教导漆工宜日日勤勉，不移心志，专注于漆艺，去除懒惰的垢病，就像用洗手盆和手巾揩摩漆器去除污垢一样。扬明注限于解释原典，未做延伸。

---

① 帉：念fēn，这里指揩拭漆器用的大布或毛巾。
② 汤之盘铭：语出《大学》："汤之盘铭曰：'苟日新，日日新，又日新。'"

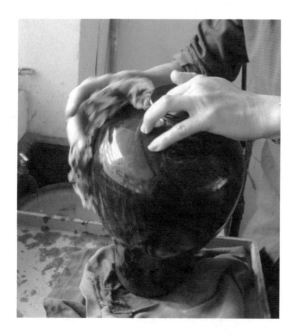

图27：打磨漆坯时刻要用
水盆和手巾，笔者摄于福州

28【原典】

夜静，即窨。列宿兹见，每工兹安。

【扬明注】

底、垸、糙、麴，皆纳于窨而连宿，令内外干固，故曰"每工"也。列宿，指成器，兼示工人昼勉事，夜安身矣。

【解说】

第25条已记推光漆涂层的荫干设备"荫室"，这里另记地窨，笔者2007版《图说》以为此条重出，深入研究之后，方知黄成用意在于兼记南北。在中国北方，自然条件难以使推光漆涂层干燥，本着节约能源的宗旨，北方工匠不备需要加热的荫室，而备四季暖湿的地窨，养心殿造办处雍正八年史料就有"打造仿洋漆活计席窨一

座"①的记录。现代取暖器普
及以后，北方漆工不再用地
窖，而将漆器送入荫室等待
干燥称"下窖"，却成为漆工
流行术语。现代，缅甸漆工仍
然将髹漆待干的漆器送入地
窖（图28）。这或许是因为缅
甸雨季过长、地面气候过于湿
热，而地窖温湿度相对稳定的
缘故吧。髹漆待干的器皿被有
序地置放于地窖，就像星星散
布在夜空一样，所以，黄成将
地窖比喻为"夜静"。此条措
辞之间，黄成又有规劝漆工善
于筹划的意思：漆工应当算好

图28：髹漆待干的器皿有序地
置放于地窖，笔者摄于缅甸蒲甘

一天的工作进度，器物正好在晚间下窖，第二天才可以接着工作。如果筹
划不周，傍晚髹涂未完，器物不能下窖，来日就会因为等待漆干延误工作。

扬明说"令内外干固"，言之不确。制造漆胎的各道工序如打底、
做灰漆、糙漆直到鞋漆，并不都需要放入荫室过夜等待内外干固。打
底、做灰漆、灰糙、生漆糙用生漆，生漆髹涂不入荫室就能够干燥。
煎糙、填漆、鞋漆和描漆用推光漆，推光漆固化有表干、实干、干固
之别，表干可饰金属箔粉或进行下道髹涂，实干可以砑压贴箔之金面
或在漆面描漆，鞋漆则必须下窖，等待涂层完全干固后，方可磨退推
光。理想的温湿环境之中，质量达标的推光漆涂层约4～8小时表干，

---

① 朱家溍选编：《养心殿造办处史料辑览　第1辑　雍正朝》，紫禁城出版社，2003年版，
第202页。

24小时以上实干,一周以上才能干固;填嵌材料下面的漆,往往要入荫室两周以上才能实干,实干才能填漆。薄料漆内添加了明油,入窨7～10天才能实干,从荫室取出后,还要风干两周以上,含油涂层才能真正干燥。厚料漆固化又有"软干"一说,一旦软干就要抓紧雕刻,数月之后,厚积的有油漆层转硬才意味着已经干固,干固后才可以研磨推光。涂层固化到什么程度进行下道施工,全凭经验把握。

王解本第43～44页解,福建漆器"每漆一次,即入地窨"。[按]笔者调查闽、台地区,发现福建髹漆多不备荫室,因为大自然本身的温湿度就适宜推光漆涂层干燥,遑论器入地窨。

29【原典】

地载,即几。维重维静,陈列山河。

【扬明注】

此物重静,都承诸器,如地之载物也。山,指捎盘;河,指模凿。

【校勘】

模凿:嵌螺钿工艺中切割薄螺钿部件的特殊工具。蒹葭堂抄本、德川抄本皆误书为"摸凿"。其后各版皆勘为"模凿"。

【解说】

本条"几"不同于第32条"髹几",不再是指工作台,而是指置放待髹漆坯和捎盘、模凿等的木几(图29)。扬明注"都承诸器",可见,此木几用于置放各种器具,就像大地承载山河,所以,黄成将"都承诸器"的木几比喻为"地载"。扬明叮嘱漆工,放置待髹漆坯的木几宜于重、稳,静置不加搬动,因为木几倾翻,待髹漆坯便毁于一旦。

图29：置放待髹漆坯等的木几，笔者摄于台湾南投

30【原典】

　　土厚，即灰，有角、骨、蛤、石、砖及坏屑、磁屑、炭末之等。大化之元，不耗之质。

【扬明注】

　　黄者，厚也，土色也。灰漆以厚为佳。凡物烧之则皆归土，土能生百物而永不灭，灰漆之体，总如卒土然矣。

【校勘】

　　1.灰：原典此条条头为"土厚，即灰"，王解本目录第1页将此条条头改为"漆灰"。[按]"灰"并非"漆灰"，原典无"漆灰"一条，王解本误加。

　　2.砖：蒹葭堂抄本、德川抄本皆书为异体字"甎"，朱氏刻本第116页、索解本第34页随用。王解本与笔者《图说》《东亚漆艺》《析解》用正体字"砖"。

3.坯屑：蒹葭堂抄本书为"抔屑"（影本11），德川抄本书为"坏屑"（影本12），朱氏刻本用"坏屑"，阚铎笺，"陶瓦未烧曰坏"，索解本第34页错改为"杯屑"，王解本第44页随朱氏刻本用"坏屑"。［按］"坏屑"正合笔者调查的实际状况：陶瓷器未烧之前，取其碎屑入窑烧制成灰，故而，德川抄本改"坏屑"正确，笔者《图说》《东亚漆艺》《析解》勘用"坏屑"。

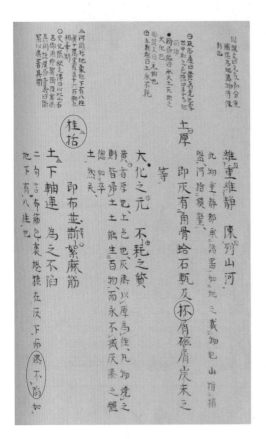 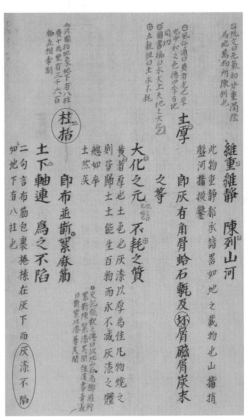

影本11：蒹葭堂抄本此条书为"抔屑""桂括""漆不陷"，日本友人赠彩色复印本

影本12：德川抄本此条改书为"坏屑""柱括""灰漆不陷"，日本友人赠彩色复印本

4.王解本第45页此条下引："陶瓦未烧曰坏……（寿25）"［按］蒹葭堂抄本、德川抄本此条四周无此寿笺，王解本将朱氏刻本中阚铎增写的笺注误作祖本寿笺引入。

5.磁：古通"瓷"。两抄本皆书为"磁"。其后各版用通假字"磁"不改。

6.卒土：蒹葭堂抄本、德川抄本皆书为"卒土"，王解本第44页随朱氏刻本第116页改作"率土"，索解本第34页"卒"字后写"（当作'率'）"，笔者2007版《图说》第34页跟错作"率土"，《东亚漆艺》第452页、第499页引文按祖本勘正为"卒土"，第243页未勘出又作"率土"。扬明原意是不管什么物质都要归于泥土，《析解》第2次印刷、新版《图说》从两抄本勘用"卒土"。

【解说】

此条记用于调拌涂料的粉状材料，髹饰工艺术语称"灰"。黄土厚德，土是天地大化一开始便赋予人类的物质，不管什么物质，焚烧以后都归于泥土，土能化生百物而永远不灭。做漆器用的灰，大抵像随处可见的黄土，也以厚为佳，所以，黄成将制造漆器的灰比喻为"土厚"。

明代用于调拌涂料的"灰"有：角粉、骨粉、蛤粉、石粉（一称砥灰）、砖灰、瓦灰、瓷灰、木炭末等。蛤粉，一称"蜃灰"，其分子结构中有大量细微空隙便于油漆钻入。古代温州造船工用蜃灰拌入桐油填塞船缝①，现代温州、宁波漆工各用蜃灰调入油漆制为隐起描油、泥金银彩绘，轮岛漆工做灰漆的"硅藻土"，与蜃灰同样有细微空隙便于涂料钻入，所以，轮岛漆器胎坚漆实。瓷灰，非以瓷器研磨成灰，

---

① 〔明〕王瓒、蔡芳编纂，胡珠生校注：《弘治温州府志·卷七·土产·器用·蜃灰》，上海社会科学院出版社，2006年版，第116页。

乃在瓷器未烧之前，取其碎屑入窑烧制成灰，缜密坚实，是制造漆器的优良灰料。旧砖瓦磨细成灰，燥性平和，疏松，透气性好，是明中期以来制造漆器最为常用的灰料。鹿角熬去膏脂研磨过筛成鹿角灰，调拌漆灰用作髹琴，透音性好。木炭末微孔能渗入漆液，与漆调拌用作堆漆。《辍耕录》"灰乃砖瓦捣屑筛过，分粗、中、细是也"，"如髹工自家造卖低歹之物，不用胶漆，止用猪血厚糊之类，而以麻筋（按：应勘为'筋'）代布，所以易坏也"[1]；《太音大全集》记灰法，"鹿角灰为上，牛骨灰次之，或杂以铜、鍮等屑，尤妙"[2]。可见，"灰"的选择并无定例，漆工往往就地取材，根据粉状材料的性能自愿选择（图30-1、30-2）。扬明说"灰漆以厚为佳"，并不尽然：战国秦汉漆器极少镶嵌，所以，战国秦汉漆器灰漆较薄；晚明江南漆器流行镶嵌，所以灰漆增厚；后世三道灰漆各有厚薄，往往根据不同的装饰

图30-1：前方工人将制造漆器的灰过筛，选自《中国制漆图谱》，刘帅供图

---

[1] 〔元〕陶宗仪：《辍耕录·卷三十·髹器》，《文渊阁四库全书》第1040册，第745页。

[2] 〔明〕袁均哲辑：《太音大全集·卷一·灰法》，《续修四库全书》第1092册，第246页。

工艺灵活把握。又，扬明"灰漆以厚为佳"乃言"垸漆"工艺，已溢出对材料的解释。

原典"土厚"条有"石"而无"石灰"，王解本第45页增解"石灰"一条："现在颜料店可以买到的土子，就是石质研成的。"［按］土子，即二氧化锰，或称"无名异"，入干性植物油作为催干剂，不作为做漆器的"灰"大量使用。

图30-2：制造漆器所用的灰，笔者摄于台中

31【原典】

柱括，即布并斫絮、麻筋。土下轴连，为之不陷。

【扬明注】

二句言布筋包裹，楾樕在灰下而灰漆不陷，如地下有八柱[①]也。

【校勘】

1.柱括：蒹葭堂抄本错书为"桂括"，德川抄本书为"柱括"。黄成说"土下轴连"，扬明说"地下有八柱"，可见，德川抄本改字正

———————

①　八柱：古代传说地有八柱以承天。《楚辞·天问》："八柱何当？东南何亏？"王逸注："言天有八山为柱。"

确。其后各版皆用"柱括"。

2. 斫：蒹葭堂抄本、德川抄本皆书异体字"斱"。其后各版随用。新版《图说》遵从现代汉语出版规范换用正体字"斫"。

3. 王解本第45页此条下引："《说文》：'斱，斩也。'《尚书·泰誓》：'斱朝涉之胫。'注：'斩而视之。'疏：'斱，斫也。'《楚辞》注：'斱，断也。'……（寿26）"〔按〕蒹葭堂抄本、德川抄本此条四周皆无此寿笺，王解本将朱氏刻本中阚铎增写的笺注误作祖本寿笺引入。

4. 棬槕：蒹葭堂抄本书为"捲槕"，德川抄本书为"棬槕"。其后各版皆作"棬槕"。

5. 灰漆不陷：蒹葭堂抄本书为"漆不陷"（见影本11），德川抄本增一字书为"灰漆不陷"（见影本12）。朱氏刻本第117页、索解本第35页、王解本第45页均作"漆不陷"，笔者《图说》《东亚漆艺》《析解》亦从蒹葭堂抄本用"漆不陷"。〔按〕布漆地道则灰漆不陷，德川抄本增一字更为妥帖，新版《图说》从德川抄本用"灰漆不陷"。

【解说】

图31：制造漆器所用的麻布，笔者摄于台湾台中

此条记固底材料麻布并斫絮、麻筋。斫断的棉絮与涂料调和，用于填刮木胎缝隙；麻布、麻丝用于加固木胎（图31）。用漆将麻布麻丝糊裹在木胎上，木胎被裹连为一体不会开裂松脱，其上灰漆不至于沉陷，就像传说地下有八柱而地不沉陷一样，所

以，黄成将麻布、斫断的棉絮、麻丝比喻为"柱括"。

32【原典】

山生，即捎盘①并髹几。喷泉起云，积土产物。

【扬明注】

泉，指滤漆；云，色料；土，指灰漆：共用之于其上而作为诸器，如山之产生万物也。

【校勘】

1.云，色料：蒹葭堂抄本、德川抄本皆书为"云，色料"，"云"后有标点，王解本第45页随朱氏刻本第117页于"云"后衍出"指"字，索解本第36页随用。两抄本文意通畅，笔者《图说》《东亚漆艺》《析解》从两抄本用"云，色料"。

2.滤漆：蒹葭堂抄本扬明注书错字作"纑漆"（影本13）。德川抄本书为"滤漆"（影本14）。王解本随朱氏刻本用"滤漆"，索解本第36页随蒹葭堂抄本用"纑漆"，笔者《图说》《东亚漆艺》《析解》从德川抄本用"滤漆"。

3.共用之于其上：蒹葭堂抄本扬明注书为"其用之于其上"（仍见影本13），不可解；德川抄本书扬明注为"共用之于其上"（仍见影本14）。索解本第36页、王解本第45页随朱氏刻本第117页用"共用之于其上"。［按］扬明意思是说，在髹几上滤漆、精磨颜料或调拌灰漆，德川抄本用"共"字正确，笔者《图说》《东亚漆艺》《析解》从德川抄本用"共用之于其上"。

---

① 捎盘：《质法》章"捎当"指髹当，当者，底也。据此可知，捎盘，指髹盘。

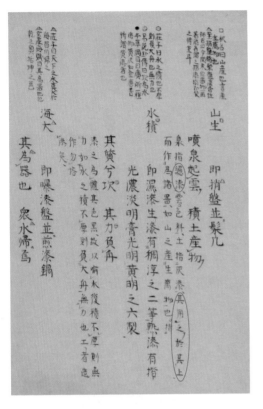

影本13：蒹葭堂抄本此条书
为"纑漆""其用之于其上"

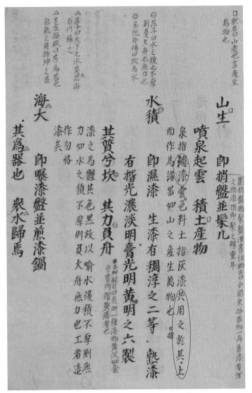

影本14：德川抄本此条书
为"滤漆""共用之于其上"

【解说】

此条所记髹几，与第29条"都承诸器"的"几"的不同在于，其作用是"作为诸器"，可见，髹几指制造漆器的工作台，在髹几上滤漆、精磨颜料或是调拌灰漆器。万物都由山孕育而生；捎盘上堆积灰漆，就像山上有泉水、云彩与泥土一样，所以，黄成将捎盘、髹几比喻为"山生"。

明中期以后，江南流行生产漆橱柜、漆屏风等大件，所以，又重又大的髹几（图32-1）成为江南漆工的必需。工业社会到来之前，扬州漆工的髹漆作台长约八尺，宽近三尺，厚重如北方睡觉用的炕，漆工在几面上制作漆器，面板下是一排横卧的柜子，用于置放漆钵、瓦灰等材料。黄成用"山生"比喻髹几，是与他所在的江南，明中期以来流行生产漆橱柜、漆屏风等大件漆器分不开的。而笔者访问福建、江西、台湾等地，漆工从未闻见如山般厚重的髹漆作台，因为福建、江西等地生产的是小件漆器。日、韩漆工保留了从中国传入的席地而坐、跪坐、踞坐的习惯，日、韩漆器又多为小件，所以，日本与韩国漆工的工作台不是如山般厚重的髹几，而是"定盤"——可以是矮案或工具箱，可以就地铺开一块板，分别称"几定盤""置定盤""立定盤""箱定盤""板定盤"（图32-2）。

"捎盘"是江南漆工手持的带柄木板。漆工将漆灰刮在捎盘上，屏风、橱柜不动，工人左手持捎盘，右手持刮板绕屏风、橱柜边走边刮灰漆（图32-3）。福建、江西、台湾等地漆工不用捎盘，因为福建、江西等地的漆器是小件，漆工为漆坯刮灰时，工人坐定于作台，不必循环挪位。对"捎盘"的记录，也是与黄成所在的江南，明中期以来流行生产漆橱柜、屏风等大件漆器分不开的。

王解本第44页解："日本称'捎盘'曰'定盘'。"［按］王解本将日本漆工的工作台"定盤"混同于江南漆工刮灰漆时手中的捎盘了。

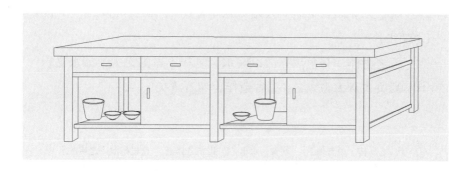

图32-1：江南如山般稳重的传统髹几，尤真绘

图32-2：日本漆工的工作台
"板定盘"，笔者摄于木曾

图32-3：漆工左手持捎盘右手
持刮板在刮灰，笔者摄于扬州

索解本第36页解："髹几则非前'地载'条所言一般之几，其作用在
供陈列器具。"［按］"山生"条扬明注"髹几"的作用是"作为诸器"，
可见"髹几"指工作台，并非"供陈列器具"。索解本将第32条工作
台与第29条"几"解反了。

33【原典】

水积，即湿漆。生漆有稠、淳之二等，熟漆有揩光、浓、
淡、明膏、光明、黄明之六制。其质兮坎①，其力负舟。

【扬明注】

漆之为体，其色黑，故以喻水。复积不厚则无力，如水之积
不厚则负大舟无力②也。工者造作，勿吝漆矣。

---

① 坎：《易传·说卦传》："坎者，水也，正北方之卦也。"这里指湿漆之质像水。
② 水之积不厚则负大舟无力：语出《庄子·内篇·逍遥游第一》："且夫水之积也不厚，
则其负大舟也无力。"

【校勘】

1.勿：蒹葭堂抄本、德川抄本扬明注均书为"勿"，索解本第37页随用，王解本第46页随朱氏刻本第117页改用"无"。两抄本"勿"文意比"无"更精准，笔者《图说》《东亚漆艺》《析解》从两抄本用"勿"。

2.吝：蒹葭堂抄本、德川抄本扬明注皆书为异体字"悋"，朱氏刻本第117页、索解本第36页随用。王解本，笔者《图说》《东亚漆艺》《析解》用正体字"吝"。

【解说】

此条记制造漆器最为重要的材料"漆"。《说文解字》释"漆"，"木汁，可以髹（原文作'鬃'）物，象形，漆如水滴而下"，可见中国古代，"漆"指从漆树采集得来的树液，国人别称"大漆""国漆""土漆"。漆质如水，其色深，按《易经》所言属"坎"。漆工用漆，一点一滴都不能浪费，当用漆时则必须用足。特别是上涂，一髹再髹覆压深厚，漆器才能有丰腴莹润深邃的美感。如果髹漆不层层积累到一定厚度，就像水不深无以承载大船，所以，黄成将湿漆比喻为"水积"。

"生漆有稠、淳之二等"语焉未详，或指生漆有两种：高山地区野生的大木漆树，树液较为稠厚（图33-1）；丘陵地区人工栽培的小木漆树，树液较为稀淳（图33-2）。"熟漆有揩光、浓、淡、明膏、光明、黄明之六制"句十

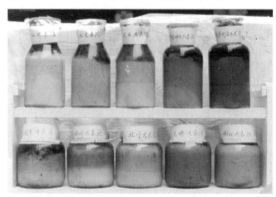

图33-1：各地出产的大木漆，西安邵春贤供图

图33-2：古人在收割小木漆，选自《中国制漆图谱》，刘帅供图

分费解。"熟漆"概指精制加工以后的天然漆树液，其精制方法，有凉制、晒制、煎制数种；"六制"何指？不可确知。笔者从田野考察所得分析，当指制造漆器最为常用的六种精制漆，试对应如下："揩光"，指精制生漆，净生漆凉制即不加温做充分搅拌脱去部分水分，清代匠作则例记为"严生漆"，福州漆工称"提庄漆"，日本漆工称"生正味""生上味"，用于在漆面泽漆揩光；"浓"，指较为稠厚的半熟漆亦即快干漆，净生漆充分凉制适当晒制使内含水分15%～20%时制成，用于兑入干性慢的推光漆或调入坯油，促使涂层快干；"淡"，指色泽明淡的油光漆，快干漆与坯油或混合坯油约各半调合搅拌一小时左右制成，清代匠作则例记为"明光漆"，日本和韩国漆工称"有油朱合漆"，用于罩明、打金胶或做黄明单漆、罩朱单漆、厚料漆髹涂；"明膏"指本色推光漆，古代典籍记为"明膏""膏漆""合光""光漆""晒

光漆"，制法见第34、35条
解说，用于兑入颜料调配
成各种入色推光漆，日本、
韩国称"艳蠟色漆"；"光
明"指有油透明漆，快干
漆加入10%左右的雌黄液[①]
与10%～15%的荏油充分搅
拌，使原水在8%左右制成，
在"六制"之中明度最高，
日本漆工用作"春庆塗"；

图33-3：透明推光漆，笔者摄于日本木曾

"黄明"指透明推光漆（图
33-3），简称透明漆，片取原装桶漆的上层油面充分炼制，兑入增明
剂——黄栀子煎汁、藤黄粉溶液或松脂制成，用于罩明或糅黄明单漆、
罩朱单漆，涂层能耐打磨推光，日本漆工用于木地折漆，称"木地呂
漆""木地蠟色漆""透蠟色漆"，明度高者称"蠟梨漆"[②]。关于"漆
之六制"，原典没有展开，尚可再做讨论。

34【原典】

　　海大[③]，即曝漆盘并煎漆锅。其为器也，众水归焉。

【扬明注】

　　此器甚大，而以制熟诸漆者，故比诸海之大而百川归之矣。

----

　　① 雌黄液：将雌黄碾细过筛，用布包起，泡入温水两天后，将其下沉浓液兑入半透明
漆，充分搅拌制为透明推光漆。
　　② 天然漆的各种精制方法，参见笔者：《〈髹饰录〉与东亚漆艺——传统髹饰工艺体系
研究》，人民美术出版社，2014年版，第279～287页。
　　③ 海大：语出《庄子·外篇·秋水第十七》："天下之水莫大于海，万川归之。"

【校勘】

此器甚大：蒹葭堂抄本、德川抄本扬明注皆书为"此器共大"，索解本第37页引扬明注作"此器大"，王解本第48页随朱氏刻本第118页改为"此器甚大"。按上下文意，笔者《图说》《东亚漆艺》《析解》从朱氏刻本用"此器甚大"。

【解说】

此条记晒制大漆时盛漆的方形木盘曝漆盘（图34）与少量精制大漆时盛漆的煎漆锅。从漆树割下的生漆，分子结构松散，黏度大，干燥快，不能厚涂，涂层流平性、光泽度欠佳。漆工形容生漆"只能刮刮，不能刷刷"。于是，先民发明了用晒制、煎制等方法将生漆炼制成为推光漆，以使涂层流平光滑。先民的炼制活动起于何时？已知典籍记录迟在明代，而从生漆髹涂不需要荫室、推光漆髹涂温寒地带需要荫室、《史记·滑稽列传》有"固唯为荫室"一句和战国秦汉漆木器有用推光

图34：古人在用曝漆盘晒漆并用煎漆锅煎漆，选自《中国制漆图谱》，刘帅供图

漆髹涂分析，战国秦汉有了炼漆活动。

将净生漆倾倒在曝漆盘或煎漆锅内，兑水加温并且不停搅拌，调节其水分，增强其中漆酶的活性，使其分子结构趋于紧密，呈半透明琥珀色膏状，便制成本色推光漆，明清典籍记为"膏漆""明膏"，各地称"白坯推光漆""红骨推光漆""半透明漆"。曝漆盘像大海容纳百川，所以，作者将曝漆盘连带煎漆锅比喻为"海大"。

35【原典】

潮期，即曝漆挑子。鳅尾反转，波涛去来。

【扬明注】

鳅尾反转，打挑子之貌；波涛去来，挑翻漆之貌。凡漆之曝熟有佳期，亦如潮水有期也。

【校勘】

1.去：蒹葭堂抄本、德川抄本皆用生僻字"厺"。厺，古同"去"。其后各版用正体字"去"。

2.鳅：蒹葭堂抄本、德川抄本皆用异体字"鰌"，指泥鳅。后世各版随用。新版《图说》遵从现代汉语规范用"鳅"。

3.翻：蒹葭堂抄本、德川抄本皆用异体字"飜"，朱氏刻本第118页、索解本第38页随用，王解本，笔者《图说》《东亚漆艺》《析解》用正体字"翻"。

【解说】

此条记精制本色推光漆的工具曝漆挑子。将净生漆倾入方形木盘，置于阳光之下，视需要加水。制漆者手臂带动全身往复用力，推动曝漆挑子像泥鳅尾巴似的往复不停地翻转，曝漆盘内的漆液像潮水

图35：制漆者手臂带动全身往复推动曝漆挑子，笔者摄于京都

般时涨时落。凡是将生漆制成本色推光漆，都要搅转漆液，就像潮水涨落有期，所以，黄成将曝漆挑子比喻为"潮期"。笔者在京都艺术大学调查，见栗本夏树教授带领学生在气温23.6℃、湿度60%的阳光下手工制漆六个白天（图35），曝漆挑子来

回共计17201次，制成吕色漆即本色推光漆，制成的标志是：原水量3%～5%，漆液转为琥珀色，表里颜色一致，清澈光亮而无水晕油迹。

36【原典】

河出，即模凿并斜头刀、锉刀。五十有五，生成千图。

【扬明注】

五十有五，天一至地十之总数，言蝤片之点、抹、钩、条，总五十有五式，皆刀凿刻成之，以比之河出图①也。

【校勘】

1.斜头刀：蒹葭堂抄本"斜"字错书作金旁，德川抄本改书正确。其后各版皆用正体"斜"字。

---

① 河出图：指河图，古代囊括天地的抽象图形，郑玄注《河图括地象》曰："审诸地势，措诸河图。"河图上有黑白点凡五十有五，单数为天数，双数为地数。《易传·系辞上传·第九章》："天数二十有五，地数三十，凡天地之数五十有五。"

2.锉刀：蒹葭堂抄本、德川抄本皆书为异体字"剉"，索解本第38页、王解本第49页随朱氏刻本第118页亦用异体字"剉"。笔者《图说》《东亚漆艺》《析解》用正体字"锉"。

【解说】

此条记螺钿工具模凿、斜头刀和细木锉（图36-1）。"模凿"是切割薄螺钿部件的刀型模具。薄螺钿片拼嵌的连续图案如松针、翎毛等，往往由点、抹、钩、条等不同形状的基本形拼合，因此，螺钿工要打制若干把顺应基本形的模凿，才能加快切割速度，使相同的螺钿部件整齐一律。细木锉是制作厚螺钿漆器的必备工具，用细木锉修整手弓锼出的厚螺钿片基本形并且将其拼合成图，须与第9条"吐光"的铁锉——什锦锉区分。斜头刀，指开纹刀，是厚螺钿片上毛雕的工具。黄成以"河图"比喻模凿并斜头刀、锉刀，借河图（图36-2）上黑白点"五十有五"极言螺钿模凿之多，实属牵强附会，不可理解为实指，

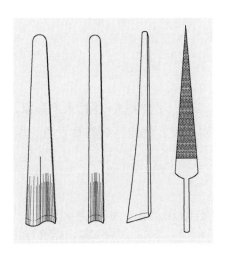

图36-1：螺钿工具模凿、
斜头刀和细木锉，尤真绘

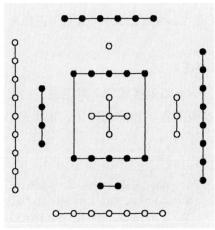

图36-2：河
图，尤真摹绘

落入螺钿工具有哪五十五种的索隐考辨。

王解本第49页解"斜头刀"说："裁切钿片的斜头刀子。"［按］斜头刀作为开纹刀，是无法用于裁切钿片的。

37【原典】

洛现，即笔觇①并揸笔觇。对十中五，定位支书②。

【扬明注】

四方四隅之数皆相对得十，而五乃中央之数，言描饰十五体皆出于笔觇中，以比之龟书出于洛③也。

【校勘】

王解本第49页此条下引："《遵生八笺》：'笔觇有以玉碾片叶为之者。古用水晶，浅碟亦可为此，惟定窑最多。区坦小碟，宜作此用，更有奇者。'（寿29）"［按］蒹葭堂抄本、德川抄本此条四周无此寿笺，王解本将朱氏刻本中阚铎增写的笺注误作为祖本寿笺引入。查《遵生八笺》原文，"古用"当勘为"古有"。④

【解说】

此条记描漆的工具笔觇、揸笔觇。洛书（图37-1）囊括天地百象，对角的数字相加都得十，中央的数字则是五，就像笔觇囊括百色，所

---

① 笔觇：盛放颜料的扁碟，多瓷质。

② 对十中五，定位支书：指洛书对角的黑点或白点相加都得十，中央的数字是五。

③ 龟书出于洛：指洛书，古代囊括天地的抽象图形，汉徐岳《数术记遗·九宫算》记，洛书上的黑白点排成"二四为肩，六八为足，左三右七，戴九履一，五居中央"的龟形布局。

④〔明〕高濂编撰：《遵生八笺（重订全本）·燕闲清赏笺中·论文房器具·笔觇》，巴蜀书社，1992年版，第615页。

以，黄成以"洛现"比喻
"笔觇并揸笔觇"。扬明注
借洛书"四方四隅之数皆相
对得十，而五乃中央之数"
代指描饰体例，实属牵强，
如果就洛书落入描饰体例的
考证，便如刻舟求剑了，扬
明注"比"字已经在告诉读
者："描饰十五体"只是以
洛书"对十中五"作比，并
非确指描漆技法有十五种。

原典第11条已记"五
格揸笔觇"，此条又记"笔
觇并揸笔觇"，条目重出。

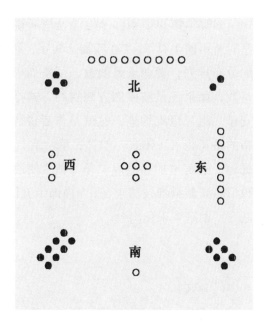

图37-1：洛书，尤真摹绘

仔细推敲，两者区别或在于："笔觇"置于桌上，各格盛放描漆所用的
彩漆；"揸笔觇"执在手中，如扬州描金工执于手中的小酒杯、日本漆
工夹于手指间的爪盘（图37-2），随时用于濡笔蘸彩漆进行描绘。第
11条强调"五格"，或出自古人的五行观念。

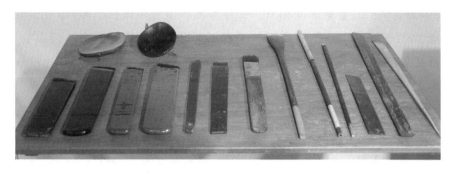

图37-2：日本定盘左前侧有濡笔蘸彩漆用的爪盘，笔者摄于京都

索解本第39、40页解："这里所说的笔、觇、揸笔觇，是专指写字时所用的工具"，"在漆器上写字，须于事先按计字数，注意其位置的分布排列，譬如十是偶数，可是如果以之均分而得五对，就形成了奇数，如果还是按照四方四隅的方式排列，就不相宜了；必须在中央安排一组，以维均衡。这就是作者说的定位"，"描饰十五体""可能指的是某些书法体式，如真、草、隶、篆等等"。〔按〕原典此条并未提笔，索解本加顿号成"笔、觇"使语义割裂。作者和注者借洛书点数形容漆器描饰技法丰富，"描饰十五体"实非实指，与书法体式更无联系。索解本未免附会。

38【原典】

泉涌，即滤车并幝。高源混混，回流涓涓。

【扬明注】

漆滤过时，其状如泉之涌而混混下流也。滤车转轴回紧，则漆出于布面，故曰回流也。

【校勘】

1.高源混混：蒹葭堂抄本书为"高原混混"，德川抄本改书为"高源混混"。索解本第40页、王解本第49页随朱氏刻本第119页，笔者2007版《图说》《东亚漆艺》《析解》均随蒹葭堂抄本用"原"字。经反复斟酌，"高源"更符合漆往下流的状态，新版《图说》从德川抄本勘为"高源混混"。

2.王解本第50页此条下引："《礼记·玉藻》：'君羔幝虎犆。'注：'幝，覆苓也。'又与幭通。《周礼·春官》：'木车蒲蔽犬幭。'注：'犬幭，以犬皮为覆苓。'（寿30）"〔按〕蒹葭堂抄本、德川抄本此条四周无此寿笺，王解本将朱氏刻本中阚铎增写的笺注误作祖本寿笺引入。

【解说】

　　此条记滤漆的设备滤车和辅助材料滤漆布。滤车，俗称"绞漆架"；幦：念mì，许慎《说文解字》："幦，鬣布也。"这里指滤漆用的布。取方形棉布盖于大缸之上，将需要过滤的漆倒于布中央，先同方向折叠布成筒形，然后，用绳子将滤布两端扎紧，绳头穿入绞漆架两端的圆孔，再穿入木棍并打结。两人从两头反向旋转木棍，到旋转不动，滤布被绞紧，漆液受到挤压，从布眼中流入大缸，杂质留在滤布之上。因为漆液从滤布中如泉涌般往下流淌，所以，黄成将滤车、滤漆布喻为"泉涌"（图38-1、38-2）。生漆先用麻布粗滤，再

图38-1：图中，前方工匠在用大绞漆架与滤漆布大量滤漆，桌边工匠在用灯绵纸少量滤漆，选自《中国制漆图谱》，刘帅供图

图38-3：用小滤漆架少量滤漆，笔者摄于北京

图38-2：用大滤漆架滤漆，钱之初供图

用白棉布细滤以后进入精制；精制漆兑入颜料用于髹涂之前，要用细白布铺浸水丝绵反复过滤；彩绘用漆较少，随用随以简易绞漆架与灯绵纸过滤（图38-3）。日本漆工称滤漆为"漆漉"，称手动绞漆架为"馬"。

39【原典】

冰合，即胶，有牛皮，有鹿角，有鱼鳔。两岸相连，凝坚可渡。

【扬明注】

两岸相连，言二物缝合；凝坚可渡，言胶汁如冰之凝泽而干则有力也。

【校勘】

1. 鱼鳔：蒹葭堂抄本、德川抄本皆书错字作"鱼膘"，朱氏刻本、索解本第40页、王解本第50页均跟错用"鱼膘"。［按］鱼鳔胶的材料是鱼鳔不是鱼膘，笔者《图说》《东亚漆艺》《析解》勘为"鱼鳔"。

2. 冰之凝泽：蒹葭堂抄本、德川抄本皆书为"水之凝泽"，索解本第40页沿用，王解本第50页随朱氏刻本第119页用"冰之凝泽"。［按］扬明原意是未干的胶像沼泽一样，"凝坚"以后方才"可渡"。笔者《图说》《东亚漆艺》《析解》从朱氏刻本用"冰之凝泽"。

【解说】

此条记黏合漆器胎骨的牛皮胶、鹿角胶或鱼鳔胶。黄成认为，胶汁像冰冻般凝固了，胎骨便有力地黏合为整体，就像河水冰冻坚固了，河两岸便连接起来一般，所以将制造漆器所用的胶比喻为"冰合"。考察漆木工实践，牛皮胶价格便宜，用于一般木构件的黏合；鱼鳔胶性软，粘连性极好，用于精贵填嵌部件的黏合；鹿角胶昂贵，未闻用于髹饰。各类胶之性能及熬胶之法，清代迮朗《绘事琐言》记录甚详[①]。

原典此条有局限性。胶并不仅仅用于黏合漆器胎骨。俗话说"如胶似漆"，可见胶与漆高度的粘连性、亲和性。胶的价格远比漆便宜，其柔韧性、融水性和加入材料以后的可塑性都比漆好，漆工有的用胶调入漆冻堆塑花纹，有的用胶漆调合粘贴螺钿或金属薄片，有的用胶水研制金泥，有的用胶拌灰成胶灰：制造漆器的各道工序经常要用胶。

---

① 〔清〕迮朗：《绘事琐言》卷五"胶"条，《续修四库全书》第1068册，第722～723页。

楷法第二

【扬明注】

　　法者，制作之理也。知圣人之意而巧者述之，以传之后世者①，列示焉。

【解说】

　　"楷法第二"是黄成自拟章名不是条目，故不做条目编号。此章以《三法》《二戒》《四失》《三病》《六十四过》记录了工匠应该遵循的行为准则和制造漆器各道工序中易犯的毛病及致病的原因，集中反映出天人合一的造物思想，并从人品和实践两个方面，严格树起了敬业敏求的工匠规范。扬明注以为，巧匠只不过揣摩圣人心意制造漆器并将技艺传给后世，见中国古代轻视工匠的圣人观。

三　法

【解说】

　　"三法"是黄成自拟节标题，与条目并非并列关系，故不可夹入条目，与条目平行编号。此三法不仅是制造漆器的总法则，也是中国手工造物一以贯之的总法则。

---

　　①　知圣人之意而巧者述之，以传之后世者：语出《考工记》："知者创物，巧者述之，守之世，谓之工。"

40【原典】

巧法造化，

【扬明注】

天地和同万物生，手心应得百工就。

【解说】

图40：巧法造化的范例——秦代凤形兽首漆勺，
选自李中岳等编《中国历代艺术·工艺美术编》

巧法造化，就是师法自然。中国古代器皿中多有"象生器"，模仿葫芦、石榴、南瓜、鸟兽乃至人体造型，不是截取部分，而是着眼于生物整体的生命意味（图40）。中国古代器皿又多以自然形态的花卉、禽走、山水为装饰纹样，正是出于对自然的模仿。师法造化的思想贯穿于中华造物史中，体现出中华古人天人合一的造物观。扬明注生发说，天地和谐才能生长万物，手心相应才能造成器物。

41【原典】

质则人身，

【扬明注】

骨肉皮筋巧作神，瘦肥美丑文为眼。

———

【解说】

　　人是造化最完美的赐予，对人体的效仿，是手工艺品最高层次的"巧法造化"。拿漆器"质法"来说，木胎好比人的骨骼，木胎上用布糊漆或糊麻筋好比人体于骨上着筋，做漆灰好比筋上长肉，髹漆好比肉上附皮，有了骨、筋、肉、皮，还要有生命和神采，装饰则好比人的眼睛。骨、肉、筋、皮关系着漆器内在的质量，造型和装饰则关系着漆器外在的仪表。"质则人身"正是对"巧法造化"的深入诠释。

42【原典】

　　文象阴阳。

【扬明注】

　　定位自然成凸凹，生成天质见玄黄。

【解说】

　　第三法"文象阴阳"仍然是对"巧法造化"总原则的进一步诠释。这里的"象"指形象。"玄黄"，指天地，《易传·文言传·坤文言》载，"天玄而地黄"。地为阴，天为阳。玄乃黑色，黄接近红色，漆器的黑、朱二色中蕴藏着天地之象；确定漆器用凹纹、凸纹还是平纹装饰，正是对漆器装饰进行阴阳定位。扬明补充说，漆器选择颜色、选用纹饰，都应该如自然生成，天造地设。

　　证之实物，中国古代漆器无论色彩、纹饰，莫不取象阴阳。如北京故宫博物院藏明万历年间"红漆地山水纹大圆漆盒"（图42），直径达52.6厘米，盖面用描金加黑漆绘反反复复地皴擦渲染，极为成功地再现出咫尺重深的山水意境。如此大尺寸的盒面无一笔瑕疵，堪称古代工艺的绝品。

图42：文象阴阳的范例——明万历红漆地山水纹大圆漆盒，
选自夏更起主编《故宫博物院藏文物珍品大系·元明漆器》

【扬明注】

法造化者，百工之通法也；文、质者，髹工之要道也。

【解说】

总结以上三法，"巧法造化"是百工的通法，"质则人身""文象阴阳"是"巧法造化"通法下最为重要的法则，髹饰工艺的要道，无非在文、质二字。"三法"集中体现出中国古人与自然融合的造物观。它不仅是制造漆器的法则，也是中华造物艺术的根本大法，极高明又极具智慧。

二　戒

【解说】

　　"二戒"是黄成自拟节标题，与条目并非并列关系，故不作为条目编号。黄成反对过于奇巧艳丽、华而不实的时风，反对舍本逐末、虚有其表而实质偷工减料的作品，不仅古代工匠应该防范，今人也应该引为警策。

43【原典】

　　淫巧荡心，

【扬明注】

　　过奇擅艳，失真亡实。

【校勘】

　　1. 淫：蒹葭堂抄本、德川抄本皆错书为"滛"，索解本第43页随错，朱氏刻本，王解本，笔者《图说》《东亚漆艺》《析解》勘用"淫。"

　　2. 索解本第43页此条下引："寿笺：《礼记·月令》曰：'毋作为淫巧，以荡上心。'"［按］《礼记》位列五经，又作《礼经》。查《礼记·月令》此句原文为："毋或作为淫巧，以荡上心。"[①]索解本引《礼记》脱"或"字，"淫"字仍错书为"滛"。

---

① 《礼记正义》，李学勤主编：《十三经注疏》，北京大学出版社，1999年版，第487页。

【解说】

此条告诫漆工，不要过分追求奇巧艳丽，使技术成为淫巧。淫巧的漆器，失去了漆器实用的本质，徒然动摇主人的心志。

44【原典】

行滥①夺目。

【扬明注】

共百工之通戒，而漆匠尤须严矣。

【校勘】

共：蒹葭堂抄本、德川抄本皆书为"共"，索解本第43页亦用"共"，王解本第51页随朱氏刻本第129页改作"其"。［按］扬明的意思是说，楷法是百工都要遵循的工则，笔者《图说》《东亚漆艺》《析解》从两抄本用"共"。

【解说】

此条告诫漆工，不要让不牢、不真的器物充斥市场，眩人眼目，百工都要引以为戒，漆工尤其应该严加防范。

四　失

【解说】

"四失"是黄成自拟节标题，故不作为条目编号。原典各"失"之下扬明注，语出《礼记》《论语》。如果说前三失分别强调工匠制作前

---

① 行滥：语出《唐律疏议》："行滥，谓器用之物不牢不真。"

要熟悉工则，制作中要一丝不苟，制作后要勤于检查，第四失"不可雕"则明显指向工匠素质。

45【原典】

制度不中，

【扬明注】

不鬻市①。

【解说】

此条强调：不按照法则制造的漆器，不能拿到市场去卖。

王解本第52页解此条说，"做出一件器物来，不合制度，不适合实用，不能满足社会的需要，所以卖不出去"。［按］"不鬻市"乃告诫工匠，不合法则的作品不能拿到市场去卖，没有卖不出去的意思。

46【原典】

工过不改②，

【扬明注】

是谓过。

【解说】

此条强调：漆器制作过程中就要知过即改。《老子·二十七章》："常善救物，故无弃物。""救物"是中华造物的优良传统。如果发现过

---

① 不鬻市：语出《礼记·王制》："用器不中度，不鬻于市。"鬻，念yù，指卖。

② 工过不改：语出《论语》："过，则勿惮改。"

失不及时修正，就必然出现废次品。

47【原典】

　　器成不省，

【扬明注】

　　不忠乎^①？

【解说】

　　此条强调：漆器制成之后要多加审察，制成不审则是对手艺不忠诚的表现。

48【原典】

　　倦懒不力。

【扬明注】

　　不可雕^②。

【校勘】

　　雕：蒹葭堂抄本、德川抄本皆书为异体字"彫"，索解本第45页随用，朱氏刻本，王解本，笔者《图说》《东亚漆艺》《析解》用正体字"雕"。

---

① 不忠乎：语出《论语》："为人谋而不忠乎？"
② 不可雕：语出《论语》："朽木不可雕也。"

【解说】

"四失"的最后一条指向工匠自身素质，如果工匠自身疲懒不力，便如朽木一样不可造就了。中国古代强调"立业必先立身"，将工匠工则上升到人品的高度。这是《髹饰录》又一极高明之处。

王解本第52页解此条说，"指漆器的胎骨，过于偷工减料，因此不值得再去加工雕饰的意思"。〔按〕第四失"不可雕"乃借《论语》"朽木不可雕"强调工匠自身品质，没有说漆器胎骨不值得加工的意思。

三　病

【解说】

"三病"亦是黄成自拟节标题，与条目并非并列关系，故不将其作为条目进行编号。其下三条，指出了工匠陋习并且告诫工匠：审美眼光决定成品高下。

49【原典】

独巧不传，

【扬明注】

国工守累世，俗匠擅一时。

【解说】

此条批评庸俗的匠人守着一技之长秘不传人，扬明注更提出，享誉全国的名工看重的是一代一代技艺的积累，庸俗的匠人只看重自己技擅一时。

50【原典】

巧趣不贯，

【扬明注】

如巧拙造车，似男女同席。

【解说】

此条批评漆器局部的趣味与整体的意匠不统一，就像巧工和拙匠同造一辆车子，又像男女同席乱了矩度。

51【原典】

文彩不适。

【扬明注】

貂、狗何相续，紫、朱岂共宜？

【解说】

此条批评漆器花纹与色彩不谐调，就像成语说的"狗尾续貂"，又像《论语》说的"恶紫之夺朱也"。

六十四过

【解说】

"六十四过"是黄成自拟节标题，与条目并非并列关系，故不将其作为条目进行编号。其下六十四条分别列举《坤集》各章所列各类漆器制造过程中容易产生的过失，缺憾是：完全未按章节顺序、工艺顺序叙述。为方便读者对照查找，兹将《六十四过》按质法工艺顺序、

《坤集》各章装饰工艺顺序列表如下：

《六十四过》分属《坤集》各章工艺顺序列表

过失之名	条目起迄	过失属性
捎当之二过	第112、113条	左列四项共九过，属《质法》章工艺过失
布漆之二过	第110、111条	
丸漆之二过	第108、109条	
糙漆之三过	第105～107条	
匏漆之六过	第52～57条	左列五项共十五过，属《质色》章工艺过失
色漆之二过	第58、59条	
揩磨之五过	第70～74条	
彩油之二过	第60、61条	
贴金之二过	第62、63条	
刷迹之二过	第66、67条	左列二项共四过，属《纹匏》章工艺过失
蓓蕾之二过	第68、69条	
罩漆之二过	第64、65条	左列二项共四过，属《罩明》章工艺过失
洒金之二过	第86、87条	
描写之四过	第78～81条	左列四过，属《描饰》章工艺过失
磨显之三过	第75～77条	左列二项共五过，属《填嵌》章工艺过失
缀蜔之二过	第88、89条	
识文之二过	第82、83条	左列二过，属《阳识》章工艺过失
隐起之二过	第84、85条	左列二过，属《堆起》章工艺过失
雕漆之四过	第97～100条	左列三项共九过，属《雕镂》章工艺过失
剔犀之二过	第95～96条	
款刻之三过	第90～92条	
鎗划之二过	第93、94条	左列二过，属《鎗划》章工艺过失
单漆之二过	第103、104条	左列二过，属《单素》章工艺过失
裹衣之二过	第101、102条	左列二过，属《裹衣》章工艺过失
补缀之二过	第114、115条	左列二过，属《尚古》章工艺过失

笔者以为，在全书尚未展开对各类漆器装饰的论述之前，先行论述各类漆器制造过程中的过失，为时过早，读者很难凭空理解过失形态。而且，过失指向的恰恰是"楷法"的反面，所以，笔者《析解》将"六十四过"按原属工艺打散排列在各章各条之后解说。按本丛书体例，新版《图说》遵从原典条目顺序解说。

麭漆之六过

【解说】

"麭漆之六过"是黄成自拟小节标题，与条目并非并列关系，故不将其作为条目进行编号。其下六条，指出用推光漆做上涂工艺可能出现的过失，因此皆属于《质色》章工艺过失。麭，现代汉语念 pào，《说文解字》："麭，桼垸已，复桼之，从桼，包声。"[1] 段玉裁注："既垸之，复桼之，以光其外也。""麭漆"，指在完成"质法"亦即底、垸、糙工艺以后的光底漆胎上髹涂推光漆，扬州漆工称"光漆"，日本漆工称"上塗"，韩国漆工称"上漆"。《髹饰录》未列"麭漆"条目，却多次出现"麭"字，可见"麭漆"的重要。

52【原典】

冰解，

【扬明注】

漆稀而仰俯失候，旁上侧下，淫泆[2]之过。

---

① 《说文解字》解释为做完灰漆以后麭漆。其实，做完灰漆以后还不能麭漆，必须做完糙漆才能够麭漆。

② 淫泆：亦作"淫佚"，指恣纵无度。《尚书·多士》："向于时夏，弗克庸帝，大淫泆有辞。"

【校勘】

淫：蒹葭堂抄本、德川抄本皆增笔画书为"滛"，索解本第50页随错，王解本随朱氏刻本用"淫"，笔者《图说》《东亚漆艺》《析解》皆用"淫"。

【解说】

如果漆性稀飘，或者髹漆以后没有按时翻转髹涂之器，圆器旁边或是侧面涂层就会如积冰融化般恣纵流淌。

53【原典】

泪痕，

【扬明注】

漆慢而刷布不均之过。

【解说】

漆干性慢，或涂漆厚薄不匀，髹漆层固化的过程中，局部就会流淌淤积有如泪痕。

王解本第53页解此条，"漆稠曰'紧'，漆稀曰'慢'……紧就是稠"，索解本第50页解此条则反说，"紧就是过稀的意思，慢就是漆太稠了"。［按］漆性与漆之稀稠没有直接对应关系。涂层干燥快为漆性"紧"，涂层干燥慢为漆性"慢"，决定它的是不同品种大漆漆酶的活性和大漆中的原水量。新鲜的大漆中，漆酶活性强；存放时间过长的大漆中，漆酶活性弱。漆酶活性强，则涂层干燥固化快；漆酶活性弱，则涂层干燥固化慢。新鲜的大漆中，原水量多；存放时间过长的大漆中，原水量少。原水量多的大漆涂层干燥固化快，原水量少的大漆涂层干燥固化慢。所以，大漆愈新鲜则漆性愈紧；愈不新鲜则漆性愈慢。

又王解本第53页此条下引："《辍耕录》曰：'胶漆调和，令稀稠得所。又若紧，再晒。若慢，加生漆。'（寿37）"［按］王解本缩寿笺"又曰"成"又"，缩两条寿笺成一条。《辍耕录》此段原文并非仅记制漆，而是分别先后记录做灰漆、制漆两项工艺："灰乃砖瓦捣屑筛过，分粗、中、细是也，胶漆调和，令稀稠得所。……黑光者，用漆斤两若干，煎成膏，再用漆如上一半，加鸡子清打匀，入在内，日中晒翻三五度，如栗壳色，入前项所煎漆中，和匀。试简看紧慢。若紧，再晒；若慢，加生漆，多入触药。"①

54【原典】

皲皴，

【扬明注】

漆紧而荫室过热之过。

【校勘】

1.皲皴：蒹葭堂抄本书错字为"皲散"（影本15），德川抄本改书为"皲皴"（影本16）。［按］皴，念què，指皮肤皲裂，德川抄本用"皲皴"正确。其后各版皆用"皲皴"。

2.王解本第53页此条下引："《广韵》：'皮皲也。'又木皮甲错也。邹浩《四柏赋》：'皮皲皴以龙驾。'（寿35）"［按］蒹葭堂抄本、德川抄本此条四周无此寿笺，王解本将朱氏刻本中阚铎增写的笺注误作祖本寿笺引入。

---

① 〔元〕陶宗仪：《辍耕录·卷三十·髹器》，《文渊阁四库全书》第1040册，第745页。

【解说】

　　麭漆起皱，外干内不干是髹饰工艺的大忌。扬明认为上涂漆起皱的原因是漆性太快，荫室温度过高，不尽准确。现代漆工将髹漆后等待固化的漆胎放入烘箱烘烤，涂层快速固化尚且不皱，可见，温度过高并非麭漆起皱的直接导因，麭漆起皱的主要原因在于漆干太快、荫室湿度太高或是涂层太厚，中涂漆干燥未到火候就刷上涂漆，也会使上涂漆起皱。

　　王解本第53页解此条，"皱皵是漆太稠了的毛病"。[按]麭漆起皱与漆液稀稠并无对应关系。冬天漆液最稠，冬天涂漆，固化尚且困难，哪里会起皱？

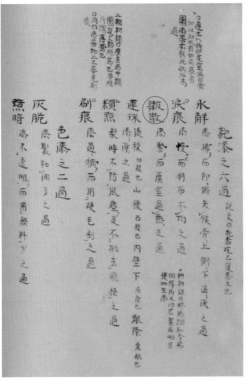

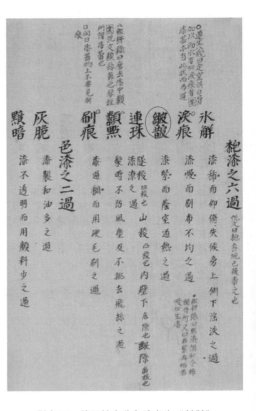

影本15：蒹葭堂抄本此条书错字为"皱散"　　　影本16：德川抄本此条改书为"皱皵"

55【原典】

连珠,

【扬明注】

隧棱,凹棱也;山棱,凸棱也。内壁下,底际①也;龈际,齿根②也。漆潦之过。

【解说】

麒漆过厚,漆液就会在漆坯凹棱、底际即盎根、齿根即子口等处形成成串的珠状积聚。扬明以凹棱、凸棱等概言漆坯涂漆后容易形成珠状积聚的地方,失准。涂漆后,漆液容易在漆胎凹棱处形成成串的珠状积聚,而凸棱处恰恰涂漆偏薄,不会形成珠状积聚。

索解本第51页解此条,"(漆)厚积之处,漆中会生成一些小气泡,连珠就是形容此一现象"。[按]连珠指盎根、子口等处刷漆完毕之后,漆液积聚成珠,非指小气泡。

56【原典】

纇③点,

【扬明注】

髤时不防风尘及不挑去飞丝之过。

---

① 底际:指板形器与边框、筒形器与器底交界的地方,漆工俗说"盎根"。
② 齿根:指漆胎器盖与器口咬合的地方,漆工俗说"子口"。
③ 纇:念lèi,这里指麒漆面漆籽、飞丝之类的毛病。

【解说】

　　魏漆应在绝对防尘的环境中进行。如果不避风尘，髹涂后不趁湿挑去湿漆面漆籽与飞丝，涂层固化以后，漆面便会留下疵颣。

57【原典】

　　刷痕。

【扬明注】

　　漆过稠而用硬毛刷之过。

【解说】

　　漆液过稠或刷毛太硬，魏漆待干以后，漆面就会留下刷痕。

色漆之二过

【解说】

　　"色漆之二过"是黄成自拟小节标题，与条目不是并列关系，故不将其作为条目进行编号。此二条指出加颜料多少带来色推光漆髹涂的过失，因此，此"二过"属于《质色》章工艺过失。

58【原典】

　　灰脆，

【扬明注】

　　漆制和①油多之过。

---

① 　和：这里用作动词，念去声。

【解说】

此条扬明误注。色推光漆髹涂所用的漆是色推光漆，色推光漆精制过程中是不掺油的，掺油则不叫推光漆。漆内兑入颜料过多，才是色推光漆涂层干固以后日久生出裂纹、如灰地般脆裂的原因。

王解本第54页解此条说："一般调色用的熟漆……都是漆中加桐油炼制成的。"［按］此条记色推光漆髹涂工艺中的过失。色推光漆髹涂所用的漆内一般不加桐油。

59【原典】

黯暗。

【扬明注】

漆不透明而用颜料少之过。

【解说】

与上条相反，此条指色推光漆内兑入颜料不足，不能充分遮盖其固有色相，色推光漆涂层便显得黯暗而有欠鲜亮。

彩油之二过

【解说】

"彩油之二过"是黄成自拟小节标题，与条目并非并列关系，故不将其作为条目进行编号。此二条指出油饰工艺可能产生的过失，因此，此"二过"亦属于《质色》章工艺过失。

60【原典】

柔黏，

【扬明注】

油不辨真伪之过。

【校勘】

1.柔黏：蒹葭堂抄本、德川抄本皆书为"柔黏"，朱氏刻本、索解本随用，王解本第54页改为"柔粘"。［按］"黏"为形容词，读nián，"柔黏"不可改为"柔粘"。笔者《图说》《东亚漆艺》《析解》从两抄本用"柔黏"。

2.真伪：蒹葭堂抄本、德川抄本皆书作"真伪"，朱氏刻本、王解本随用，索解本第53页改为"真假"。抄本"真伪"文意无错，笔者《图说》《东亚漆艺》《析解》从两抄本用"真伪"。

【解说】

用掺假的油调颜料，会使彩油髹过以后，涂层又软又黏，不能固化。

61【原典】

带黄。

【扬明注】

煎熟过焦之过。

【解说】

扬明认为彩油涂层带黄不够清澈明亮的原因是桐油炼制过了头，

使油出现了焦化。此注欠准。焦化的油是不能用于髹涂的，桐油炼制过程中"窝烟"——油烟散发未尽，用这样的油髹涂，涂层才带黄而不够清澈明亮。

贴金之二过

【解说】

"贴金之二过"是黄成自拟小节标题，与条目并非并列关系，故不将其作为条目进行编号。此二条指出"金髹"工艺可能产生的过失，因此，此"二过"属于《质色》章工艺过失。

62【原典】

瘢斑，

【扬明注】

粘贴轻忽，漫缀之过。

【解说】

贴金箔务要一次贴匀贴满，贴得方正严密，金箔与金箔略微搭接。如果贴金时漫不经心、留有漏缝，再打金胶补贴金箔，金面就会出现瘢斑。

索解本第54页解此条说："工作时……轻一下，重一下，致金色的浓淡不一，厚薄不均，是谓瘢斑。"［按］贴金是无法"轻一下，重一下"造成金色浓淡不一的。

63【原典】

粉黄。

【扬明注】

衬漆厚而浸润之过。

【解说】

金胶漆打得太厚，或表干未到火候，贴金以后，金胶漆内的石黄或是铅粉就会浸淫金面，使金面泛粉泛黄不够莹亮。

罩漆之二过

【解说】

"罩漆之二过"是黄成自拟小节标题，与条目并非并列关系，故不将其作为条目进行编号。这里，"罩漆"指罩透明漆，其下二条，指出罩透明漆工艺可能产生的过失，因此，此"二过"属于《罩明》章工艺过失。

64【原典】

点晕，

【扬明注】

滤绢不密及刷后不挑去额之过。

【解说】

滤漆的绢不细密，滤过的漆内混有漆籽，或光底漆胎糙漆时没有及时挑去丝额，罩透明漆干后，围绕漆籽就会有丝额晕斑。

65【原典】

浓淡。

【扬明注】

刷之往来有浮沉之过。

【校勘】

1.浮沉：蒹葭堂抄本书为"浮沈"，德川抄本改为"浮沉"。古代，"沈"同"沉"而以"沉"为正体，此为德川抄本较为晚近之旁证。朱氏刻本，索解本，王解本，笔者《图说》《东亚漆艺》《析解》用正体字作"浮沉"。

2.索解本第54页解此条说："罩漆都是用无色的清漆罩在有颜色的漆地之上。"［按］手工时代，罩明用透明漆，而透明漆有浓重的茶褐色相。化工涂料中才有"无色的清漆"。

【解说】

刷透明漆时，手持漆刷忽浮忽沉，涂层便有厚薄，涂层色相就会有浓有淡。

刷迹之二过

【解说】

"刷迹之二过"是黄成自拟小节标题，与条目并非并列关系，故不将其作为条目进行编号。其下二条，指出刷丝工艺可能产生的过失，因此，此"二过"属于《纹𩏑》章工艺过失。

66【原典】

节缩，

【扬明注】

用刷滞，豻行之过。

【校勘】

1.用刷滞：蒹葭堂抄本书如此，德川抄本于"滞"前增一字似若"涉"字，为蛇足。其后各版随蒹葭堂抄本作"用刷滞"。

2.豻：念hán，指蚊子的幼虫孑孓。蒹葭堂抄本、德川抄本错书作"豻"，索解本第55页随错而于第56页勘出，朱氏刻本，王解本，笔者《图说》《东亚漆艺》《析解》勘用"豻"。

【解说】

手持漆刷动作滞涩，像孑孓一样弯来扭去，刷丝纹就会抖抖缩缩，不能流畅爽利。

67【原典】

模糊。

【扬明注】

漆不稠紧，刷毫软之过。

【校勘】

模糊：蒹葭堂抄本、德川抄本皆书错字作"摸糊"。索解本第56页错作"模糊"，王解本随朱氏刻本用"模糊"。笔者《图说》《东亚漆艺》《析解》勘用"模糊"。

【解说】

做刷丝纹的漆刷，刷毛要稀，要硬，推光漆内要兑入鸡蛋清使漆液黏稠，使刷迹"立"起而不"溃瘪"。如果推光漆不黏稠，干性又慢，或刷毫过软，刷丝纹便模糊不能清晰。

蓓蕾之二过

【解说】

"蓓蕾之二过"是黄成自拟小节标题，与条目并非并列关系，故不将其作为条目进行编号。其下二条，指出蓓蕾漆工艺可能产生的过失，因此，此"二过"属于《纹𪒟》章工艺过失。

68【原典】

不齐，

【扬明注】

漆有厚薄，蘸起有轻重之过。

【解说】

涂漆有厚薄，用蘸子打起蓓蕾时用力有轻有重，蓓蕾颗粒便会有高有低，不能匀齐。

69【原典】

溃瘪。

【扬明注】

　　漆不黏稠急紧之过。

【校勘】

　　黏稠：蒹葭堂抄本、德川抄本皆书为"粘稠"，索解本第57页随错，朱氏刻本勘为"黏稠"，王解本第56页错回用"粘稠"，笔者2007版《图说》第61页随错用"粘稠"。粘，动词，与"黏"不可通用。笔者《东亚漆艺》、《析解》、新版《图说》勘用"黏稠"。

【解说】

　　打起蓓蕾所用的推光漆必须黏稠而且干性极好。如果漆不黏稠，漆性又不急紧，打起的蓓蕾就会溃瘿而不能立起成花。

　　索解本第57页解此条说，"漆不粘稠，自然是说这漆液的分子密度不够大，换句话说，就是太稀了"，"可以解释为'漆不稠粘、急紧之过。'（漆不稠粘亦不急紧）亦可以解释为'漆不粘稠、急紧之过。'（漆不粘稠但却急紧）"。［按］索解本此条"粘"字皆用错。原典意思是说，用蘸子蘸稠漆在漆面打起蓓蕾般的花纹，所用的推光漆必须黏稠而且干性极好，如果涂漆不黏稠，漆性又不急紧，打起的蓓蕾就溃不成花。因此，扬明注当断句为"漆不黏稠急紧之过"，不可断句为"漆不黏稠，急紧之过"，也就是说，"溃瘿"是漆既不黏稠又不急紧造成的过失，不是漆不黏稠却急紧造成的过失。

揩磨之五过

【解说】

　　"揩磨之五过"是黄成自拟小节标题，与条目并非并列关系，故不将其作为条目进行编号。推光漆涂层固化以后的自然光泽被称为"原光""浮光",往往要做退光(即磨退)、推光或泽漆揩光等各种工艺加工。其下五条,指出磨退和揩光两个环节可能出现的过失,因此,此"五过"亦属于《质色》章工艺过失。

70【原典】

露垸,

【扬明注】

觚棱、方角及平棱、圆棱,过磨之过。

【解说】

此条记糙漆干固以后,磨退磨过了头,磨破器物棱角处的漆层,露出漆下的灰地。黄成之意或在强调,磨退必须"轻如长养",因为从工艺实际观察,磨破上涂漆就会出现"水花斑"并且再也无法除去,生手也不至于磨破几层糙漆到露出灰漆的程度。

王解本第57页解此条说:"倘若磨的时候,用力太过,将糙漆的漆灰都磨掉了,自然就要露出下面的垸漆来。"〔按〕糙漆用漆,不用漆灰。露垸指糙漆层被磨穿,露出了灰漆,不是指将漆灰都磨掉了。

71【原典】

抓痕,

【扬明注】

平面车磨用力及磨石有砂之过。

【解说】

平板漆器磨退，如果机磨力量过重，或是磨石中夹有砂粒，漆面就会留下指甲抓过般的痕迹。从"车磨"一语可见，明代已有漆工用机器为漆胎磨退。

72【原典】

毛孔，

【扬明注】

漆有水气及浮沤不拂之过。

【解说】

刷上涂漆时，漆内水气在漆面形成了气泡，没有及时用消泡刷拂去，涂层干固以后磨退，漆面气泡磨破处虚而无漆，就会成为毛孔。此条属髤漆过失，并非揩磨过失，当移入"髤漆之过"。

73【原典】

不明，

【扬明注】

揩光油摩，泽漆未足之过。

【解说】

漆面泽漆遍数不足就用不干性植物油推光，漆面便像是罩上了一层雾气，不能充分发出内蕴之精光。

74【原典】

徽黕。

【扬明注】

退光不精，漆制失所之过。

【校勘】

徽黕：蒹葭堂抄本、德川抄本皆书为"徽黕"，索解本第59页、朱氏刻本第123页随用"徽黕"，王解本第56页改用"霉黕"。[按]徽，《说文解字》："中久雨青黑，从黑，微省声。"黕，《说文解字》："滓垢也，从黑，尤声。""徽"指漆面退光不精，泛青黑而不能达到正黑，转换成简体"霉"以后，意指发霉，故此字不宜繁简转换。笔者《图说》《东亚漆艺》《析解》皆从两抄本用"徽黕"。

【解说】

黑推光漆精制不得法，或是刷上涂漆干固之后，磨退不够精细，黑漆面便发脏，发次，发青，不能达到正黑。

索解本第60页解此条说，"这一条指退光漆"，"器物上漆后要用老羊皮蘸菜子油打磨漆面，去掉表面之浮光，而现出内敛之精光"。[按]此条记退光工艺的过失。索解本前句扯到退光漆，后句则将退光工艺当成推光工艺解说了。

磨显之三过

【解说】

"磨显之三过"是黄成自拟小节标题，与条目并非并列关系，故不作为条目进行编号。其下三条记磨显环节可能出现的过失，因此，此

"三过"属于《填嵌》章工艺过失。

75【原典】

　　磋迹，

【扬明注】

　　磨磋急忽之过。

【校勘】

　　1.磋：蒹葭堂抄本、德川抄本前一个"磋"错书作"瑳"。其后各版均勘用"磋"。

　　2.忽：蒹葭堂抄本、德川抄本皆书错字作"忽"。其后各版均勘用正确字为"忽"。

【解说】

　　磨显过于急躁，漆面或填嵌的花纹上就会留下磨磋的痕迹。［按］磨显所用的揩光石桴炭未加精选而夹有砂粒硬籽，也会在漆面或填嵌的花纹上留下磨磋的痕迹。

76【原典】

　　蔽隐，

【扬明注】

　　磨显不及之过。

【解说】

　　磨显没有到位，填嵌的花纹部分还隐蔽在漆下。

77【原典】

渐灭。

【扬明注】

磨显太过之过。

【解说】

磨显过了头，埋伏漆下的花纹部分被磨损甚至被磨穿。［按］螺钿片、金银片下涂漆不够平薄或一头高低，造成螺钿、金、银花纹一头高低，也会使磨显无法全部到位，造成部分花纹还隐蔽在漆下，部分花纹已经被磨穿。

描写之四过

【解说】

"描写之四过"是黄成自拟小节标题，与条目并非并列关系，故不将其作为条目进行编号。其下四条，指出描写工艺可能产生的过失，因此，此"四过"属于《描饰》章工艺过失。

王解本第58页解此条说："用漆在器物上画出花纹来叫'描写'。"［按］"描写"，即描饰，《髹饰录》记有"描金""描漆""漆画""描油"，并不单指"用漆在器物上画出花纹"，"描写之四过"下，既记描漆工艺可能产生的过失，也记描金工艺可能产生的过失。

78【原典】

断续，

【扬明注】

笔头漆少之过。

【解说】

笔头蘸漆太少，画出的笔道时断时续，不能一气呵成。

79【原典】

淫侵，

【扬明注】

笔头漆多之过。

【校勘】

淫：蒹葭堂抄本、德川抄本皆增笔画书为"滛"，索解本第61页随用，王解本随朱氏刻本用"淫"。笔者《图说》《东亚漆艺》《析解》从朱氏刻本用"淫"。

【解说】

笔头蘸漆太多，画出的笔道淫溢出界，或侵入其他笔道。

80【原典】

忽脱，

【扬明注】

荫而过候之过。

【校勘】

忽：蒹葭堂抄本、德川抄本皆书错字作"忽"。其后各版均勘用正确字作"忽"。

【解说】

金胶漆象干过了头，失去了黏性，贴金或干傅色粉时，金箔或色粉便会粘贴不上去，或是粘上去却很快脱落。

81【原典】

粉枯。

【扬明注】

息气未翳①先施金之过。

【解说】

对准金胶漆象呵气，看是否有雾气遮于漆象，有雾气遮于漆象即为有"翳"，标志着漆象表干可以贴金；没有雾气遮于漆象即为"未翳"，说明描绘的漆象尚未表干，便不能急于贴金。如果急于贴金，金胶漆内色粉就会透上金象，造成金色泛粉枯槁而不能明亮。

识文②之二过

【解说】

"识文之二过"是黄成自拟小节标题，与条目并非并列关系，故不

---

① 翳：念yì，原指眼球上生出的遮蔽视线的白膜，这里比喻涂层表面为雾气遮盖。
② 识文：指阳纹。《通雅》："款是阴字凹入者，识是阳文挺出者。"

将其作为条目进行编号。其下二条，列举识文工艺可能产生的过失，因此，此"二过"属于《阳识》章工艺过失。

82【原典】

狭阔，

【扬明注】

写起轻忽之过。

【解说】

下笔随意，不稳不实，使稠漆写起的识文时有阔狭。

83【原典】

高低。

【扬明注】

稠漆失所之过。

【解说】

漆的黏稠度把握不当，使写起的识文有高有低。

隐起之二过

【解说】

"隐起之二过"是黄成自拟小节标题，与条目并非并列关系，故不将其作为条目进行编号。"隐起"即"堆起"，指用漆冻堆起图画并做浮雕。其下二条列举堆起工艺可能产生的过失，因此，此"二过"属于

《堆起》章工艺过失。

84【原典】

　　齐平，

【扬明注】

　　堆起无心计之过。

【解说】

　　堆塑图像不用心，使图像高低不分。

85【原典】

　　相反。

【扬明注】

　　物象不用意之过。

【解说】

　　堆塑图像不用心，使图像与自然物象的高低相悖谬。因为"识文"堆出的是平纹，"隐起"堆出的是浮雕，所以，识文工艺中，花纹高低是过失；隐起工艺则相反，花纹齐平才是过失。

洒金之二过

【解说】

　　"洒金之二过"是黄成自拟小节标题，与条目并非并列关系，故不将其作为条目进行编号。其下二条指出洒金（含假洒金）工艺可能产生的过失，因此，此"二过"属于《罩明》章工艺过失。

86【原典】

偏垒，

【扬明注】

下布不均之过。

【校勘】

偏垒：蒹葭堂抄本、德川抄本皆书为"偏纍"，朱氏刻本第125页、索解本第64页随用，王解本第60页改用简体字作"偏累"，均不可解。按洒金时金粉或金箔碎片垒叠的实际情状，笔者《图说》《东亚漆艺》《析解》勘为"偏垒"。

【解说】

金粉播撒不均匀，在漆胎某一处垒叠了起来。显然，此条指向用金粉的洒金。

87【原典】

刺起。

【扬明注】

麸片不压定之过。

【解说】

金箔麸片播撒在金胶漆面以后，没有用棉球处处压实，箔片边缘便像倒刺一样竖起来。显然，此条指向用金箔麸片的假洒金。

缀蜪之二过

【校勘】

缀蜪之二过：蒹葭堂抄本、德川抄本皆书为"缀蜪之二过"，朱氏刻本、索解本第65页随用，王解本第60页改为"缀旬之二过"。[按]蜪，指蚌壳，《康熙字典》："蜪，亭联切，音旬。""旬"在此不可解。笔者《图说》《东亚漆艺》《析解》从两抄本用"缀蜪之二过"。

【解说】

"缀蜪之二过"是黄成自拟小节标题，与条目并非并列关系，故不将其作为条目进行编号。其下二条，列举嵌螺钿工艺中可能出现的过失，因此，此"二过"属于《填嵌》章工艺过失。

88【原典】

粗细，

【扬明注】

裁断不比视之过。

【校勘】

粗：蒹葭堂抄本、德川抄本皆书为异体字"麤"，索解本第65页、朱氏刻本第125页、王解本第60页随用。笔者《图说》《东亚漆艺》《析解》用正体字"粗"。

【解说】

用锉刀或模凿裁断螺钿时，不与标准形多加比较，使螺钿基本形有粗细或不能整齐一律。

王解本第60页解此条说："所谓断，指在壳片上刻花纹。"［按］《缀蜔之二过》下的"断"指用锉刀或模凿裁断螺钿部件，不是指在壳片上刻花纹，如果不多与标准部件比较，螺钿部件就会有大小粗细。

89【原典】

厚薄。

【扬明注】

琢磨有过、不及之过。

【解说】

琢磨螺钿片时厚薄不一，致使螺钿片贴于漆坯、髹漆干固磨显时，有的螺钿片被磨过了头，有的螺钿片还没磨显到位，造成"蔽隐"或是"渐灭"的过失。

款刻之三过

【解说】

"款刻之三过"是黄成自拟小节标题，与条目并非并列关系，故不将其作为条目进行编号。其下三条，指出款刻工艺可能产生的过失，因此，此"二过"属于《雕镂》章"款彩"工艺过失。

【校勘】

款刻：蒹葭堂抄本、德川抄本皆书为"款刻"，索解本第65页用异体字作"欸刻"，其余各版用正体字作"款刻"。

90【原典】

浅深，

【扬明注】

剔法无度之过。

【校勘】

剔法：蒹葭堂抄本、德川抄本皆书为"剔法"，索解本第66页改为"剔出"，其余各版从两抄本用"剔法"。

【解说】

入刀分寸把握不好，刀迹忽浅忽深。

91【原典】

绦缕，

【扬明注】

运刀失路之过。

【解说】

运刀时，刀锋滑向了不该刻的地方，漆工俗说"滑刀"，致使漆面留下了丝缕般的划痕。

92【原典】

齟齬①。

【扬明注】

纵横文不贯之过。

【解说】

打单刀工序完成之后，应该就每一处单刀刻痕严格对刻为阳纹，使成双勾线条。如果"对阳纹"时，线条纵横交错的来龙去脉交代不清，双勾线条便像牙齿错缝般地脱节，或是粗细不能连贯。

鎗划之二过

【校勘】

鎗：通"戗"，念qiàng，《字汇补》："青向切。"《诗·周颂·载见》："鞗革有鸧。"郑玄注："鸧，金饰貌。"陆德明注音："鸧，……本亦作鎗。"蒹葭堂抄本、德川抄本皆书为"鎗"，朱氏刻本随用，除笔者《东亚漆艺》改用繁体通行字"戧"，《析解》改用简体通行字"戗"，王解本、索解本、笔者两版《图说》引原典皆用"鎗"。

【解说】

"鎗划之二过"是黄成自拟小节标题，与条目并非并列关系，故不将其作为条目进行编号。其下二条指出戗划工艺可能产生的过失，因此，此"二过"属于《鎗划》章工艺过失。

---

① 齟齬：念jǔyǔ，指牙齿上下不合缝，作者用以比喻款刻工艺中，"对阳纹"与"打单刀"线条不相投合。

93【原典】

见锋，

【扬明注】

手进刀走之过。

【解说】

运刀时手势不稳，时有偏斜，使戗划的线槽刀锋外露，不能始终中锋圆润。

王解本第61页解此条说，"刀锋滑出画稿笔划之外"，索解本第67页解此条说，"和前节'款彩'的'绦缕'相似，刀锋滑走，岔开了花纹应有的线路"。〔按〕王解本、索解本将戗划线槽见锋都解释为进刀时不慎滑刀，在漆面留下绦缕了。"见锋"作为戗划工艺的过失，非指"刀锋滑出画稿笔划之外"，乃指运腕不圆使线槽露出锋芒而不能圆滑。

94【原典】

结节。

【扬明注】

意滞刀涩之过。

【校勘】

1.结：蒹葭堂抄本书为"结"，德川抄本书错为"绪"。可见德川抄本乃模抄。其后各版皆用"结"。

2.涩：蒹葭堂抄本、德川抄本此字难以辨识，似若"涩"。其后各版皆用"涩"。

【解说】

运刀时心意不专，刀时走时停，使划槽顿挫如遇结疤不能流畅，漆工俗说"滞刀"。

索解本第67页解此条说："线条软弱无力。"［按］结节，指戗划运刀时走时停，像中途打结不能一气呵成，不是指线条软弱无力。

剔犀之二过

【解说】

"剔犀之二过"是黄成自拟小节标题，与条目并非并列关系，故不将其作为条目进行编号。此二条指出剔犀工艺可能产生的过失，因此，此"二过"属于《雕镂》章工艺过失。

95【原典】

缺脱，

【扬明注】

漆过紧，枯燥之过。

【解说】

剔犀漆器在做漆胎之时，手摸漆面刚刚脱黏，指叩似有空声之时就应该抓紧髹涂下道漆。如果下层漆干透再涂上层漆，剔刻的过程之中，便会因运刀用力导致局部漆层脱落，造成花纹残缺，漆工俗说"脱壳"。

王解本第61页解此条说："做剔犀如果用漆过紧，日久便容易脱落残缺"，"做胎子时漆灰加得太多……漆灰多，漆少，则调和起来自然稠紧"。［按］髹涂剔犀底胎时，如果漆性紧而能不失时机，不待涂层枯燥便涂上层漆，是不会导致上层漆脱壳的，漆层脱壳的原因是：涂层间粘连不紧，雕刻时又为雕刀所撬动。漆紧与漆灰加得太多或灰多、漆少没有联系，剔犀漆胎改地（即改髹原料漆）后，靠髹漆堆积漆层厚度，再不会用漆灰。

96【原典】

  丝絚。

【扬明注】

  层髹失数之过。

【校勘】

  丝絚：蒹葭堂抄本、德川抄本皆书为"丝絚"，"絚"字腹中缺笔，王解本第61页随朱氏刻本第126页亦错为"丝绽"。索解本第68页勘为"丝絚"并引"《淮南子·缪称》云：'治国譬若张瑟，大弦絚则小弦绝矣。'注：'絚，急也。'"笔者2007版《图说》《东亚漆艺》《析解》因无法键入用"丝絚"，新版《图说》用"丝絚"。

【解说】

  剔犀漆器在髹漆胎之时，一定要记牢层层换髹色漆的规律，才能造成或"乌间朱线，或红间黑带，或雕鼍等复，或三色更迭"的效果，红线细如小弦，黑线宽如大弦。如果做漆胎换髹色漆之时，没有数清记牢每种色漆髹涂的层数，没有严格遵循红漆几道、黑漆几道的定例，就会造成刀口断面红、黑漆线错乱，就像大弦、小弦乱了套。

雕漆之四过

【解说】

"雕漆之四过"是黄成自拟小节标题，与条目并非并列关系，故不作为条目编号。此"四过"属于《雕镂》章工艺过失。［按］剔犀既然被原典列为雕漆的一种，黄成列小节《雕漆之四过》，便不当另列小节《剔犀之二过》，而应将"四过""二过"合并为《雕漆之六过》。这是原典的局限。

97【原典】

骨瘦，

【扬明注】

暴刻无肉之过。

【解说】

雕漆刻过了头，刻到瘦骨伶仃，失去了丰腴之美，漆工俗说"刻枯了"。

索解本第69页解此条说："刻痕过深，透过了漆层，甚至露出了底胎。"［按］雕漆漆器往往刻作浮雕效果，"骨瘦""无肉"指雕刻过分，造成图像有欠丰腴，不是指刻痕过深露出底胎。

98【原典】

玷缺，

【扬明注】

刀不快利之过。

【解说】

雕漆刀口不够锋利，雕刻时带起了不应该刻去的漆块，造成画面或图案缺损。

王解本第62页解"玷缺"道，"如果刀不快利，刻出花纹来，笔划不可能利落，铲平面的地子也不可能光滑。玷缺即指上述的毛病"。[按]王先生解错。"玷缺"指雕漆工在雕漆之时，刀下带起了不该刻去的漆块，并非笔划不利落或地子不光滑。

99【原典】

锋痕，

【扬明注】

运刀轻忽之过。

【解说】

运刀不全神贯注，所雕之处见运刀锋痕而不能圆润。

索解本第69页解此条说："情况如前段款刻中所言的绦缕，或戗划中的见锋相同。"王解本第62页解此条说："与62'绦缕'，63'见锋'两过相似。"（引文内数字系王解本编号）[按]雕漆过程中外露的锋痕，与款刻滑刀出现的"绦缕"、戗划滞刀出现的"见锋"形态各不相同，见过刻工雕刻便知。

100【原典】

角棱。

【扬明注】

磨熟不精之过。

【解说】

雕漆漆器以藏锋清楚、隐起圆滑为美，雕刻完毕等待干固以后，要用刀刮、砂磨再以灰条磨熟棱角以后推光。如果打磨不精细不圆熟，成品就会见棱见角，不能藏锋清楚、隐起圆滑。

裹衣之二过

【校勘】

裹衣之二过：蒹葭堂抄本失字书为"裹之二过"（影本17），德川抄本增一字书为"裹衣之二过"。与《坤集·裹衣第十五》章章名互见，德川抄本增字正确（影本18）。王解本第63页随朱氏刻本第127页亦失字作"裹之二过"，索解本第70页，笔者《图说》《东亚漆艺》《析解》采德川抄本勘为"裹衣之二过"。

【解说】

"裹衣之二过"是黄成自拟小节标题，与条目并非并列关系，故不将其作为条目进行编号。其下二条，指出裹衣工艺可能产生的过失，因此，此"二过"属于《裹衣》章工艺过失。

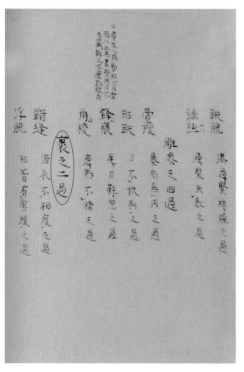

影本17：蒹葭堂抄本失字书为"裹之二过"　　影本18：德川抄本增字书为"裹衣之二过"

101【原典】

错缝，

【扬明注】

器、衣不相度之过。

【解说】

布漆时没有"量体裁衣"，器皿大而皮、罗或纸小，皮、罗或纸糊裹于漆胎，就会搭接不上而有错缝。

102【原典】

浮脱。

【扬明注】

黏着有紧、缓之过。

【校勘】

黏着：蒹葭堂抄本、德川抄本皆书为"粘著"，王解本第63页随朱氏刻本第127页改为"黏著"，索解本第70页改为"粘着"。［按］"黏"为形容词，"黏着"则为动词。两抄本与索解本无错。笔者繁体版《东亚漆艺》用"粘著"，2007版《图说》第75页、《析解》第163页随抄本用"粘著"。新版《图说》按现代汉语规范用"黏着"。

【解说】

漆胎糊裹皮、罗或纸时，有松有紧，松的地方日久就会脱离胎骨，浮于器面。

单漆之二过

【解说】

"单漆之二过"是黄成自拟小节标题，与条目并非并列关系，故不将其作为条目进行编号。其下二条，指出单漆工艺可能产生的过失，因此，此"二过"属于《单素》章工艺过失。

103【原典】

燥暴，

【扬明注】

衬底未足之过。

【解说】

木胎打底不够周备便上单漆，其上髤涂的单漆渗漏到木胎，便会造成单漆面枯槁不够润泽。

索解本第71页解此条说："衬地不足就是不厚，欲其厚，必须一漆再漆。"［按］"衬底"，即打底，作为单漆过失的"衬底未足"指木胎打底未周备尚有遗漏。单漆漆器打底极薄，是不可以"欲其厚"，"一漆再漆"的。

104【原典】

多額。

【扬明注】

朴素①不滑之过。

【解说】

木胎没有打磨平滑就髤单漆，单漆面就会现出疵額。

---

① 朴素：朴，指未经加工的木材；素，指本质。这里，"朴素"非形容词乃名词，指未曾用漆髤涂的木胎。

糙漆之三过

【解说】

　　"糙漆之三过"是黄成自拟小节标题，与条目并非并列关系，故不将其作为条目进行编号。其下三条，指出糙漆工艺可能产生的过失，三条均与"制熟"有关，三道糙漆中，唯"煎糙"用制熟的推光漆，因此，"三过"皆指向"煎糙"工艺可能出现的过失，也就是说，这"三过"仍然属于《质法》章的工艺过失。

105【原典】

　　滑软，

【扬明注】

　　制熟用油之过。

【校勘】

　　软：蒹葭堂抄本、德川抄本皆书为异体字"輭"，索解本第72页亦用"輭"，王解本随朱氏刻本用正体字"软"。笔者《图说》《东亚漆艺》《析解》用正体字"软"。

【解说】

　　煎糙所用的精制漆内掺了油，糙漆面就不够坚实而偏滑软。

106【原典】

　　无肉，

【扬明注】

　　制熟过稀之过。

【校勘】

　　制熟：蒹葭堂抄本、德川抄本皆书为"制熟"，王解本随朱氏刻本亦用"制熟"，索解本第72页此条扬明注改为"熟制"。笔者《图说》《东亚漆艺》《析解》从两抄本用"制熟"。

【解说】

　　煎糙所用的推光漆精制时间过长，漆液过稀，煎糙涂层就会薄而有欠腴厚。

　　索解本第72页解此条说："漆液过稀是因为炼制时间不足，所去水分不够。"［按］与索先生所说相反，煎糙所用的推光漆精制时间过长，失去水分过多，漆液才会过稀，补救之法是兑入净生漆再加以炼制。

107【原典】

　　刷痕。

【扬明注】

　　制熟过稠之过。

【解说】

　　精制漆制熟未到火候，漆液过稠，煎糙漆面就会留下刷痕。

　　索解本第73页解此条说："炼制熟漆时，去掉水分过多，漆液过浓，可加生漆为补救。"［按］与索先生所说相反，精制熟漆时间太短，脱水太少，水分过多，漆液才会过稠，补救之法是继续精炼。

丸漆之二过

【解说】

"丸"，古通"垸"。"丸漆之二过"是黄成自拟小节标题，与条目并非并列关系，故不将其作为条目进行编号。其下二条，指出垸漆工艺可能产生的过失，也就是说，此"二过"仍然属于《质法》章工艺过失。

108【原典】

松脆，

【扬明注】

灰多漆少之过。

【解说】

做灰漆时，所用的灰漆内灰多、漆少，日久灰层就会松脆脱落。

109【原典】

高低。

【扬明注】

刷有厚薄之过。

【解说】

刮灰漆时手势不稳，致使灰漆有厚薄，面上有高低。扬明注用"刷"，其实，做灰漆用挑子刮，漆工俗称"刮灰"。

布漆之二过

【解说】

"布漆之二过"是黄成自拟小节标题，与条目并非并列关系，故不将其作为条目进行编号。其下二条，记布漆工艺中可能产生的过失，也就是说，此"二过"属于《质法》章工艺过失。

110【原典】

邪瓦，

【扬明注】

贴布有急、缓之过。

【校勘】

邪瓦：蒹葭堂抄本、德川抄本皆书为"邪瓦"，朱氏刻本第128页改字作"窊宄"，王解本第65页改用艰深字作"窊瓦"。两抄本用通假字"邪瓦"，文意浅显。索解本，笔者《图说》《东亚漆艺》《析解》从两抄本用"邪瓦"。

【解说】

邪，古通"斜"。胎上布漆时用力不均，有的地方松，有的地方紧，将布纹都拉斜了，就像屋顶上瓦行斜了一样。

111【原典】

　　浮起。

【扬明注】

　　粘贴不均之过。

【校勘】

　　粘贴：蒹葭堂抄本、德川抄本扬明注皆书为"粘贴"，王解本第65页随朱氏刻本第128页改为"黏贴"。［按］"黏"乃形容词，抄本"粘贴"语义准确，王解本、朱氏刻本错改。索解本，笔者《图说》《东亚漆艺》《析解》从两抄本用"粘贴"。

【解说】

　　布漆时，胎上有的地方糊漆多，有的地方糊漆少，漆干之后，糊漆少的地方所贴的布下空而不实，日久布就浮起，造成漆面空虚不实。

　　索解本第74页解此条说："有些地方有了重复或堆厚的现象，补救之法，是将高起（即浮起）之处，可于干后用刀铲平。"［按］作为布漆过失的"浮起"不是指有些地方糊布重复或是堆厚，而是指布漆之时，没有将所糊之布处处压实，使漆漫出布面再刮除。布漆干固以后，漆没有漫过布面的地方布下空而不实，日久布便浮起。

捎当①之二过

【解说】

　　"捎当之二过"是黄成自拟小节标题，与条目并非并列关系，故不

---

　　① 捎当：指打底。捎，即槊，《汉书》颜师古注："捎，即槊（原文作'髹'）声之转重耳。"当，器之底也，《韩非子·外储说右上》："千金之玉卮，至贵而无当。"

将其作为条目进行编号。其下二条，指出捎当工艺可能产生的过失，也就是说，此"二过"仍然属于《质法》章工艺过失。

112【原典】

　　監恶[①]，

【扬明注】

　　质料多、漆少之过。

【解说】

　　打底时漆少而添加物多，导致漆胎有欠坚固。

113【原典】

　　瘦陷。

【扬明注】

　　未干固辄垸之过。

【解说】

　　打底还没有干固，缝隙、窳缺、节眼等处所填的法絮漆还在缩陷就做灰漆，导致灰漆面沉陷而不能平坦厚实。

---

　　① 監恶：指器物不坚固。監，念gǔ。

补缀之二过

【解说】

"补缀之二过"是黄成自拟小节标题，与条目并非并列关系，故不作为条目编号。其下二条，指出补缀工艺即修补古漆器可能出现的过失，因此，此"二过"属于《尚古》章工艺过失。

114【原典】

愈毁，

【扬明注】

无尚古之意之过。

【解说】

修补古漆器应当遵循修古如古的原则。如果修古如新，则是对古漆器的更大损毁。

115【原典】

不当。

【扬明注】

不试看其色之过。

【解说】

色推光漆涂层干固之后，色泽比髹涂之时鲜亮，北方漆工称这一过程为"开"，扬州漆工称这一过程为"吐"，苏州漆工称这一过程为

"醒"。漆工应充分考虑漆色"吐"出来之后的效果，补缀的漆色应比古漆器的漆色暗一些。暗多少为好？全凭经验把握。修补古漆器前，应先将此色推光漆髹涂于试牌，待试牌上涂层干固、漆色充分转艳与原器相当，再用此色推光漆髹涂在古漆器上，使漆色新旧衔接。如果不先髹试牌试看漆色就直接髹涂在古漆器上，就会导致新旧漆色不能衔接。

髹饰录乾集终

【校勘】

蒹葭堂抄本抄完《乾集》以后，从奇页接续抄写《坤集》，不另置封面，注者姓氏仍书为提手之"扬"（影本19）。德川抄本《乾集》末尾跨下页，钤"德川宗敬氏寄赠"楷书长方朱文印，其抄成或与德川宗敬氏有关；翻页后，另置坤集封面书作"髹饰录"，下书"坤"字（影本20），注者姓氏易为木易之"杨"。其封面书为"髹"、内页文字却书为"髤""髹"；序言首页书注者姓氏为提手之"扬"，《坤集》首页书注者姓氏却易为木易之"杨"，"明"字错书为目旁（影本

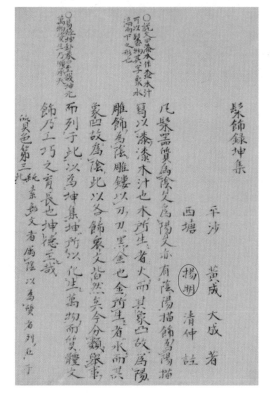

影本19：蒹葭堂抄本《坤集》不另置封面，首页书注者姓氏仍为提手之"扬"

21）：显然不及蒹葭堂抄本书名与内页用字相同、注者姓氏从头到尾一以贯之来得郑重。

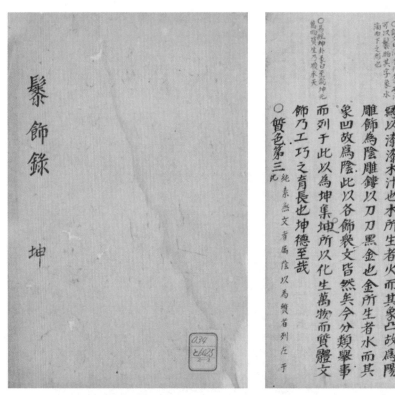

影本20：德川抄本另置坤集封面书作"髤饰录"，下书"坤"字

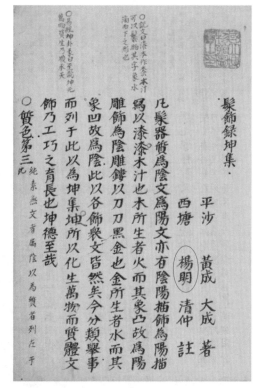

影本21：德川抄本《坤集》首页注者姓氏易为木易之"杨"，"明"字书错为"目"旁

髹饰录·坤集

平沙黄成大成著

西塘扬明清仲注

【原典】

凡髹器，质为阴，文为阳。文亦有阴阳，描饰为阳。描写以漆。漆，木汁也，木所生者火而其象凸，故为阳。雕饰为阴，雕镂以刀。刀，黑金也，金所生者水而其象凹，故为阴。此以各饰众文皆然矣。今分类举事而列于此，以为《坤集》。坤所以化生万物[①]，而质、体、文、饰，乃工巧之育长也。坤德至哉！

【解说】

这段话是黄成所写《坤集》导言，不是条目，故不作为条目进行编号。"坤"，指大地。黄成认为，地的恩德是至德，大地顺承天意化生万物，漆器的质、体和文、饰亦即阴、阳，种种工巧都因地的养育而长成，所以，以纹饰阴阳作为漆器装饰工艺分类的标准，将各类漆器装饰纳入《坤集》记录：凡是漆器，素髹的漆地属阴，纹饰属阳。纹饰也分阴阳：描饰的花纹属阳，雕镂的花纹属阴。漆器用漆来描写花纹。漆是木汁，木生火，描写的花纹凸起于漆面，所以属阳。雕镂的刀是黑金，金生水，雕镂的花纹凹陷于漆面，所以属阴。根据阴阳

---

① 坤所以化生万物：语出《易传·彖辞上传》："至哉坤元，万物资生，乃顺承天。"

的道理，漆器不管用什么工艺来装饰，其纹饰无非平中平、平中凸、平中凹、凸中凸、凸中凹、凹中凸、凹中凹，总在阴、阳二字中变化，都可以按此原则划分出阴阳。

导言图1：描金其文属阳举例——〔清〕红漆地描金铜手炉，选自李久芳主编《故宫博物院藏文物珍品大系·清代漆器》

导言图2：嵌螺钿其文属阴举例——〔元〕嵌螺钿龙涛纹黑漆菱花形盘，笔者摄于东京国立博物馆

质色第三

【扬明注】

纯素无文者，属阴以为质者，列在于此。

【校勘】

列在于此：蒹葭堂抄本、德川抄本扬明注均书为"列在于此"，朱氏刻本、王解本随用，索解本第79页改为"列在乎此"。两抄本"列在于此"无错，笔者《图说》《东亚漆艺》《析解》从两抄本用"列在于此"。

【解说】

"质色第三"是黄成自拟章名不是条目，故不作为条目进行编号。"质色"，指漆器质地素髹一色，按黄成分类原则，属阴。《质色》章与《质法》章一字之差，《质法》章记录的是制造漆胎，《质色》章记录的是在完成底、垸、糙工艺以后的光底漆胎上髹涂面漆。此章下，"黑髹""朱髹""黄髹""绿髹""紫髹""褐髹"六条都言及"揩光"。推光漆髹涂干固以后才能推光泽漆再揩光，可知除"金髹""油饰"两条，本章其余六条都指向干固以后可以推光泽漆再揩光的色推光漆髹涂。

用推光漆做上涂，《髹饰录》另记为"麹"。麹漆干固以后的自然光泽被称为"原光""浮光"，往往要做退光、推光或泽漆揩光等各种工艺加工。如果说三道糙漆由粗到细，麹漆、退光、推光再泽漆揩光则使漆面愈益润滑细密。经过上涂、退光、推光再泽漆揩光制成的素髹漆器，"其质至美，物不足以饰之"[①]。黄成没有将推光漆髹涂归入

---

① 《韩非子·解老》，〔清〕王先慎集解，姜俊俊校点：《韩非子》，上海古籍出版社，2015年版，第157页。

漆器制胎工艺，而将推光漆髹涂归入漆器装饰工艺记录，正因为推光漆髹涂是漆器无华的、最美的装饰。日本漆工称推光漆髹涂为"蠟色塗"。

116【原典】

黑髹，一名乌漆，一名玄漆，即黑漆也，正黑光泽为佳。揩光要黑玉，退光要乌木①。

【扬明注】

熟漆不良，糙漆不厚，细灰不用黑料，则紫黑。若古器，以透明紫色为美。揩光欲黸②滑光莹，退光欲敦朴古色。近来揩光有泽漆之法，其光滑殊为可爱矣。

【校勘】

1. 索解本第80页引："寿笺：《南史·蔡道恭传》：'丹四石乌漆大弓。'……"［按］查蒹葭堂抄本、德川抄本寿笺及《南史·列传第四十五·蔡道恭传》原文皆为："用四石乌漆大弓。"

2. 王解本第68页引："《清秘藏》：'琴光退尽，黯黯如海舶所货乌木者为古。'（寿40）"［按］王解本与寿笺、与《清秘藏》原文首二字不同。蒹葭堂抄本、德川抄本寿笺此句原文是："《清秘藏》曰：'琴漆光退尽，黯黯如海舶所货乌木者为古。'"《清秘藏》此句原文无"琴"字。③

---

① 乌木：非指黑色木材，乃指碳化木，一名阴沉木。

② 黸：念lú，指黑色。

③〔明〕张应文：《清秘藏·卷上·论琴剑》，《丛书集成续编》第94册，台湾新文丰出版公司，1989年版，第718页。

3.王解本第68页引："《说文》：'黣，黑色也。卢、旅同。'《书》：'卢弓一，卢矢百。'《左传》：'旅弓矢干。'杜注：'黑弓也。'《扬子》：'彤弓黣矢。'（寿41）"［按］王解本引文与蒹葭堂抄本、德川抄本寿笺引文不合。经查，王先生将朱氏刻本阙笺误作祖本寿笺引入。

【解说】

"乌""玄""黸"皆指黑色，原典所言能够退光推光的"黑髹"，指黑推光漆髹涂。战国时期，先民从生漆髹涂到把握掺油漆髹涂、推光漆髹涂技术，汉代，推光漆髹涂技术普及开来。"黑漆其外"的髹饰传统，可以追溯到舜、禹为王的时代，战国秦汉漆器多为黑漆地朱绘。推光技艺成熟以后的宋代，菱花形漆器素髹一色，器形优雅，线型圆润，体现出有宋一代极高的审美品味。元代菱花形漆器继承宋代的圆润优雅，造型则趋向壮硕（图116-1）。

由于推光漆的半透明性，加入黑料仍然不能达到正黑，所谓"漆黑"，是通过漆层垒叠获得的，所以，黑髹漆器做细灰时就要加入黑色颜料，并用黑漆厚做糙漆，以养益上涂黑漆。上涂黑漆之下黑色深厚，上涂漆才能接近正黑。如果做细灰时没有加入黑色颜料，或是糙漆不厚，或是推光漆不好，都将导致黑髹泛紫，不能最大限度地接近正黑。黑推光漆髹涂干后，再通体髹涂透明漆，涂层呈透明紫色。日本漆工称黑推光漆髹涂为"黑吕色塗"，称

图116-1：〔元前期〕黑髹菱花形盖罐，选自日本根津美术馆《宋元の美——伝来の漆器を中心に》

来自中国、推光漆髹涂干后再通体髹涂透明漆的工艺为"溜塗"。

黑髹要做到光润莹滑，麹漆干固以后，必须退光，灰擦，再推光，如再进一步做泽漆揩光，则漆光如从漆层深处发出。如果说三道糙漆由粗到细，麹漆、退光、推光再泽漆揩光则使漆面愈益润滑细密。退光、推光以及泽漆揩光工艺，黄成、扬明均语甚未详。

图116-2：为黑髹干固以后的花瓶磨退，笔者摄于福州

退光工艺如下：麹漆干固以后，用木块包裹1000号～1500号水砂纸，从左向右依同一方向画圈研磨，依次将漆面磨顺，务必处处磨到、至漆面全无浮光漆籽、手感磨面滑溜爽利为止。这道工序叫"退光"，漆工称"磨退"（图116-2）。如遇堆起凹凸的漆面，可以在砂纸背面衬橡皮或布磨退。日本漆工称磨退工艺为"艳消"。

退光之后、推光之前有一道工序叫"灰擦"：用滑爽韧性好的少女长发纠结成团，蘸水并细瓦灰反复推擦漆面，到漆面平滑爽利无一点磨痕为止；如遇堆起凹凸的漆面，用鬃毛板刷蘸水加飞澄砖灰①反复刷擦漆面，至手感平滑。磨退再灰擦过的黑退光漆器，古朴黯雅，亚光含蓄，美如乌木。

黑髹以黑推光漆器为常见。麹漆面干固退光、灰擦之后，往往再

---

① 飞澄砖灰制法见清祝凤喈：《与古斋琴谱·卷二·灰磨平匀》："飞澄法：以鹿角霜研极细末，盛大碗内之半，以水浸满，用手搅溷，即将溷水另倾贮一器内，又于原碗钵添水，再照搅溷倾贮数次，令角极细者，皆由搅溷浮倾另器，其渣沉细如软粉，去水晒干……飞澄砖磁灰法亦然。"收入《续修四库全书》第1095册，第573页。飞澄后晒干的砖灰，用于漆器上涂漆干固磨退之后推光揩光。

进行推光：将退光灰擦以后的漆面清洗干净，吹干透，将不干性植物油并飞澄砖灰拌为油泥，用板棉胎或老羊皮、干鹿皮、推光布蘸取油泥在漆面拉开，先横揩，后竖擦，再依序旋转揩擦，反复用力揩擦至漆面发出内蕴精光，再用干净软布揩擦到去尽油气、光泽一气呵成、没有揩擦痕迹为止。日本漆工称推光工艺为"艶付き"。

明代，泽漆揩光技术从日本传入。麹漆面退光、灰擦、用不干性油推光以后，再用手掌蘸飞澄砖灰或鹿角灰，将漆面推光的油揩擦干净，在无尘室内，用脱脂棉球蘸提庄漆（古代称"严生漆"，日本称"生正味""生上味"），像连续画圆圈似的，顺向薄薄揩擦漆面，务必处处擦到，随即用脱脂棉球将余漆擦净，不使余漆淤积。此时，漆面像笼罩了一层雾气。泽黑漆，福建漆工称"揩青"，青者，黛也，深黛则为黑。入荫室等待干固取出，用手掌蘸鹿角灰等出光粉全面揩擦漆面，至"雾气"散尽，漆面清澈，这道工序叫"退揩青"。用不干性植物油推光如前。如此反复三遍或三遍以上，一遍比一遍泽漆稀薄，一遍比一遍入窨时间长，漆液一遍比一遍被挤压渗入漆层微孔，一遍比一遍渗入更深，一遍比一遍所用研磨粉更细，至漆膜坚细，莹滑如玉。如果说磨灰、磨糙、磨退是由粗到细的沙磨，泽漆则是用漆揩摩，揩光是用出光粉揩摩。经过上述严密的加工，最粗糙的胎骨上也能够形成最致密细腻光莹的漆面。今人有以为，为得到致密光莹细腻的漆面，工艺繁难至此，不值。其实，这恰恰是漆工对手艺极限的挑战。如果仅仅用油摩而没有反复多遍泽漆，这就是第73条扬明注"揩光油摩，泽漆未足之过"。日本漆工称"泽漆"为"拭漆""摺漆"，称反复多遍拭漆为"化粧摺"，称用手掌蘸鹿角霜揩擦漆面为"胴摺""胴擦"，称揩光工艺为"仕立""艶上げ"，称推光漆髹涂后推光泽漆揩光的全套工艺为"呂色仕上げ"。

明代张大命《太古正音琴经》将漆琴退光灰擦推光的过程记为"退光出光"："水杨木烧为桴炭，入瓶中罨煞，捣为末，罗过。却用黄腻石蘸水，轻手遍楷，磨去琴上蓓蕾。次以细熟布蘸灰末，用手来往楷擦，光莹即止。洗拭令干，以手点麻油并新瓦灰擦拭，其光自然莹彻。""垂杨木断如鸡子大，湿烧，旋取栲炭罨煞。次用砂衫木准前烧栲炭。等分为末。以手点油，遍涂琴上。却糁（按："掺"字通假）炭末，以手掌或软布楷擦，候光彩即止。以皂角揉水，洗拭令干，再用手揩擦。""皂角、刺炭、桑木炭、清石末各等分，以水调，涂琴上，用手力磨，去其翳，自然光焰发也。"①此段记录，前半很是务实，可补《髹饰录》之未备；后半用那么多材料"等分为末"蘸油推光，就未免有故弄玄虚之嫌了。明代袁均哲《太音大全集》所记推光法大体出自前者："以手点麻油并新瓦灰擦拭，其光自然莹彻。又法：垂柳木断如鸡子大，湿烧，旋取栲炭罨煞。次用砂衫木准前烧栲炭。等分为末。以手点油，遍涂琴上。却糁（按："掺"字通假）炭末，以手掌或软布揩擦，候光彩即止。以皂角揉水，洗拭令干，再用手揩擦。"②抄袭前人或抄袭同辈，是明代文人通病。

清代祝凤喈《与古斋琴谱》则将琴体推光误作"退光"："琴于周体俱制尽善，工无复加，然后退光。所谓退光（实为推光）者，非徒以光漆刷上候干而有光亮已也，乃于干透后，用飞过砖灰或磁灰，以老羊皮蘸芝麻油沾灰按光擦之，初令去其外面浮光，再则推出内蕴之精光也，以愈推愈妙（推，即擦也，用力遒劲停匀是也）致令须眉可鉴。惟砖磁灰中与所擦之羊皮，二者不可稍沾微细砂粒，一有，擦成划痕。切宜慎之。指甲划着亦致痕路，推擦时，须去指甲为妙。"③读者请自明辨。

王解本第68、70页解此条说，"揩光是罩漆的一种"，"揩光用透

① 〔明〕张大命辑：《太古正音琴经·卷七·退光出光法》，《续修四库全书》第1093册，第441～442页。

② 〔明〕袁均哲辑：《太音大全集·卷一·退光出光法》，《续修四库全书》第1092册，第247页。

③ 〔清〕祝凤喈：《与古斋琴谱·卷二·退光洁明》，《续修四库全书》第1095册，第579页。

明漆，其中加色或不加色，漆后不再搓磨。退光用退光漆”，“退光则指上黑色的退光漆”，并以江陵拍马山楚墓出土的漆器为黑髹例证。［按］揩光非指罩漆，乃指反复揩青、退揩青以后胴擦推光；揩光要一再磋磨而非漆后不再磋磨；退光则指推光漆髹涂干固以后的磨退工艺，不是指“上黑色的退光漆”。黄成既言“退光”“揩光”，可知本条“黑髹”专指用黑推光漆髹上涂漆以后再做退光、揩光等精加工。目前尚无确证证明战国时期，推光漆与推光漆髹涂后精加工已经诞生，所以，楚墓黑髹漆器不宜作为推光漆髹涂例证。

索解本第81页解此条说，“揩光和退光，是两种不同的熟漆名称……”；王解本第68页则说，“揩光是罩漆的一种”。［按］退光、揩光是推光漆髹涂干固以后先后进行的精加工，揩光所用的提庄漆是优质生漆，不是熟漆，罩漆所用的是熟漆。揩光的工具是脱籽棉，罩漆的工具是漆刷。推光漆就是退光漆，它们是精制大漆用于不同工艺程序中的不同称谓。

117【原典】

朱髹，一名朱红漆，一名丹漆，即朱漆也，鲜红明亮为佳。揩光者其色如珊瑚，退光者朴雅。又有矾红漆，甚不贵。

【扬明注】

髹之春暖夏热，其色红亮；秋凉，其色殷红；冬寒，乃不可。又其明暗，在膏漆、银朱调和之增减也。倭①漆窃丹②带黄。又用丹砂者，暗且带黄。如用绛矾，颜色愈暗矣。

---

① 倭：念wō。中国古代称日本为“倭”。
② 窃丹：指较浅的红。邢昺疏“窃脂”：“窃即古之浅字……窃丹，浅赤也。”《尔雅注疏》，《十三经注疏》，北京大学出版社，1999年版，第308～309页。

【解说】

朱漆，或称"朱红漆""丹漆"。用朱色推光漆髹漆，其明暗在于颜料的选择、推光漆与颜料配比的把握。银朱入推光漆做朱髹，干固以后退光再揩光，漆色如红珊瑚般典丽厚重。丹砂入漆做朱髹，呈色典丽不及银朱，沉着则有过之。矾红入漆做低档朱髹，呈色就更暗了。矾红，即绛矾。朱髹入颜料宜多（颜料与漆同比甚至略高），刷上涂漆宜厚。髹涂宜在春暖、夏热的时候进行，漆色显得红亮；如果在秋凉的时候髹涂朱漆，漆色便泛殷红；冬寒的时候不宜髹朱。朱髹以后置入荫室，宜于控制荫室温湿度以延缓其干燥，使漆膜缓慢吐色而至呈色鲜艳。涂层干燥时间愈短，则呈色愈暗。如果下窨几个小时就吐色艳如湿漆，朱髹便难以转硬乃至于无法打磨推光，漆工俗说"漆僵了"。朱髹退光工艺、揩光工艺与黑髹退光、揩光工艺相同，退光显得朴雅，揩光如珊瑚般鲜艳。日本朱髹漆器，所用颜料呈色不及中国银朱、朱砂厚重，所以，日本朱髹漆器红得较浅，红中带黄。

图117：〔清〕乾隆款朱髹脱胎菊瓣形漆盘，选自李久芳主编《故宫博物院藏文物珍品大系·清代漆器》

存世朱髹文物，以清代苏州贡御脱胎漆器为最靓丽。从雍正朝传旨苏州制作朱漆脱胎器皿以来，乾隆朝命苏州织造大量进贡朱髹脱胎菊瓣形盘、碗。这些朱髹盘、碗，至今珍藏于北京故宫博物院，其中多件以金泥拌入漆液书写乾隆款或乾隆诗句。如"脱胎菊瓣形朱髹漆盘"（图117），脱胎轻薄，花瓣工整，朱漆温润蕴藉，盘心用浓金漆液书写乾隆皇帝诗"吴下髹工巧莫比……"这首诗反复出现在苏州漆工所制的朱髹脱胎菊瓣形盘、碗上。

118【原典】

黄髹，一名金漆。即黄漆也，鲜明光滑为佳，揩光亦好，不宜退光。共带红者美，带青者恶。

【扬明注】

色如蒸栗为佳，带红者用鸡冠雄黄，故好。带青者用熏黄，故不可。

【校勘】

1.共：蒹葭堂抄本、德川抄本皆书为"共"，王解本第71页随朱氏刻本第132页改为"其"，索解本第83页亦改为"其"。黄成原意是：黄髹无论推光揩光都以带红为美。笔者《图说》《东亚漆艺》《析解》从两抄本用"共"。

2.蒸栗：蒹葭堂抄本、德川抄本均书为"蒸粟"，朱氏刻本第133页随用，索解本第83页、王解本第72页改作"蒸栗"。"蒸栗"的黄色符合黄成所言"鲜明光滑"，"蒸粟"黄色浅淡甚不鲜明。笔者《图说》《东亚漆艺》《析解》从索解本、王解本用"蒸栗"。

3.熏黄：蒹葭堂抄本扬明注书为"熏黄"，德川抄本扬明注书为"薑黄"，索解本第83页、王解本第72页随朱氏刻本第133页用"薑黄"。［按］"薑黄"，即姜黄，植物染料，染色透明，宜与明油调合用作油饰，不宜调配黄色推光漆；"熏黄"，雄黄的一种，入推光漆漆色带青，符合扬明所注。德川抄本、朱氏刻本错用"薑黄"。笔者2007版《图说》第87页用"薰黄"，《东亚漆艺》《析解》与新版《图说》从蒹葭堂抄本用"熏黄"。

【解说】

原典此条言"黄髹，一名金漆"，第130条又言"罩金髹，一名金漆，即金底漆也"，何为"金漆"？所指不定。这是原典的局限。黄髹以鲜明光滑、色如蒸熟的栗子颜色并且揩光好看，颜色宜带红不宜带青，因为红入黄，胜增光；青入黄，则显得冷、脏、次。鸡冠雄黄调配出的黄推光漆色相带红，用于黄髹颇佳；呈色青黑的雄黄名熏黄，调配出的黄推光漆色相带青。黄髹对明度的要求极高，所以，漆内可以少量掺油以冲淡原推光漆色相提高涂层明度。黄髹干固以后，如退光不再推光，黄色就会显得黯淡。从理论上说，色推光漆髹涂干固退光以后都可以泽漆揩光，但是，由于推光漆本身有浓重的红褐色相，在黄推光漆面泽漆，很难不留下红褐色痕迹，所以，黄髹不宜泽漆揩光。

王解本第72页解此条说，"本条说'揩光亦好，不宜退光'，原因待考"。〔按〕黄髹不宜退光的原因是黄髹退光以后黄色黯淡有欠鲜明。索解本第83页解此条说，"黄色不宜退光，因宜用油调也"。〔按〕黄成既言"退光""揩光"，可知本条所言"黄髹"指用黄推光漆髹上涂漆以后再做精加工。黄髹对明度的要求甚高，漆内可以少量掺油以冲淡推光漆原色相，兑油2成以下，漆面是可以退光的。黄髹之所以不宜退光，是因为退光使黄漆面显得黯淡，不能如黑漆面退光那样古雅；如果退光后再做揩光，黄漆面便能够鲜明光滑。

119【原典】

绿髹，一名绿沉漆①，即绿漆也。其色有浅深，总欲沉。揩

---

① 绿沉漆：名出东晋。王羲之《笔经》："有人以绿沉漆竹管及镂管见遗。"〔晋〕王羲之：《笔经》，《五朝小说大观·魏晋小说·卷十》，上海文艺出版社，1991年版，石印本第290页a。

光者忌见金星，用合粉者甚卑。

【扬明注】

　　明漆不美则色暗，揩光见金星①者，料末②不精细也。臭黄、韶粉相和则变为绿，谓之合粉绿，劣于漆绿大远矣。

【校勘】

　　1.总欲沉：蒹葭堂抄本、德川抄错本皆书为"总欲沉"，索解本第84页随用，王解本第72页随朱氏刻本第133页改为"绿欲沉"。黄成原意是绿髹不管颜色深浅，总要如沉入水中般鲜明。笔者《图说》《东亚漆艺》《析解》从两抄本用"总欲沉"。

　　2.大远：蒹葭堂抄本扬明注书为"大远"，德川抄本扬明注书为"太远"，王解本第72页随朱氏刻本第133页用"太远"。"大远"文意无错，"太"在两可之间。索解本，笔者《图说》《东亚漆艺》《析解》从蒹葭堂抄本用"大远"。

　　3.索解本第84页引："寿笺：《春明退潮录》曰：'绿髹器，始于王冀公家。祥符天佑中，每为会，即盛陈之。然制自江南，颇质朴。庆历后，渐中始造，盛行于时。'"［按］查《全宋笔记》，书名当勘为宋敏求《春明退朝录》，年号"天佑"当勘为"天禧"，"渐中"当勘为"浙中"。③

　　4.索解本第84页引："寿笺：《考工记·弓人》曰：'丝欲沉。'《注》曰：'如在水中时也。'按：绿沉，言光泽鲜明。"［按］查《周礼注疏》此句为："如在水中时色。"④

　　　①　金星：这里指未研细的颜料粉末在髹漆面形成一个个闪亮的颥点。
　　　②　料末：指颜料研成的粉末。
　　　③　〔宋〕宋敏求：《春明退朝录》，《全宋笔记》第一编六，大象出版社，2003年版，第280、281页。
　　　④　《周礼注疏》卷四十二，见《文渊阁四库全书》第90册，第787页。

【解说】

绿推光漆，一名绿沉漆。绿色有浅有深，总以深邃纯净、如沉入水中为好。应选择透明度好的推光漆调合绿漆。如果调合绿漆的推光漆本身色相太深，绿色颜料不足以遮盖原漆的红棕色相，则绿髹发暗，不能如沉入水中般明澈纯净。如果入漆颜料研磨未细，绿髹揩光以后，漆面便隐约可见无数颗点似若金星。这是绿髹的大忌。臭黄是一种劣质雄黄，与韶粉调和得"合粉绿"，调合绿漆比漆绿差之远甚。由于推光漆本身有浓重的红褐色相，在绿推光漆面泽漆，泽漆的红棕色相与绿色交杂，反而破坏了绿髹自身的明净，所以，绿髹不宜泽漆。日本漆工称绿髹为"青漆塗"。

王解本第73页解，"所谓料末，包括漆灰的灰料和颜料"。［按］"料末不精细"，指入漆的绿色颜料研磨得不够精细，使绿推光漆面揩光以后，隐约可见金色的颗点，与调漆灰的"灰料"没有联系。又王解本第74页以"用绿漆加银箔调成的"福建脱胎荷叶形盘为绿沉漆例证。黄成此条记绿推光漆髹涂，福州脱胎荷叶形盘，系用"绿漆加银箔调成的"绿薄料漆拍敷而出。薄料漆拍敷工艺发明于晚清，与绿推光漆髹涂是两种不同的工艺。

120【原典】

紫髹，一名紫漆，即赤黑漆也，有明、暗、浅、深，故有雀头、栗壳、铜紫、骍毛、殷红之数名。又有土朱漆。

【扬明注】

此数色皆因丹、黑调和之法，银朱、绛矾异其色，宜看之试牌而得其所。又，土朱者，赭石也。

【校勘】

骍：蒹葭堂抄本、德川抄本书错为"驊"。驊，同蹉。用于此处语义不通。索解本、王解本随朱氏刻本勘为"骍"。［按］骍，指红毛之马。《礼记·檀弓上》："周人尚赤，大事敛用日出，戎事乘骝，牲用骍。"笔者《图说》《东亚漆艺》《析解》从朱氏刻本用"骍"。

【解说】

这里的"紫漆"泛指赤黑色漆，因红、黑等颜料配比的不同，用银朱还是用绛矾等颜料的不同，紫髹明、暗、深、浅各有不同，其颜色或像雀头黑多赤少，或如栗壳色，或像紫铜色，或像紫马毛的颜色，还有殷红色以及用赭石调合的土朱色等。因为紫髹颜色千差万别，宜于先将紫漆涂在试牌上，待漆固化以后，看颜色深浅是否合适，再决定漆内加色还是加漆，然后再正式髹涂于器物。

121【原典】

褐髹，有紫褐、黑褐、茶褐、荔枝色之等。揩光亦可也。

【扬明注】

又有枯瓤、秋叶等。总依颜料调和之法为浅深，如紫漆之法。

【解说】

褐髹，因调合颜料的不同、颜料配比的不同，有紫褐、黑褐、茶褐、荔枝色、枯瓤色、秋叶色等。因为褐髹色相深于原漆色相，退光以后泽漆揩光，不会留下泽漆的痕迹，所以，褐髹漆器磨退推光以后，可以再泽漆揩光。

索解本第86页解褐髹，"层次浅深，决定于黄色与黑色调配量之多少"。［按］古代"褐色"所指十分宽泛，黄成说"有紫褐、黑褐、茶褐、荔枝色之等"，扬明注"又有枯瓠、秋叶"等。种种"褐"，并不限于黄、黑二色调配而出，由于本色推光漆自身的红棕色相，不加颜料髹涂累积的涂层即呈"赤多黑少之色"（"髹"字本义之一）。

122【原典】

油饰，即桐油调色也。各色鲜明，复髹饰中之一奇也，然不宜黑。

【扬明注】

比色漆则殊鲜妍，然黑唯宜漆色，而白唯非油则无应矣。

【校勘】

比色漆：蒹葭堂抄本、德川抄本扬明注皆书为"比色漆"，朱氏刻本、索解本随用，王解本第76页改为"此色漆"。［按］扬明注将"油饰"与"色漆"做一比较，并没有跨出"油饰"谈"色漆"之意。王解本错改。按文意，笔者《图说》《东亚漆艺》《析解》从两抄本仍用"比色漆"。

【解说】

推光漆本身呈红褐色相，难以调配出浅色。桐油色相透明，调配浅色能使各色鲜明。但是，桐油遮盖力差，髹油无法达到正黑，所以，桐油不宜髹黑。黑髹宜于用漆，白色则非桐油不能调出。

油饰多用于髹涂房屋木构架或低档民具。施工宜于在通风温暖的条件下进行，但要避免冷干风和热干风。所谓"风油雨漆"，就是说，干性油涂层干燥的首要因素是通风，推光漆涂层干燥的首要因素是荫

图122:〔清〕潮州油饰大木构件，笔者摄于广东省博物馆

室内恒定的温湿。用桐油调色髹涂大木构架，有素髹一色，有分块髹涂甚至晕染（图122），所以，《髹饰录》不称"涂油"而称"油饰"。《营造法式》用一卷文字，专门记录大木作油饰用料，在开列工料的同时提到工艺；清代第一部官颁匠作则例——雍正时《工程做法》详细开出了油作用料，拙著《东亚漆艺》中各有收入①。

① "油饰"见宋李诫：《营造法式·卷二十七·诸作料例·彩画作料例》，《文渊阁四库全书》第673册，第613页；清《工程做法·卷五十六·油作用料》，收入故宫博物院编："故宫珍本丛刊"第340册《工程做法·内庭工程做法·乘舆仪仗做法》，海南出版社，2000年版，第4页。笔者《〈髹饰录〉与东亚漆艺——传统髹饰工艺体系研究·〈髹饰录〉缺记的古代髹饰工艺·大小木作髹饰》第63~66页收入两书油饰资料。

123【原典】

金髹，一名浑金漆，即贴金漆也，无癜斑为美。又有泥金漆，不浮光。又有贴银者，易黴黑也。黄糙宜于新，黑糙宜于古。

【扬明注】

黄糙宜于新器者，养益金色故也。黑糙宜于古器者，其金处处摩残，成黑斑，以为雅赏也。癜斑，见于贴金二过之下。

【校勘】

1. 黴黑：蒹葭堂抄本、德川抄本扬明注皆书为"黴黑"。朱氏刻本第134页、索解本第86页随用，王解本第76页改为"霉黑"。《说文解字》："中久雨青黑，从黑，微省声。"笔者《图说》《东亚漆艺》《析解》第2次印刷用"黴黑"。

2. 养益：蒹葭堂抄本、德川抄本扬明注皆书为"养益"，王解本随朱氏刻本亦用"养益"，索解本第87页改作"养宜"。笔者《图说》《东亚漆艺》《析解》从两抄本用"养益"。

3. 成黑斑：蒹葭堂抄本书为"成黑班"，德川抄本改书为"成黑斑"，索解本第87页脱"成"字作"黑斑"。朱氏刻本，王解本，笔者《图说》《东亚漆艺》《析解》从德川抄本用"成黑斑"。

【解说】

广义的"金髹"，指浑金漆，也就是器物遍体髹金。飞金锻制技艺成熟以前，汉代漆工金髹的方法是：在漆内拌入金粉以后髹涂。飞金锻制工艺成熟以后，金髹法有贴金、上金、泥金三种。《唐六典》将"贴金"与"嵌金"作为两类工艺记录，可见，唐人已经有了明确区分"金箔"（飞金）与金片（金薄）的自觉意识。宋徽宗宣和元年（1119年），"后苑尝计增葺殿宇，计用金箔五十六万七千。帝曰：'用金为箔，以饰土木，一坏不可复收，甚亡谓也。'"①"不可复收"，正是指装饰材料是飞金而非金片。可见，宋代大量使用新兴材料飞金，迎来飞金髹饰工艺的丰富多彩蔚成系列。原典有"无癜斑为美"一句，"癜斑"记于《贴金之二过》条下，可证原典所说的"金髹"，主要指贴金。黄成附记了以泥金技法做浑金髹（参见图169-2）以及贴银箔假充金髹的做法并且指出，银箔暴露于空气之中，容易氧化发黑。"黄糙宜于新，黑糙宜于古"句意思是：如果做新金髹漆器，糙漆内宜加入黄色颜料，金髹得黄糙养益，显得金光深厚；如果做仿古金髹漆器，糙漆内宜加入黑色颜料，金髹摩残露出黑糙，显得古雅天然。

贴金工艺如下：在完成中涂即煎糙工艺并且精细研磨的光底漆胎上薄刷快干漆与明油约各半充分搅拌而成的金胶漆，漆工俗呼"打金胶"，待其表干而未实干之时，用竹镊子将金箔连同衬纸夹住，箔面向下贴于金胶漆面，用绵球②隔纸轻轻按压，揭去衬纸，送入荫室待干。贴金务必严格防尘，否则金面会留下疵颣。底胎的细腻平整和打金胶技术的高低直接关系着贴金的长久，如果没有细腻平整的底胎或是不能极其严谨地打金胶、极其严格地把握贴金时间，金箔便会于短期内脱落。木构建筑贴金程序相同，不同只在用胶水或熟桐油打金胶，胶或油内也兑入石黄或银朱，以方便目测打金胶有无遗漏。

上金工艺如下：将若干张金箔连同衬纸塞入中间隔一层纱罗的搅箔粉筒，抽去金箔衬纸，盖上筒盖，将帚笔从小洞伸入搅箔粉筒，搅碎金属箔成粉末，通过筛罗落入搅箔粉筒下连的容器。在完成中涂并且精细研磨的光底漆胎上打金胶，金胶漆表干而未实干之时，用丝绵

---

① 〔元〕脱脱等：《宋史·卷一百七十九·食货下一》，中华书局，1977年版，第13册，第4360页。

② 绵球：指丝绵球。明代人上金用丝绵球，如今南北不一。一般而言，图像越精细，越应该选用纤维长、无飞絮杂质的丝绵球。因丝绵造假手段越来越高明，承金永祥先生见告，他宁可不用化纤丝绵球而选用新疆长纤维棉球。

球裹蘸金箔粉擦敷于金胶漆面或用羊毛帚笔敷扫金箔粉于金胶漆面。蘸金箔粉要饱满，上金要周全无遗漏，用丝绵球处处按压实。如果金胶漆未到火候就上金，将黏附过量的箔粉，并使金面失去应有的光泽；如果金胶漆干透再上金，箔粉就不能牢固地黏附于器面；如果箔粉不饱满再行弥补，后补的金粉很难牢固地黏附于器面并且会有癜斑。送入荫室等金面实干返还原色，用光滑坚硬的铜质或玉质矸金棒滚压金面，使金光进一步发出。

泥金工艺如下：将金箔粉反复精研成为金泥，用丝绵球裹蘸金泥，密密而又均匀地擦敷于表干而未实干的金胶漆面。送入荫室等金面实干返还原色，用矸金棒滚压金面。泥金完毕，焚烧丝绵球，用水漂洗焚烧以后的灰烬，以回收丝绵球内裹蘸的金泥。研制金泥等法，清代迮朗《绘事琐言》①记录甚详。

中国漆器业有"一贴、三上、九泥"之说。就是说，装饰同样大小的漆面，贴金用一张金箔，上金用三张金箔，泥金则需要用九张金箔。贴金光明莹彻但平滑单薄，上金金光内含而不浮于表面，泥金金光沉着厚实且耐久。贴金、上金、泥金后不再罩明，统称"明金"，区别于金髹后罩透明漆的"罩金髹"。

漆器贴、上、泥金之前，都要先对光底漆胎打金胶。用快干漆兑入30%～50%明油，兑油量根据天气冷暖、漆性紧慢灵活加减，再兑入精细研磨的石黄或银朱，若贴银则金胶漆内兑入钛白粉，充分搅拌，用灯绵纸过滤成为金胶漆。兑入明油，是为减缓金胶漆涂层的干燥速度并加大其黏度，使金胶漆涂层在干燥的过程中"拖尾巴"，以赢得从容粘贴金属箔粉的时间。用手掌在光底漆胎上均匀地、薄薄地拍敷

<hr>

① 〔清〕迮朗：《绘事琐言》卷四，《续修四库全书》第1068册，其中，第718～720页"泥金"条记打金箔之法，第720～721页"赤金、田赤金"条记泥金之法，第721～722页"泥银"条记打银箔、泥银之法，可资参照。

金胶漆，不可有毫厘遗漏，漆工呼为"打金胶"，手掌拍敷不到的旮旯，用人发刷蘸少量金胶漆轻拂，金胶漆表干而有黏着力之时，贴、上或泥金。金胶漆面表干而有黏着力的标志是：手摸刚刚脱黏，指叩似有按压跳蚤脊背的空声，漆工俗呼"虼蚤声"。手摸尚黏，说明火候未到；指叩已无空声，说明漆已干透，失去粘贴功能。又有一法，在金胶漆面呵气，看是否成"翳"，成"翳"即雾气不散即可贴金。

王解本第76、77页解金髹，"金髹"是"在器物周身贴金箔的做法"，金胶漆内入石黄或银朱，"为的是可以衬托以后所贴的金，即所谓'养益金色'"，"器物周身贴金后，用丝绵拂扫一次，术语称为'帚金'"。［按］金髹的传统做法有贴金、上金、泥金等，并不限于贴金箔。漆工在金胶漆内兑入石黄或银朱，为的是方便目测打金胶有无遗漏。金胶漆极薄，不能"养益金色"，扬明注"黄糙宜于新器者，养益金色故也"，也就是说，煎糙用黄漆才能"养益金色"。帚金，即晕金，指用帚笔加丝绵球蘸含金量不同的金箔粉一点一点擦敷制为彩金象，极费工时，并非"器物周身贴金后，用丝绵拂扫一次"就是"帚金"。

古代贴金的方法还有：宋李诫《营造法式》记胶水贴金之法；清李斗《扬州画舫录》记水金箔贴金法，各为笔者《东亚漆艺》所汇入①。

———

① 〔宋〕李诫：《营造法式》崇宁本，《文渊阁四库全书》第673册，胶水贴金法见《卷第十四·彩画作制度》；水金箔贴金法见清李斗：《扬州画舫录·卷四新城北录中》，江苏广陵古籍刻印社，1984年版，第92页。参见笔者：《〈髹饰录〉与东亚漆艺——传统髹饰工艺体系研究》第一卷第二章《文法——〈髹饰录〉记录的中古以来漆器装饰工艺》第二节《质色》，第102页。

纹𩴔第四

【扬明注】

𩴔面为细纹属阳者，列在于此。

【解说】

"纹𩴔第四"是黄成自拟章名不是条目，故不将其作为条目进行编号。此章记录了在漆面制造细碎凸起为装饰的刷丝、绮纹刷丝、刻丝花、蓓蕾漆工艺。《纹𩴔》章工艺与《填嵌》章"彰髹"工艺的根本不同在于："纹𩴔"文高于质，属阳；"彰髹"起凹后填漆，文质齐平，属阴。纹𩴔漆器只适合案头雅赏，缺乏视觉冲击力。现代人心浮躁，纹𩴔工艺在中国业已绝迹。

124【原典】

刷丝，即刷迹纹也，纤细分明为妙，色漆者大美。

【扬明注】

其纹如机上经缕为佳，用色漆为难。故黑漆刷丝上用色漆擦被，以假色漆刷丝，殊拙。其器良久，至色漆摩脱见黑缕而文理分明，稍似巧也。

【校勘】

1. 大美：蒹葭堂抄本书为"大美"，德川抄本改为"太美"，王解本79页随朱氏刻本第135页用"大美"，索解本第88页认为"大当作亦"。［按］黄成原意是色漆刷丝更难做也更美，笔者《图说》《东亚漆艺》《析解》从蒹葭堂抄本用"大美"。

2.以假色漆刷丝：蒹葭堂抄本、德川抄本皆书为"以假色漆刷丝"，王解本79页随朱氏刻本同用，索解本第88页认为"以假色漆刷丝"句"以当作似"。［按］扬明原意是，色漆做刷丝纹，要做到地纹分明很难，所以出现了黑漆刷丝上用色漆擦被的假冒做法。笔者《图说》《东亚漆艺》《析解》从两抄本仍用"以假色漆刷丝"。

【解说】

刷丝，指用刷毛稀疏坚挺的特制刷丝刷蘸稠漆，在麹漆面刷出凸起的刷迹作为装饰，以纤细分明如织机上的经线为佳。请区别作为"纹麹"的"刷丝"与第57条作为过失的"刷痕"："刷痕"是过失，"刷丝"则是工艺难度极高的装饰。黑漆地沉着，其上各色皆能鲜明，所以，黑漆地上用色漆做刷丝纹最美，但要做到地、纹如织机上的经线那么纤细分明，很难。在推光漆内兑入鸡蛋清，可以使漆黏稠，刷迹在漆面"站"住，形成明显的刷丝纹。刷丝漆器用久了，色漆摩擦脱落，仍然可见刷丝地、文分明。这样的刷丝手艺，就大致可以算是精巧的了。明代出现了假刷丝做法：在黑漆地上用黑漆做刷丝纹，刷纹干后擦以色漆，用久，刷丝上的色漆便会漫漶。古代刷丝漆器尚待寻访。

王解本第80页解，"刷丝用生漆，刷纹才容易分明，但生漆色深，只宜黑色，不宜调色，所以刷丝用色漆为难"；"这是一种假色漆刷丝的做法。方法是先用黑漆做刷丝，待干之后，上面再上一道色漆"。［按］在推光漆内掺入蛋清做刷丝以使刷丝纹立起，不是用生漆做刷丝。色漆刷丝如不能清晰，工拙毫无遮掩；黑漆刷丝如不能清晰，工拙往往因看不分明而被遮掩；色漆刷丝如不清晰，工拙毫无遮掩。这才是刷丝与地同色，"用色漆为难"的原因。假色漆刷丝不是在黑漆刷丝上再上一道色漆，而是在黑漆刷丝的阳纹上用色漆小心轻拭，因此很难取得真刷丝色纹分明的效果。

125【原典】

绮纹刷丝，纹有流水、洞潨①、连山、波叠、云石皴、龙蛇鳞等，用色漆者亦奇。

【扬明注】

龙蛇鳞者，二物之名。又有云头雨脚、云波相接、浪淘沙等。

【校勘】

叠：蒹葭堂抄本、德川抄本均书为异体字"疉"，朱氏刻本、索解本第88页随用，王解本第80页，笔者《图说》《东亚漆艺》《析解》改用正体字"叠"。

【解说】

绮纹刷丝，指用特制的刷丝刷蘸与漆地颜色不同的稠厚推光漆，在漆面刷出曲线阳纹。"流水、洞潨、连山、波叠、云石皴、龙蛇鳞"指刷纹或像流水回旋，或像山峦起伏，或像层波迭起，或像卷云石皴，或像龙鳞、蛇鳞；扬明补充说：龙蛇鳞指龙鳞、蛇鳞，或像云头雨脚，或像云波相接，或像大浪淘沙……都是任人想象的意象图案。古代绮纹刷丝漆器尚待寻访。

索解本第88页断句为"波、疉云、石皴、龙、蛇、鳞"，认为"龙、蛇、鳞，扬注以为二物，鳞者当为鱼类之代称，故亦可视为三物"。［按］此断句和解读请容商榷。原典用一连串比喻，对绮纹刷丝的意象图案进行形象化表述，其目的正是为帮助漆工驰骋想象，继续创造。如果对任人想象的意象图案落入拘泥考据，恰恰与黄成、扬明用意相反。

---

① 洞潨：念 jiǒngjǐng，水回旋貌。

126【原典】

刻丝花，五彩花文如刻丝①。花、色、地、纹，共纤细为妙。

【扬明注】

刷迹作花文，如红花、黄果、绿叶、黑枝之类。其地或纤刷丝，或细蓓蕾。其色或紫，或褐，华彩可爱。

【校勘】

如刻丝：蒹葭堂抄本、德川抄本皆错书为"如刺丝"，朱氏刻本改为"如刻丝"，索解本第89页改作"为刺丝"，王解本第80页断句为："刻丝花，五彩花文如刻丝花，色、地、纹共纤细为妙。"导致前半句喻词与喻体重复，后半句"色"成单项，与"地、纹"不相称。笔者《图说》《东亚漆艺》《析解》勘为"如刻丝"，断句为"刻丝花，五彩花文如刻丝。花、色、地、纹，共纤细为妙"。

【解说】

刻丝花是一种比刷丝、绮纹刷丝繁难得多的纹麹。其纹分上、下两层：先在漆地上做单色竖纹刷丝或细蓓蕾，颜色或紫，或褐，待其实干，再于其上做红花、黄果、绿叶、黑枝之类的五彩刷丝花纹，看上去像丝织品中的刻丝，花、色、地、纹都要十分纤细。而从实际工艺看，做上层刷丝纹时，漆液难免不淫侵到下层刷丝纹，极难做到花、色、地、纹都纤细清晰。刷丝、绮纹刷丝已不可寻觅，以刷丝为基础工艺的高难度刻丝花工艺，有待发现。

---

① 刻丝：一种通经断纬的织物，兴于唐而盛于宋。用小梭挖缀纬线，使纬线不直贯经线而从花纹轮廓处折向反面，因此正反花色如一，花纹经线与地子经线间被拉开了一丝缝隙，其状如刻，故名"刻丝"，又名"缂丝"。

127【原典】

蓓蕾漆，有细、粗，细者如饭糁①，粗者如粒米，故有秾花、沦漪、海石皴之名。彩漆亦可用。

【扬明注】

蓓蕾其文簇簇，秾花其文攒攒，沦漪其文鳞鳞，海石皴其文磊磊。

【校勘】

1.粗：蒹葭堂抄本、德川抄本皆书为"粗"，朱氏刻本第136页两改为异体字"麤"，索解本，王解本，笔者《图说》《东亚漆艺》《析解》用正体字"粗"。

2.饭：蒹葭堂抄本、德川抄本皆书为古体字"飰"，朱氏刻本第186页、索解本第89页随用，王解本，笔者《图说》《东亚漆艺》《析解》用通行字"饭"。

【解说】

"蓓蕾"，"霞布"条已做解说。"蓓蕾漆"指在完成中涂的漆胎上，用蘸子蘸稠厚的入色推光漆打起蓓蕾般的小疙瘩，随蘸子的疏点、密扑、旋转扑打而出现蓓蕾、秾花、沦漪、海石皴等不同形状的细颗粒，有粗，有细，或像饭粒，或像米粒。黄成设比形容蓓蕾漆，扬明则细分其名，说花纹一簇簇的称"蓓蕾"，花纹攒集而茂密的称"秾花"，花纹如鳞片般起伏的称"沦漪"，花纹圆转的称"海石皴"：未免对意象花纹落入拘泥解释。中国古代蓓蕾漆漆器尚待寻访。现代中国，蓓蕾漆工艺转化成为漆画制作前期局部起花的手段。

---

① 糁：指饭粒时念 sǎn。

而在浦添美术馆，笔者得见日本"堆彩印笼"（图127-1），其地子用蓓蕾漆装饰；在日本漆器之乡木曾，笔者得见日本漆工制作"石目"漆器（图127-2）：于漆胎上涂漆流平之时，均匀蒔播炭粉待干透，固粉，拭漆，漆面因均匀细碎的凸起显得亚光含蓄：正是中国蓓蕾漆工艺遗响。

王解本第81页解，"磊磊，众石貌"。〔按〕《文心雕龙·杂文》："磊磊自转。"笔者以为，按照蓓蕾漆的具体工艺，参照《文心雕龙》，"磊磊"，解释为圈圈纹理如在旋转较为相宜。王先生解为"众石貌"，缺少文献依据，更与具体工艺不合。

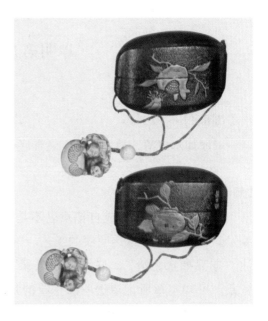

图127-1：〔12世纪〕日本蓓蕾漆地堆彩印笼，选自〔英〕赫伯特《东方漆器艺术与技术》

图127-2：〔现代〕日本石目箔绘漆盘，笔者摄于日本木曾

罩明第五

【扬明注】

罩漆如水之清，故属阴。其透彻底色明于外者，列在于此。

【解说】

"罩明第五"是黄成自拟章名不是条目，故不将其作为条目进行编号。此章记录了罩透明漆的工艺。罩透明漆，简称"罩明"，扬明注"罩漆如水之清"。联系"罩朱髹""罩黄髹""罩金髹""洒金"各条，可知本章所记罩透明漆，罩的是能耐磨退推光的透明推光漆，而不是不耐磨退推光的油光漆。因为透明漆呈红棕色相，罩透明漆难以达到"如水之清"，涂层呈透明棕色，罩明以后的漆器，往往有水中月般的含蓄意趣。

黄成所处的时代，"罩明"仅限于在朱糙、黄糙漆地或金地、洒金地上罩透明漆，透明漆面透出色糙漆地或金地、洒金地，还没有发明隐花（或称"影花""沉花"）工艺，更没有发展成为当代极其复杂的"罩明研绘"。当代，透明漆有罩于阳纹，有罩于堆起高低的图画，罩明工艺不再限于扬明所说"属阴"。

索解本第54页解罩明，"用无色透明的漆，罩在各种颜色不同的漆地上，以增进表面的光滑"，第90页解罩明，"罩上一层无色而稀薄的透明漆"。［按］透明漆并不"无色透明"，罩透明漆既有效地保护了漆下的装饰，更增添了漆艺含蓄、深邃、神秘的美，非为"增进表面的光滑"。

128【原典】

罩朱髹，一名赤底漆，即赤糙罩漆也。明彻紫滑为良，揩光者佳绝。

【扬明注】

揩光者似易成，却太难矣。诸罩漆之巧，更难得耳。

【校勘】

王解本第82页此条下引："《琴经》：'玉徽并蚌，须先用胶粉为底'（寿48）"。〔按〕王解本将朱氏刻本中阚笺误作祖本寿笺引入，末尾缺"之底"二字，对《琴经》原文亦有加减。查蒹葭堂抄本此条"寿笺"加减《琴经》原文如下，"底，读如《琴经》言，'玉徽并蚌徽，须先用胶粉为底'之底，后仿此"。查《琴经》此句原文则是，"凡缀玉徽并蚌徽，须先用胶粉为底，庶得徽不黑"①。两相对照，可知寿碌堂主人不仅错引，还错喻。罩朱髹通过罩透明漆并推光，意在使罩明下的朱色透于漆面；琴徽底面用胶粉打底，意在使琴徽下漆灰的死色被掩盖，不至于透出琴徽表面：两者用意恰恰相反。

【解说】

罩朱髹，指在赤底漆也就是红色的糙漆地子上罩明，以颜色深厚明澈、漆面光滑为好。朱髹罩明以后揩光，漆面明透又有一种深厚的美感，看起来容易做，实际上非常困难。因为黑髹以后泽漆，一般不会留下泽漆的漆迹；而朱髹明度较黑髹为高，泽漆会在朱漆面留下泛褐的漆迹，所以，罩朱髹难做揩光。黄髹、金髹等明度更高，罩明以

---

① 〔明〕张大命辑：《太古正音琴经·卷七·安徽法》，《续修四库全书》第1093册，第442页。这里的"安徽"，非省名，乃指安装琴徽。

后揩光，就更难了。

索解本第91页解罩朱髹，"糙漆的颜色当选取色深近紫"。［按］罩朱髹用朱色漆做糙漆，不用紫色漆做糙漆。透明漆呈半透明红棕色相，罩于红糙地子上，漆层累积，则色近紫。若紫糙即用紫色做糙漆后罩明，则成"罩紫髹"而非"罩朱髹"。

129【原典】

罩黄髹，一名黄底漆，即黄糙罩漆也，糙色正黄、罩漆透明为好。

【扬明注】

赤底罩厚为佳，黄底罩薄为佳。

【解说】

罩黄髹，指在黄底漆即黄色的糙漆地子上罩明，糙漆的颜色要正黄，所罩的漆要浅淡尽量接近透明，罩明以后，漆面才能够接近正黄。如果所罩的透明漆红棕色相较深，就会在黄漆面留下泛褐的漆迹，影响罩黄髹呈色正黄，所以，黄成强调黄髹以"罩漆透明为好"，也就是说，罩黄髹应尽量选择呈色浅淡的透明漆。透明漆的红棕色相厚积于朱髹，能加深朱髹的深厚，所以，罩朱髹以罩厚为佳；透明漆的红棕色相厚积于黄髹，则使黄色不纯无法达到正黄，所以，罩黄髹以罩薄为佳。

索解本第91页解罩黄髹，"扬注说赤底罩厚为佳，似若谓黄髹亦可用赤糙"。［按］透明漆有浓重的红棕色相。赤糙地子上厚罩透明漆，红色显得深邃厚重；黄糙地子上若厚罩透明漆，反而使红、黄交叠，黄色不能鲜纯，所以，黄糙地子上只能薄罩透明漆。索解"黄髹亦可用赤糙"，事实恰恰是不可，因为红、黄交叠，黄髹便显得浑浊。

130【原典】

罩金髹，一名金漆，即金底漆也，光明莹彻为巧，浓淡、点晕为拙。又有泥金罩漆，敦朴可赏。

【扬明注】

金薄①有数品，其次者用假金薄②或银薄。泥金罩漆之次者，用泥银或锡末，皆出于后世之省略耳。浓淡、点晕，见于《罩漆之二过》。

【校勘】

泥金罩漆：蒹葭堂抄本、德川抄本皆书为"泥金罩漆"，朱氏刻本、王解本随用，索解本第 91 页于"泥金罩"后脱"漆"字。笔者《图说》《东亚漆艺》《析解》从两抄本用"泥金罩漆"。

【解说】

罩金髹，指在光底漆胎贴、上、泥金属箔粉成金底漆胎再罩透明漆，总以光明莹彻为好，金面有颣点、晕斑为差。罩漆厚薄不匀，金色便会有浓有淡。浓淡、点晕二病已记于《六十四过·罩漆之二过》。在泥金漆地上罩明，比在贴金漆地上罩明更厚重耐看。古人多将金箔记为"金薄"。金箔有数种，假金箔或银箔上罩明较为低档，在泥银或泥以锡末的漆胎上罩明冒充罩金髹，则是明代以来漆工偷工减料的做法。

---

① 薄：箔字通假，非指厚薄。

② 假金薄：指假金箔。将银箔放入熏箱，以木香和硫磺拌匀作为熏料，点燃料酒后生烟，使银箔在烟和香料、硫磺的熏染下变成淡金黄色。假金箔日久便会发黯。又有以铜箔充金箔者。

131【原典】

洒金，一名砂金漆，即撒金也，麸片①有细粗，擦敷有疏密，罩髹有浓淡。又有斑洒金，其文：云气、漂霞、远山、连钱等。又有用麸银者。又有揩光者，光莹眩目。

【扬明注】

近有用金银薄飞片者甚多，谓之假洒金。又有用锡屑者，又有色糙者，共下卑也。

【校勘】

1.粗：蒹葭堂抄本、德川抄本皆书为异体字"麤"，朱氏刻本第137页、索解本第92页随用，王解本，笔者《图说》《东亚漆艺》《析解》用正体字"粗"。

2.疏：蒹葭堂抄本、德川抄本皆书异体字"疎"，索解本第92页随用，朱氏刻本第137页用异体字"疎"。王解本，笔者《图说》《东亚漆艺》《析解》用正体字"疏"。

3.近有用金银薄飞片者甚多：蒹葭堂抄本、德川抄本此句"有"字右首皆有寿笺"一本作日"。后世各版均不取寿笺异说，仍用两抄本"近有用金银薄飞片者甚多"。

4.共下卑也：蒹葭堂抄本、德川抄本扬明注皆书为"共下卑也"，索解本随用，王解本第84页据朱氏刻本第137页改为"其下品也"。[按]扬明原意是洒金用金银箔飞片、用锡屑、色糙地子都不好。笔者《图说》《东亚漆艺》《析解》从两抄本用"共下卑也"。

---

① 麸片：扬明注所言金箔飞片，参见《利用第一》第2条解说。

图131:〔唐〕"金銀鈿莊大刀"上的末金镂纹样，选
自西川明彦《日本の美術11・正倉院宝物の装飾技法》

【解说】

　　"洒金"条记录了两种洒金。一种是"斑洒金"。其工艺发端于中国唐代，以金筒子装金锉粉即"末金"，用拇指和食指捏住而以中指轻轻弹击，金锉粉便霏霏落下，成云霞、远山、连钱等意象图案，时称"末金镂"，日本正仓院藏中国唐代"金銀鈿莊大刀"（图131），刀鞘上的纹样正是中国唐代漆工用播撒金锉粉再罩明研磨推光的"末金镂"工艺制成的。斑洒金罩明再揩光，光泽就更莹亮眩目了。"末金镂"成为日本莳绘工艺的嚆矢。一种是"假洒金"，工艺是：漆面打金胶表干而未实干之时贴金箔麸片，用丝绵球敷实，待干后罩明。金箔麸片可以有粗细，播撒可以有疏密，罩明可以有浓淡，漆工用于装饰器里，效果单薄而欠含蓄（参见图169-2盒内壁假洒金）。晚明已经有撒麸银、撒锡粉等低劣的"假洒金"做法。扬明补充说，在色糙地子上洒金，不如在黑糙地子上洒金鲜明。

　　《髹饰录》是否记录了"漂霞"工艺？查原典确有"漂霞"二字，细读"其文：云气、漂霞、远山、连钱"，可知原典所说"漂霞"乃指飘若云霞般的花纹，非指工艺。《髹饰录》诞生以前，浙江人郎瑛就已经有记："天顺间有杨埙者，精明漆理，各色俱可合，而于倭漆尤妙。其漂霞山水、人物，神气飞动，真描写之不如，愈久愈鲜也，世号杨倭漆。所制器皿亦珍贵，近时绝少。"①《髹饰录》诞生以后，明末清初方以智《物理小识》记："漂霞者，隐漆也，先画花而漆之，磨出者也。"②"漂霞"作为磨显填漆工艺的一种，既然晚明清初文人多有记录，《髹饰录》为何不将"漂霞"工艺记入其中呢？笔者以为，不排除此种可能：明中期，"漂霞"工艺已经在与日本交往频繁的江南沿海先行流行，尚未深入到徽州；皖人方以智著作中记录了"漂霞"工艺，可知明末清初，"漂霞"作为新工艺已经入皖。

斑洒金在漆面流平即撒，假洒金待漆面表干再撒；斑洒金用金锉粉、金丸粉等有体积感的颗粒，假洒金用金箔麸片。斑洒金在中国失传以后，明代从日本传回中国，清代雍正皇帝喜欢日本莳绘漆器，认为中国仿洋漆漆器"漆水虽好，但花纹不能入骨"③。原因在于：中国假洒金、描金漆器在上涂漆面敷金箔粉，所以金不入漆骨；日本莳绘漆器在中涂漆面撒金丸粉然后固粉罩透明漆研磨再泽漆揩光，所以金入漆骨。

王解本第84页解揩光，"漆地洒金后，上面采用泽漆揩光的做法。它的特点是格外显得光亮"。[按]洒金以后，一般要固粉罩明研磨再揩光。洒金丸粉不罩明就泽漆揩光的做法，笔者在日本曾经得见，其特点不是"格外显得光亮"，而是金丸粉微粒的折光使金光显得含蓄。

---

① 〔明〕郎瑛：《七修类稿·卷四十七事物类》，《四库全书存目丛书·子部一〇二》，齐鲁书社，1995年版，第760页。下引《四库全书存目丛书》不再注出版本。
② 〔清〕方以智：《物理小识·卷八·漆器法》，《文渊阁四库全书》第867册，第912页。
③ 朱家溍选编：《养心殿造办处史料辑览　第一辑　雍正朝》，紫禁城出版社，2003年版，第235页。

描饰第六

【扬明注】

稠漆写起，于文为阳者，列在于此。

【解说】

"描饰第六"是黄成自拟章名不是条目，故不将其作为条目进行编号。此章记录了在完成推光工艺的上涂漆面用漆、油或金箔描饰为花纹不再罩明研磨推光的工艺，扬明注只说"稠漆写起"，忽略了此章除了记有"描漆""漆画"，还记有"描金""描油"。这是注文的缺陷。描饰的花纹高于漆面，所以扬明说"于文为阳"。黄成将"于文为阴"的"描金罩漆"（见第136条）置于《描饰》章而不置于《罩明》章，违背了自己确立的分章原则，这是原典的疏略。

132【原典】

描金，一名泥金画漆，即纯金花文也，朱地、黑质共宜焉。其文以山水、翎毛、花果、人物故事等；而细钩为阳，疏理为阴，或黑漆理，或彩金象。

【扬明注】

疏理，其理如刻，阳中之阴也。泥、薄金色有黄、青、赤，错施以为象①，谓之彩金象。又加之混金漆，而或填，或晕。

① 错施以为象：指交错并施而为图像。原典中，凡"金象"皆指金色的图像，凡"漆象"皆指漆绘的图像，凡"色象"皆指彩色图像，以此类推。

【解说】

  从此条扬明注"泥、薄"及古代存世作品分析,《髹饰录》所记的"描金",指以贴金、上金、泥金为手段制为金色花纹,并不单如黄成所说"泥金画漆"。贴、上或泥金之法,已于《质色》章"金髹"条下解说。金髹的打金胶是用手掌蘸金胶漆全面拍敷于漆面,描金的打金胶则是用笔蘸金胶漆薄绘花纹于漆面。黄成认为,朱地上描金、黑地上描金都很相宜。描金的花纹有:山水、翎毛、花果、人物故事等。金色的花纹上可以金勾阳纹,也可以空出黑漆地成为阴纹,或用黑漆描为阳纹。"理",指双勾轮廓内勾线,如花筋叶脉。图像上不再勾描纹理,称"写意描金";图像上金勾阳纹,称"金理",日本漆工称"付描";图像间空出黑漆地成阴纹,称"疏理",日本称"描割";图像上用黑漆描为阳纹,称"黑理";描金线成白描效果,称"清钩描金"。金箔因成色不同而有"库金""苏大赤""田赤金"等区别,其金色或泛赤,或泛青,或泛黄,用上金之法一点一点擦敷为冷暖变化的金色花纹,叫"彩金象"。"加之以混金漆",指通体髹金的器表再加之以描金花纹。缅甸、泰国不称"描金"而称"箔绘",此称谓业已北传东亚。

图132-1:〔北宋〕檀木内函外壁描金缠枝莲纹,笔者摄于浙江省博物馆

宋代，用飞金描金的技艺登峰造极。浙江省瑞安县慧光塔出土北宋庆历二年"经函（含内漆函、外漆函）"两件并"舍利漆函"，堪称描金绝品。檀木内函外立面赭色地上，描金围起六瓣梅花形开光，开光内细笔渲染成金色缠枝莲纹和鸟纹，开光外描金为地，空出赭色成赭色缠枝莲纹，此即黄成所记"疏理"（图132-1）：开光内金象与开光外赭象互相交替，描金工整细腻，精美莫可言说，耗工不可数计，后世

图132-2：〔清〕山雀桃花纹漆杯混金漆地上描金、戗金为花纹，选自李久芳主编《故宫博物院藏文物珍品大系·清代漆器》

描金工望此兴叹！"混金漆"上再以描金、戗金等法制为花纹，例见北京故宫博物院藏"山雀桃花纹漆杯"（图132-2）。

133【原典】

描漆，一名描华，即设色画漆也。其文各物备色，粉泽烂然如锦绣，细钩皴理以黑漆，或划理。又有彤质者，先以黑漆描写，而后填五彩。又有各色干着者，不浮光。以二色相接，为晕处多为巧。

【扬明注】

若人面及白花、白羽毛，用粉油①也。填五彩者，不宜黑质，

---

① 粉油：这里指炼制时兑入催干剂密陀僧的不干性植物油，俗称"密陀油"，往往调入粉色颜料用于描画。

其外匡朦胧不可辨，故曰彤质。又干着，先漆象而后傅色料[①]，比湿漆设色则殊雅也。金钩者见于��斓门。

【校勘】

1.干着：蒹葭堂抄本、德川抄本皆书为"乾著"，朱氏刻本、王解本、笔者《东亚漆艺》随用，索解本第94页作"乾着"，笔者2007版《图说》用"干著"。新版《图说》《析解》遵从现代汉语出版规范用"干着"。

2.匡："框"字通假。蒹葭堂抄本、德川抄本皆书为"匡"，后世各版保留通假字不改。

【解说】

描漆，或称"描华"，漆工称"彩绘"，指用颜料入漆画出五彩缤纷的花纹。"华"者，花也。黄成以短短的几句话，记录了描漆以后黑理、描漆以后刻理、黑漆地子上描漆、红漆地子上描漆、干设色、先勾描轮廓以后填以五彩、彩漆晕染等多种描漆工艺。扬明则认为，黑漆线廓内填以五彩，会导致线廓朦胧不可辨识，所以，红漆地子上用黑漆勾描线廓再填以五彩为好；如果画人脸、白花、白羽毛，则宜用密陀油调颜料描画。扬明注"金钩者见于��斓门"意在提醒读者：《��斓》章另记一条"金理钩描漆"。

"描漆"是中国古代最为常见的髹饰工艺，战国秦汉漆器上，描漆的图画尤其奇思烂漫。迨至六朝，"描漆"从对神的关注转向对人的关注。安徽马鞍山南郊东吴朱然墓出土漆器十余种六十余件，其上或画有历史故事，如《百里奚会故妻图》《伯榆悲亲图》《季札挂剑图》等；或

---

① 色料：指颜料。

图133-1：〔东吴〕《贵族生活图》漆盘，朱然墓出土，马鞍山市博物馆藏，陈华锋供图

画有现实生活，如《贵族生活图》《童子对棍图》《童子戏鱼图》《狩猎图》《梳妆图》等；或画有神仙故事，如《持节导引升仙图》等，配以凤鸟、麒麟、飞廉、天鹿、花、鸟、鱼、藻图案。这些漆画，不再有楚汉漆画的诡谲烂漫，而以写实画风宣扬忠孝节义或吉祥符瑞；画上多用渲染，不再仅仅用线条勾勒，漆器背面都有"蜀郡作牢"漆书文字。其中，"《季札挂剑图》漆盘"藏于安徽省文物考古研究所；"《贵族生活图》漆盘"（图133-1）藏于马鞍山市博物馆：各被国家文物局列为不得出境文物。"蜀郡"这批绘有漆画的漆器可证，在东晋建康凹凸画法流行之前，西域凹凸画法已见于西蜀。南方画风传到北方。山西大同北魏司马金龙墓出土的"漆绘《孝子列女图》木板屏风"（图133-2），与东

晋顾恺之《列女仁智图》画风相近，也被国家文物局列为不得出境文物。考司马金龙父司马楚之为东晋王族，因南方政权更替而奔北，屏风画粉本可能来自南方，极为典型地体现出南北文化的交流。以上漆器上的描漆图画，成为绢本纸本绘画真迹极少留存情况下极其珍贵的绘画真迹。

干着，漆工俗称"干设色"。用油或漆画花纹趁涂层表干以后，用棉球裹蘸颜料粉擦敷其上，用力逐渐加重至全面擦敷到位形成彩色花纹。其成品表面呈亚光效果，一反"湿设色"的反

图133-2：〔北魏〕木板屏风漆画，司马金龙墓出土，山西博物院藏，笔者摄于"琅琊王——从东晋到北魏"展

光，显得朴雅含蓄。干设色工艺关键在于把握火候：油漆尚湿则淹没色粉，使色不鲜亮；油漆已干，则色粉无法黏附。农业社会，干设色多用以装饰民具，平遥干设色漆器（图133-2）曾经有名。

王解本第90页解，"'干著色描漆'，是与'湿著色描漆'相对而言的。它的做法是先用漆画花纹，然后用帚笔将干的色料粉末，傅扫上去"。〔按〕傅扫是不能使颜料牢固附着于漆面的，唯一办法是涂层表干状态下用力擦敷且力量随擦敷深入而逐渐加重。

图133-3:〔清〕干着色漆盒，平遥张锦藏，笔者摄于平遥

134【原典】

漆画，即古昔之文饰，而多是纯色画也。又有施丹青而如画家所谓没骨者，古饰所一变也。

【扬明注】

今之描漆家不敢作。近有朱质朱文、黑质黑文者，亦朴雅也。

【解说】

黄成将"描漆"界定为勾勒填彩和干着色而成的工笔重彩，另设"漆画"一条，专指漆器描饰中的没骨画（图134-1）和纯色画（图134-2）。这里的"漆画"，指漆器上用一种色漆描画纹饰，或用兑入颜料的彩漆画为没骨画，与现代漆画不是一个概念。战国秦汉漆器上用一种色漆描绘的图画，正是"纯色画"。没骨画法始于唐五代，宋代黄休复《益州名画录》记唐五代滕昌祐："字胜华，先本吴人，随僖宗入蜀……其画蝉蝶草虫，谓之点画，盖唐时陆果、刘褒之类

图134-1：〔清〕单漆笔筒上的没骨画，笔者摄于成都市博物馆

图134-2：〔汉〕湖北江陵出土漆龟盾上的纯色画，选自索予明主编《中华五千年文物集刊·漆器篇》

也。"①区别于按稿勾描的工笔重彩，点染而成的没骨画需要娴熟的造型功力，不是依样画葫芦的工匠所敢画的。明代有在朱漆地上画朱色纹饰、黑漆地上画黑色纹饰的描漆漆器，很是朴雅。"朱质朱文、黑质黑文"的描漆工艺，现已不可寻觅，访问成都漆工得知其法：在推光后的黑漆面用漆画花纹，表干之时，用汽油将漆绘花纹洗去，画过的地方亮光褪去，露出亚光的黑色光纹；或用烧漆——煎制过头的无性漆在黑推光漆面画花纹，下窖不待干透，用不干性油将不干的漆揩净，黑漆地上，花纹若有若无。日本"黑质黑文"的黑莳绘漆器十分雅致含蓄，其工艺远比中国"黑质黑文"的描漆工艺复杂。

---

① 〔宋〕黄休复：《益州名画录·卷下·能格中品五人·滕昌祐》，《丛书集成新编》第53册，台湾新文丰出版公司，1985年版，第216页。

135【原典】

描油，一名描锦，即油色绘饰也，其文飞禽、走兽、昆虫、百花、云霞、人物，一一无不备天真之色。其理或黑，或金，或断。

【扬明注】

如天蓝、雪白、桃红，则漆所不相应也。古人画饰多用油，今见古祭器中有纯色油文者。

【校勘】

1.王解本第93页引："《三礼图》：'洗，其外油画水文菱花及鱼以饰之。又鸡彝，此舟漆赤中，惟局足内青油画鸡为饰。'（寿52）"［按］蒹葭堂抄本、德川抄本上方此条寿笺非如王引，王解本将朱氏刻本上阚铎改写后的笺注误作祖本寿笺引入。明刘绩《三礼图》原文非"舟漆"，乃"丹漆"。

2.描锦：蒹葭堂抄本、德川抄本皆书为"描锦"，王解本随朱氏刻本亦用"描锦"，索解本第96页误作"描饰"。笔者《图说》《东亚漆艺》《析解》从两抄本用"描锦"。

3.不相应：蒹葭堂抄本、德川抄本皆书为"不相应"，王解本随朱氏刻本亦用"不相应"，索解本第96页改作"不能应"。笔者《图说》《东亚漆艺》《析解》从两抄本用"不相应"。

【解说】

描油，指用炼制过的熟干性植物油调色描绘花纹。大漆本身色相偏深，难以调配出天蓝、雪白、桃红一类浅淡的颜色。用熟干性油调色，呈色较大漆浅淡，同时有效地避免了颜料暴露于空气之中的氧化，所以，古人用经过炼制的干性油调入颜料描饰漆器。油干性慢，描油所用的干性油中往往加入催干剂密陀僧，成"密陀油"，所以，古代

图135：〔18—19世纪〕琉球密陀
绘漆盘，日本浦添美术馆藏并供图

称描油为"密陀绘"。用密陀油调色，可以画出飞禽、走兽、昆虫、百花、云霞、人物等并且各色鲜明，灿若锦绣，所以，黄成又称描油为"描锦"。彩油象上，或用黑漆细勾皴纹脉理，或金勾皴纹脉理，或用刀刻划皴纹脉理。扬明亲见漆器描饰多用油，祭祀用漆器中，有纯以一种颜色的密陀油描画花纹的。

中国的描油工艺起于何时？已知马王堆汉墓出土描油漆盒，同墓简册记为"油画"；"曹魏已有言密陀僧漆画之事"[①]。飞鸟时代，密陀绘传入日本，日本飞鸟时代国宝"玉虫厨子""传橘夫人念持佛厨子"藏于奈良法隆寺，琉球密陀绘亦多制为皇室器具上的高档装饰。浦添市美术馆藏有18—19世纪琉球密陀绘漆盘等大量密陀绘漆器（图135）。目前，中国描油工艺多用于民间器具的髹饰。

136【原典】

描金罩漆，黑、赤、黄三糙皆有之，其文与描金相似。又写意则不用黑理。又如白描，亦好。

---

① 郑师许：《漆器考》，中华书局，1936年版，第18页。

【扬明注】

今处处皮市多作之。又有用银者，又有其地假洒金者，又有器铭诗句等以充朱或黄者。

【校勘】

以充朱或黄者：蒹葭堂抄本扬明注"朱"字前书有小字"充"（影本22），德川抄本脱"充"字书为"以朱或黄者"（影本23），王解本

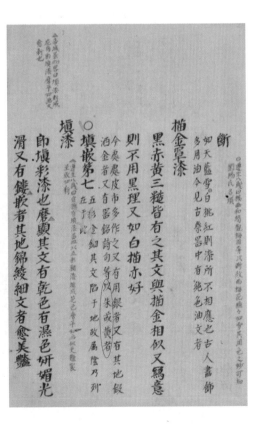

影本22：蒹葭堂抄本此条扬明注书为"以充朱或黄者"　　影本23：德川抄本此条扬明注脱"充"字书为"以朱或黄者"

第94页随朱氏刻本第140页、索解本第97页也脱"充"字。[按]扬明意思是说：银色的图文上叠加透明漆厚，则图文呈红金色；叠加透明漆薄，则图文呈黄金色，可见，德川抄本脱"充"字错。笔者《图说》《东亚漆艺》《析解》皆从蒹葭堂抄本用"以充朱或黄者"。

【解说】

描金罩漆是明清民用漆具上十分常见的髹饰工艺，透明漆下的糙漆地子有黑色，有红色，有黄色；有描金以后勾描纹理，有写意描金不勾描纹理，还有白描描金。明代就有用银箔制为描金罩漆的，有漆地上撒银箔碎片以后罩明的，又有在糙漆地子上题写诗句贴银箔以后罩明的。银色的图文上叠加透明漆厚，图文呈红金色；叠加透明漆薄，图文呈黄金色。描金罩漆工艺迄今广见于中国民间，贴银箔、铝箔罩明冒充"描金罩漆"者为最常见（图136）。"描金罩漆"还广传东亚，成为越南、俄罗斯等国最为流行的漆器髹饰工艺。

图136:〔现代〕描金罩漆糌粑罐，西藏漆工制，选自《中国现代美术全集·漆器卷》

王解本第94页解："白描描金罩漆是用金色画花纹轮廓，以线条为主，不像一般的描金罩漆，花纹的组成是由金色的片或面，用笔涂抹出来的。"[按]一般而言，描金罩漆漆器上金色的片面是通过贴、上、泥金工艺呈现的，不是"金色的片或面，用笔涂抹出来的"。

填嵌第七

【扬明注】

五彩金钿，其文陷于地，故属阴，乃列在于此。

【解说】

"填嵌第七"是黄成自拟章名不是条目，故不将其作为条目进行编号。此章记录了用彩漆、金银片、螺钿片等在漆胎上制为花纹、髹漆覆盖花纹干固后磨显推光的工艺（"镂嵌填漆"例外），成品文质齐平，扬明注"故属阴"。

《填嵌》章工艺是髹饰工艺中变化最为丰富的大类，关于"填"，黄成就记有"磨显填漆""镂嵌填漆"两类，"磨显填漆"下又记有"绮纹填漆""彰髹""犀皮"三种；关于"嵌"，就记有"嵌螺钿""嵌金银"两类，"嵌金银"下，又有"片嵌""沙嵌""丝嵌"三种，"嵌螺钿"下，有嵌厚螺钿、嵌薄螺钿、嵌螺钿沙之别。

除了"镂嵌填漆"系局部磨显，《填嵌》章工艺必不可少的共同程序是：起花于漆胎干后，全面覆盖推光漆待干固再全面磨显，使成品文质齐平。磨显，即"磨现"，日本漆工称"研出"，指通过研磨，显露出埋伏于漆下的花纹，有磨灰显露花纹再磨漆以显露花纹、只磨漆以显露花纹两种。尽管磨显填漆工艺变化万千，却是有规律可循的：除"镂嵌填漆"外，都是先起花，后填漆，再磨显。起花的方法，无非用工具，用媒介物（即第18条"雹堕"所记"引起料"），用填嵌材料，现代漆工还用稀释剂。"填嵌"与"镶嵌"两大类工艺的根本不同在于：填嵌工艺中的"镂嵌填漆"在上涂漆面刻纹，"磨显填漆"在中涂漆面起花，成品都文质齐平；镶嵌工艺在上涂漆面镶嵌，成品文高于质。

137【原典】

填漆，即填彩漆也，磨显其文，有干色，有湿色，妍媚光滑。又有镂嵌者，其地锦绫细文者愈美艳。

【扬明注】

磨显填漆，麲前设文；镂嵌填漆，麲后设文。湿色重晕者为妙。又一种有黑质红细文者，其文异禽怪兽，而界郭空闲之处皆为罗文、细条、縠绉、粟斑、叠云、藻蔓、通天花儿①等纹，甚精致。其制原出于南方也。

【校勘】

1.空闲：蒹葭堂抄本、德川抄本扬明注皆书为"空间"，索解本第98页随用，王解本第95页随朱氏刻本第140页改为"空闲"。按文意，笔者《图说》《东亚漆艺》《析解》从朱氏刻本用"空闲"。

2.縠：蒹葭堂抄本此字秃宝盖下书为"米"（影本24），德川抄本此字秃宝盖下改书为"系"（影本25）。［按］縠，念hú，指表面起皱的平纹丝织物，苏轼用以形容水波，《临江仙》："夜阑风静縠纹平。"原典下接"绮纹填漆"条。按绮纹填漆纹样形状，德川抄本用"縠"字正确。王解本第95页随朱氏刻本第140页用"縠"，索解本第98页随蒹葭堂抄本用"縠"，笔者《图说》《东亚漆艺》《析解》从德川抄本用"縠"。

【解说】

"填漆"，含磨显填漆、镂嵌填漆两类。《填嵌第七》章下，"绮纹

---

① 通天花儿：指全器铺天盖地满饰细碎的小花纹。

影本24：蒹葭堂抄本秃宝盖下书为"米"

影本25：德川抄本秃宝盖下书为"系"

填漆""彰髹""螺钿""衬色蜔嵌""嵌金、嵌银、嵌金银""犀皮"都属于"磨显填漆"，独缺"镂嵌填漆"一条，这是原典的局限。本条条头"填漆"若改为"镂嵌填漆"，顿可裨补阙漏。笔者尊重原典原貌不改。

"磨显填漆"与"镂嵌填漆"的不同在于：磨显填漆在完成糙漆工艺的光底漆胎上设纹，镂嵌填漆在完成上涂的漆面刻纹；磨显填漆填漆为质，镂嵌填漆用漆填纹；磨显填漆需要全面磨显，镂嵌填漆

图137-1:〔清中期〕镂嵌填漆大花瓶,北京故宫博物院藏,选自王世襄编著《中国古代漆器》

只磨显其纹。磨显填漆之起花,有用湿漆,有用干色粉,有用螺钿、金银片,以用湿漆晕染为好看;镂嵌填漆则宜在漆面刻为罗文、细条、丝皱纹、粟斑、叠云斑、藻蔓或满细花后,填漆待干固磨平,填漆花纹地子上,再填漆为主体花纹为最美艳。"磨显填漆"与"镂嵌填漆"成品共同的特点是推光以后文质齐平妍媚光滑,区别于《雕镂》章、《鎗划》章成品的文质不平。

"镂嵌填漆"是明代人新创。明代人刘侗、于奕正《帝京景物略》记,"填漆刻成花鸟,彩填稠漆,磨平如画,久愈新也。其合制贵小,其古色苍然莹然,其器传绝少,故数倍贵于剔红"[①]。明中晚期至清前期,镂嵌填漆漆器进入宫掖(图137-1)。扬明据目击说,一种黑地红细文的镂嵌填漆,以异禽怪兽为主要纹样,以罗纹、细条纹、水波纹、粟粒状的斑纹、叠云纹、水藻纹、藤蔓纹或是碎花之类的纹样满铺为地子,非常精致:这样的制品本出于南方。清代贵州正有此种黑质红细纹的漆

---

① 〔明〕刘侗、于奕正:《帝京景物略》,古典文学出版社,1957年版,所引见卷四,第69页。

器，"镂车铁笔，花鸟赋形，斫轮承蜩之技也；雕虫镂卉，运斤成风，崔青蚓、边鸾之手也"①。明清中国西南黑质红细纹的镂嵌填漆漆器，至今见存于云南民间（图137-2），其工艺流行于西双版纳傣族聚居区域而至于东南亚，缅甸、泰国、日本漆工称"蒟酱"②（图137-3）。

图137-2：〔近代〕中国西南黑质红细文的镂嵌填漆漆盒，云南赵天华藏并供图

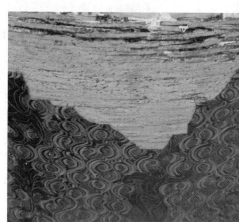

图137-3：〔近代〕用镂嵌填漆工艺制成的缅甸传统蒟酱漆器，笔者摄于缅甸蒲甘文物商店

---

① 〔清〕田雯编：《黔书·卷四·革器》，《丛书集成初编·黔志（及其他一种）》，中华书局，1985年版，所引见第79页。

② 蒟酱：日本藤田敏彰考证，东南亚人用植物キンマーター的叶子包起槟榔果与石灰，放在嘴里咀嚼，槟榔果、石灰与キンマーター的叶子各自存放在漆盒内，三个漆盒是成套的，外壁镂划线纹再填漆，于是，漆器外壁镂划线纹再填漆的工艺便被称为キンマ即"蒟酱"。见藤田敏彰：《ミセンマーの漆芸》，载于大西长利：《アジアのうるし·日本の漆》，东京凸版印刷株式会社，1996年版，第63页。笔者查得，"蒟酱"一词初见于东汉荀悦《汉纪》，晋嵇含《南方草木状》、明李时珍《本草纲目》记录了中国西南植物"蒟酱"及西南民族包槟榔果与石灰咀嚼的习俗，兼考《髹饰录》扬明注"又一种有黑质红细文者，其文异禽怪兽，而界郭空闲之处皆为罗文、细条、縠绉、粟斑、叠云、藻蔓、通天花儿等纹，甚精致。其制原出于南方也"与清代田雯《黔书》可证，"蒟酱"一词及工艺先出自中国西南。参见笔者：《长北漆艺笔记》，江苏凤凰美术出版社，2018年版，第179～180页。

138【原典】

绮纹填漆，即填刷纹也。其刷纹黑，而间隙或朱，或黄，或绿，或紫，或褐。又文质之色互相反，亦可也。

【扬明注】

有加圆花文或天宝海珍图①者。又有刻丝填漆，与前之刻丝花可互考矣。

【校勘】

1. 海珍：蒹葭堂抄本、德川抄本扬明注皆书为"海珍"，索解本第99页随用，王解本第99页随朱氏刻本第141页改为"海琛"。"海珍"无错且较"海琛"浅显，笔者《图说》《东亚漆艺》《析解》从两抄本仍用"海珍"。

2. 刻丝花：蒹葭堂抄本、德川抄本扬明注皆书为"刻丝花"，王解本随朱氏刻本亦用此，索解本第98页脱"丝"字。笔者《图说》《东亚漆艺》《析解》从两抄本用"刻丝花"。

【解说】

绮纹填漆是"磨显填漆"的一种，指在光底漆胎上用特制漆刷先做出绮纹刷丝，再全面覆盖不同颜色的色推光漆，待干固，磨显出埋伏于漆下的绮纹，推光。黑色的刷丝纹之间，或填以朱漆、黄漆、绿漆、紫漆、褐漆，或纹、质之色相反。扬明注说，或做出圆花、八宝等图案；又有刻丝填漆，用纤细的刷迹或细蓓蕾做地子，再用刷丝做出红花、黄果、绿叶、黑枝之类的花纹，待干填漆，待干固，磨显出

---

① 天宝海珍：指明清工艺品中常见的宝珠、方胜、玉磬、犀角、古钱、珊瑚、银锭、如意等八宝图案。

文质相平的刻丝花①。古代绮纹填漆漆器尚待寻访，遑论刻丝填漆。现代，绮纹填漆在中国退而成为漆画制造局部肌理的手段。

139【原典】

彰②髹，即斑文填漆也，有叠云斑、豆斑、粟斑、蓓蕾斑、晕眼斑、花点斑、秾花斑③、青苔斑、雨点斑、纹斑④、彪斑⑤、玳瑁斑、犀花斑、鱼鳞斑、雉尾斑、绉縠纹、石绺纹等，彩华瓒然可爱。

【扬明注】

有加金者，璀璨眩目。凡一切造物，禽羽、兽毛、鱼鳞、介甲有文彰者，皆象之，而极仿模之工，巧为天真之文，故其类不可穷也。

【校勘】

1. 玳瑁：蒹葭堂抄本、德川抄本皆书异体字"瑇瑁"，朱氏刻本第141页、索解本第100页随用，王解本第100页改为"玳瑁"，笔者2007版《图说》第121页、《东亚漆艺》第473页用"瑇瑁"，《析解》第172页用正体字"玳瑁"。按现代汉语出版规范，新版《图说》用正体字"玳瑁"。

2. 绉縠纹：蒹葭堂抄本书为"绉縠纹"（影本26）（"縠"乃"谷"字繁体），德川抄本书为"绉縠纹"（影本27）。王解本第100页随朱

---

① 刻丝花：请参见《纹𪒘》章第126条解说。
② 彰：指文章、文采。
③ 秾花斑：指密集的花斑纹。秾：念nóng，草木葱郁茂盛之貌。
④ 纹斑：纹，念wén，《广韵》载，"青与赤杂"，《集韵》载，"古通作文"。纹斑，即花斑。
⑤ 彪斑：虎皮的斑纹。

氏刻本第141页，笔者2007版《图说》第121页用"绮縠纹"，索解本第100页改用"绮壳纹"。［按］上条绮纹填漆做出的纹样状如水波，本条彰髹做出的花纹则是各式斑纹。绮纹填漆用"绮縠纹"形容较为妥帖，斑文填漆用"绮谷纹"形容较为恰当。笔者新版《图说》《东亚漆艺》《析解》从蒹葭堂抄本，简体本用"谷"，繁体本用"縠"。

3.瑸然：蒹葭堂抄本、德川抄本皆书为"瑸然"，王解本随朱氏刻本亦用"瑸然"，索解本第100页改为"缤然"。缤，缤纷，繁多杂乱貌；瑸，指美玉的斑纹。彰髹斑纹确如美玉之斑。两抄本用词无错，笔者《图说》《东亚漆艺》《析解》从两抄本用"瑸然"。

影本26：蒹葭堂抄本此条书为"绮縠（谷）纹"　　影本27：德川抄本此条书为"绮縠纹"

【解说】

古汉语中，"彰"通"章"，"文"通"纹"。彰髹，又名"斑文填漆"。工艺是：在漆胎上涂刷稠厚的推光漆，待其流平，将豆、粟、棕丝、纸团、树叶之类的引起料播撒在湿漆面，下窨等待外露的漆实干以后，剔除引起料成凹陷的斑纹，用樟脑油洗净凹斑内未干的残漆，用头发蘸瓦灰水磨去凹斑内外浮光以后吹干，填漆数遍就平凹斑，再全面覆盖色推光漆，下窨耐心待其干固磨显出斑纹，推光。其成品模仿天工又极尽人巧，穷极变化又十分自然，五彩华章如美玉般可爱。根据斑纹形状，黄成形容其纹为：叠云斑、豆斑、粟斑、蓓蕾斑、晕眼斑、花点斑、茂密的花斑、青苔斑、雨点斑、青赤混杂的花斑、虎皮斑、玳瑁斑、犀牛角的花斑、鱼鳞斑、雉尾斑、皱纹或是谷粒纹、石绺纹等，都是意象花纹，任人想象，后人不必拘泥考证。因为彰髹可以逼真地模仿出禽羽、兽毛、鱼鳞、介甲等自然生物的一切斑纹，所以扬明注"其类不可穷也"。

尽管彰髹形成的斑纹"其类不可穷"，其工艺却是有规律可循的，都是在漆胎上遍刷湿漆以后，以引起料为媒介制造凹斑，填漆磨显出斑纹再推光。重庆沈福文氏的经典作品"棕丝纹彰髹漆瓶"（图139-1），正是以烟丝为引起料造出凹纹，填红漆磨平；再以棕丝为引起料造出凹纹，填黑漆磨显成

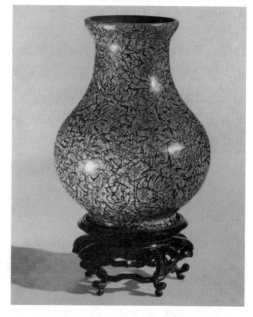

图139-1：〔现代〕烟丝棕丝纹彰髹漆瓶，作者并供图者：重庆沈福文

图139-2:〔现代〕树叶纹彰髹加金漆罐,作者并供图者:台湾南投黄丽淑

器的。彰髹加金,则是在漆胎剔除引起料以后的凹斑内打金胶,待其表干,贴金箔或上箔粉,待其实干,罩色透明漆数遍,下窨耐心等待干固,磨显,推光,漆下或有金光闪耀,或如宝石璀璨,中国漆工称彰髹加金罩明为"宝石闪光",罩红透明漆称"赤宝砂",罩绿透明漆则称"绿宝砂"。台湾漆艺家黄丽淑"彰髹加金漆罐"(图139-2),以树叶为引起料造出凹斑,凹斑内涂漆,趁漆湿撒粉,待漆表干时贴银箔,待其实干,分次填入绿透明漆、红透明漆以后,全面罩明,下窨耐心等待干固再磨显成花,视觉效果璀璨眩目。中国的彰髹工艺传到日本,日本漆工创造出多种变格并且即斑赋名,如"綾紋塗""砂子塗""紅葉塗""松皮塗""青竹塗"等,源头正在中国彰髹。

140【原典】

螺钿,一名蜔嵌,一名陷蚌,一名坎螺,即螺填也,百般文图,点、抹、钩、条,总以精细密致如画为妙。又分截壳色、随彩而施缀者,光华可赏。又有片嵌者,界、郭、理、皴皆以划文。又近有加沙者,沙有细粗。

【扬明注】

　　壳片古者厚而今者渐薄也。点、抹、钩、条，总五十有五等，无所不足也。壳色有青、黄、赤、白也。沙者，壳屑，分粗、中、细，或为树下苔藓，或为石面皱文，或为山头霞气，或为汀上细沙。头屑极粗者，以为冰裂文，或石皱亦用。凡沙与极薄片宜磨显揩光，其色熠熠。共不宜朱质矣。

【校勘】

　　1.蜔嵌：蒹葭堂抄本、德川抄本皆书为"蜔嵌"，朱氏刻本、索解本随用，王解本第101页改为"甸嵌"。查《康熙辞典》："蜔，亭联切，音甸。"王解本错改。笔者《图说》《东亚漆艺》《析解》从两抄本用"蜔嵌"。

　　2.坎螺：王解本第102页释"坎"："《周易·序卦》：'坎者，陷也。'"［按］《周易》六十四卦中无《序卦》，语出《易传·说卦传》："坎，陷也。"①原文无"者"字，系王解本衍出。

　　3.总以：蒹葭堂抄本、德川抄本皆书为"总"，索解本第101页随用，王解本、笔者2007版《图说》随朱氏刻本加字成"总以"，笔者《东亚漆艺》第474页随抄本用"总"，《析解》第173页未校出成"以"。［按］"总以"文意比"总"、比"以"通顺，笔者新版《图说》按朱氏刻本用"总以"。

　　4.郭：通"廓"。蒹葭堂抄本、德川抄本皆书为通假字"郭"。其后各版用通假字不改。

---

　　① 《易传·说卦传》，《周易正义》，李学勤主编：《十三经注疏》，北京大学出版社，1999年版，第329页。

5.粗：蒹葭堂抄本、德川抄本皆书为"粗"，朱氏刻本第142页改为异体字"麤"。王解本，索解本，笔者《图说》《东亚漆艺》《析解》从抄本用通行字"粗"。

【解说】

漆器上的贝类镶嵌，归其大类，不外填嵌与镶嵌两种。黄成说"螺钿，一名蜔嵌，一名陷蚌，一名坎螺，即螺填也"，可见此条专指在漆胎上粘贴螺钿花纹再全面髹漆磨显到文质齐平再推光的"嵌螺钿"。

此条中，黄成记录了两种嵌螺钿：嵌厚螺钿、嵌薄螺钿、嵌螺钿沙屑并简要叙述其工艺差异，笔者解说如下：分块锼出螺钿图案边界轮廓，在漆坯上拼合为图案，做灰漆覆盖螺钿片，干后磨显出螺钿片，于螺钿片上毛雕出花筋、叶脉、石皴与人物五官、衣纹、衣花等，再全面髹涂黑推光漆，磨显，推光，螺钿片拼合的线缝成了黑漆纹理，螺钿片上刻划的皴纹脉理也成了黑漆纹理，显然指嵌厚螺钿工艺；将青、黄、赤等色的螺贝薄片用模凿切割成"点、抹、钩、条"等百般基本形，"分截壳色、随彩而施缀"即按螺片的不同颜色拼斗为"精细密致"的图画，全面匏漆，待干固，磨显，推光，显然指嵌薄螺钿工艺。扬明补记说，与嵌螺钿同步，撒螺钿沙屑成树下苔藓、石面皴文、山头霞气、汀上细沙，再髹漆，待干固，磨显，推光，显然指嵌螺钿沙屑。一般以粗螺钿沙屑与硬螺钿并施，细螺钿沙屑与薄螺钿并施，极粗的螺钿沙屑用作镶嵌冰裂纹或石皴。扬明注"壳片古者厚而今者渐薄"，符合宋元漆器所嵌螺钿由厚变薄的实际状况。扬明又借河图之数说"点、抹、钩、条，总五十有五等"极言薄螺片基本形之多，"五十有五"非关实数。螺钿片和螺钿沙屑的天然霞光，在黑漆地子上能得到很好的衬托，磨显灰擦推光以后再泽漆揩光，螺钿更加熠熠生辉。

王世襄先生从浚县辛村西周墓葬发现"蚌组花纹"出发，认为其

图140-1：〔北宋〕嵌螺钿黑漆经匣，发现于苏州瑞光塔塔心窖穴，
选自陈晶编《中国美术分类全集·中国漆器全集4　三国—元》

"应为我国螺钿的初制"①，忽略了原典"螺钿"的定义指向填嵌螺钿而
后髹漆待干固磨显出漆面的"蜔嵌，一名陷蚌，一名坎螺，即螺填"。
西周漆器上的"蚌泡组花纹"有一定体积，按《髹饰录》分类"其纹
属阳"，《髹饰录》记录的嵌螺钿则"其纹属阴"。

　　"坎螺，即螺填"工艺成熟于填嵌工艺扎堆成熟的唐代。存世最早
的嵌螺钿即"螺钿平脱"漆器，为日本奈良东大寺藏唐代嵌螺钿圆漆
盒②，盒面嵌螺钿为唐花，花瓣内嵌水晶，器形完好。境内现存最早的
嵌螺钿漆器，则是浙江湖州飞英塔外塔中空穴内发现的五代"嵌螺钿
黑漆经匣"，虽已散架，底板外壁有朱漆书"吴越国顺德王太后谨拾
（施）宝装经函肆只……永充供养时辛亥广顺元年（951年）十月日题
记"47字，弥足珍贵。境内现存最早完整的嵌螺钿漆器，则是苏州瑞光
塔塔心砖龛内发现的北宋"嵌螺钿黑漆经匣"（图140-1）。笔者往苏
州博物馆库房观摩此器，测得脱落的夜光螺片厚1.08毫米，布漆工艺、

①　王世襄：《中国古代漆工杂述》，《文物》1979年第3期。此说未久便为周南泉等先生
质疑，见周南泉等《螺钿源流》，《故宫博物院院刊》1981年第1期。王解本第102页也将镶嵌
蚌泡视为"螺填"起源。
②　奈良国立博物馆"第71回正仓院展"中，日方标明此盒为唐代作品。

图140-2：〔南宋〕嵌薄螺钿楼阁人物纹漆奁，日本永青文库藏，选自日本根津美术馆《宋元の美——伝来の漆器を中心に》

做灰工艺、髹漆磨显推光工艺……与20世纪嵌螺钿工艺几乎无异①。

徽宗朝，嵌薄螺钿漆器艺术得到了充分发展。因为嵌薄螺钿漆器耗工耗财极巨，高宗时曾令尽毁②。南宋，温州、杭州成为中国漆器制造中心，嵌薄螺钿漆器工艺登峰造极，从画院待诏苏汉臣《秋庭婴戏图》所画"嵌薄螺钿鼓凳"（图140-2）可见一斑。日本永青文库藏中

① 陈晶女史认为，苏州瑞光塔发现的嵌螺钿黑漆经匣系五代文物，见《中国美术分类全集·中国漆器全集4 三国—元》，福建美术出版社，1998年版，第66页。因同塔发现真珠舍利宝幢，盛装宝幢的木函上有"大中祥符六年（1013年）……"墨书，所以，学者多推断嵌螺钿黑漆经匣为北宋文物。

② 〔宋〕卢宪：《嘉定镇江志》记："建炎戊申（1128年）高宗幸镇江，先是本府寄留温、杭二州上供物，有以螺钿为之者。帝恶其奇巧，令知府钱伯言毁之。"江苏大学出版社，2014年版，所引见卷二十一"杂录"条。《清波杂志》《建炎以来朝野杂记》《建炎以来系年要录》以及《宋史》《宋会要》等各记录销毁之物中有螺钿椅桌，《宋会要辑稿》甚至记录被毁供物中有螺钿椅子、桌子、脚踏等家具36件。

国南宋"嵌螺钿楼阁人物纹漆奁"(图140-3),卷木制为莲瓣形多层撞合,造型毫忽不苟,多层缝口严密,奁盖顶嵌薄螺钿为楼阁人物,奁身八面菱花形开光内嵌薄螺钿庭院人物,连衣花也以薄螺钿逐个嵌出,开光外通体嵌薄螺钿莲纹卷草,随器宛转,繁而不乱,

图140-3:〔南宋〕苏汉臣《秋庭婴戏图》所绘嵌薄螺钿鼓凳,《湖上》杂志供图,画藏台北"故宫博物院"

既无"蔽隐",也无"渐灭",工艺之精,令人咋舌。嵌螺钿漆器甚至普及到了江南街肆,《西湖繁盛录》记临安街市售"螺钿交椅""螺钿投鼓""螺钿鼓架"及"螺钿玩物"。

元代特别是元后期,嵌薄螺钿漆器已是"富家不限年月做造"[1]。日本西冈康宏《中国の螺钿》收入日本公私收藏的中国薄螺钿漆器97件,其中,元中后期作品就达32件,其上留有嵌薄螺钿名款"吉水统明工夫""卢陵胡肇钢铁笔""永阳刘良弼铁笔",款中提及的三地都在江西。明代人记,"螺钿器皿出江西吉安府庐陵县"[2],证实江西吉安府辖地吉水、卢陵、永阳是元明嵌薄螺钿漆器主要产地。

---

① 〔明〕曹昭撰,〔明〕王佐增补:《新增格古要论·卷八·古漆器论·螺钿》,《丛书集成初编·新增格古要论》,中华书局,1985年版,第160页。

② 〔明〕曹昭撰,〔明〕王佐增补:《新增格古要论·卷八·古漆器论·螺钿》,《丛书集成初编·新增格古要论》,中华书局,1985年版,第160页。

明初朝廷重视剔红，明中期官造漆器甚少，明晚期，官造漆器转向戗金细勾填漆、攒犀等综合工艺，嵌薄螺钿工艺却在江南一振，江千里、吴岳桢等是当时嵌薄螺钿漆器名匠，其作品论体量尺寸，论格调的高雅，论工艺的精湛，都无法与宋元作品相比了！清代康熙乾隆两朝，嵌螺钿漆器回光返照，留下了最后一批精品。

扬明说，螺钿与螺钿沙屑"共不宜朱质"即不宜嵌在红漆地子上。此说并不尽然。16—17世纪，琉球国漆器以朱地螺钿为特色，日本冲绳浦添市美术馆、琉球古皇宫各藏有这一时期"朱漆地嵌螺钿牡丹长尾鸟纹桌"；中国乾隆朝"红漆地嵌螺钿团花纹攒盒"（图140-4），红漆地如珊瑚般地典丽，夜光螺宝光灿烂，嵌硬螺钿而能服帖，磨显到位，藏于北京故宫博物院。

中国嵌厚螺钿工艺与中国嵌薄螺钿工艺的不同在于：厚螺钿厚度约1毫米，薄螺钿薄至0.03毫米～0.04毫米，所以，中国漆工别称厚螺钿为"硬螺钿"，称薄螺钿为"软螺钿"；嵌厚螺钿工艺多用河蚌片，嵌薄螺钿工艺多用海螺片；厚螺钿反面往往涂衬颜色，薄螺钿反

图140-4：〔清〕红漆地嵌螺钿团花纹攒盒，选自李久芳主编《故宫博物院藏文物珍品大系·清代漆器》

面很少涂衬颜色；嵌厚螺钿工艺以竹弓、木锉、斜头刀为主要工具，嵌薄螺钿工艺以模凿为主要工具；厚螺钿粘贴于完成中灰的坯胎以后，全面覆盖浆灰、全面磨显、全面糙漆、全面麴漆等待干固再次磨显出螺钿，薄螺钿粘贴于严格糙漆并且精细打磨的光底漆胎，全面麴漆等待干固一次磨显出螺钿；厚螺钿上刀刻线廓皱纹称"毛雕"，薄螺钿上一般不再毛雕；厚螺钿漆器很少出现"渐灭"或"蔽隐"的过失，薄螺钿漆器磨显过程中极易出现"渐灭""蔽隐"。螺钿漆器磨显到位以后，都要灰擦并且推光。日、韩厚贝、薄贝略相当于中国厚螺钿、薄螺钿，厚度小有差异，工艺各有特色。

141【原典】

衬色蜔嵌，即色底螺钿也。其文宜花鸟、草虫，各色莹彻焕然如佛郎嵌①。又加金银衬者，俨似嵌金银片子，琴徽②用之亦好矣。

【扬明注】

此制多片嵌划理也。

【校勘】

草：蒹葭堂抄本、德川抄本皆书异体字为"艸"。其后各版皆改用正体字"草"。

---

① 佛郎嵌："珐琅嵌"，初始于春秋珐琅釉。元朝，阿拉伯珐琅嵌传入中国，中国始有錾胎珐琅器皿，景泰年间发展成为铜胎掐丝珐琅。因其以蓝色珐琅为主要釉料，20世纪以来被称为"景泰蓝"。

② 琴徽：指古琴面板上嵌入的13个小圆星，起定声的作用，靠岳山最近的是1徽，靠琴尾最近的是13徽，一般嵌螺钿为饰，或以金、玉、犀、象为饰。此条指用衬色螺钿制作琴徽。

【解说】

衬色蜔嵌，指在螺片底面衬以金、银、彩色，再正置嵌贴为花鸟草虫图案，髹漆磨显推光以后，五色莹彻，光彩焕发像珐琅嵌。衬色蜔嵌常用来制作琴徽，螺片底面衬以金色或银色，有效地遮挡了其下

漆灰的浊色，正面看起来含金蕴银，暗彩闪烁，十分好看。扬明注"此制多片嵌划理也"，指衬色蜔嵌工艺多用于刀刻线纹的硬螺钿漆器；嵌薄螺钿漆器的主要原料是海螺片，在黑漆地上能有效地衬出自身霞光，所以，薄螺钿片较少衬色。

衬色蜔嵌以元代作品叹为佳妙，元代"牡丹卷草纹衬色螺钿长方黑漆盘"（图141），衬色后的花朵是那么温暖，卷草又是那么柔曼，每一片叶片轮廓叶筋都用细螺钿丝嵌出，为元后期南方所产。渐往现代，螺钿衬色过于鲜艳，有失含蓄。日本漆工称衬色螺钿为"伏彩"，称螺钿下衬金银箔为"箔押"，韩国漆工称螺钿衬色为"伏色法"。

图141：〔元〕牡丹卷草纹衬色螺钿长方黑漆盘，选自东京松涛美术馆《中国の漆工芸》

黄成于本章列"衬色蜔

嵌"条，《斒斓》章又列"衬色螺钿"条（见第179条），此为重出。何况，"衬色"只是嵌螺钿工艺的一道程序，并非独立的装饰工艺，单列一条已属不妥，复列一条更属不当。

142【原典】

嵌金、嵌银、嵌金银。右三种，片、屑、线各可用。有纯施者，有杂嵌者，皆宜磨现揩光。

【扬明注】

有片嵌、沙嵌、丝嵌之别，而若浓淡为晕者，非屑则不能作也。假制者用鍮①、锡，易生黴气，甚不可。

【校勘】

1. 磨现：蒹葭堂抄本、德川抄本皆书为"磨现"，索解本第103页随用，王解本第106页随朱氏刻本第143页改为"磨显"。两抄本用"磨现"无错，笔者《图说》《东亚漆艺》《析解》从两抄本用"磨现"。

2. 黴气：蒹葭堂抄本、德川抄本皆书为"黴气"，朱氏刻本第143页、索解本第103页随用，王解本第106页改为"霉气"。《说文解字》："黴，中久雨青黑。"这里指鍮、锡磨显出漆面日久便会发青发黑发黯，若用简体字"霉"，顿使词义转换为发霉。笔者《图说》《东亚漆艺》《析解》从两抄本用"黴气"。

【解说】

王世襄先生以战国两汉出土贴金银漆器为例解说此条，认为"金

---

① 鍮：念tōu，指黄铜矿石。

银嵌工艺可以上推到东周"①。[按]金银嵌、贴金银与金银平脱是三种工艺。原典定义为"磨现",可知此条非指一般的嵌金、嵌银、嵌金银,乃指金银平脱。笔者曾上手抚摸若干件汉代广陵国贴金银片漆器。其漆面有髹涂留下的原光却未经过磨显,金银片花纹与漆面基本相平,可知是在器皿髹漆流平未干之时,趁漆湿将金银片花纹贴上去的。磨显出花纹的金银平脱工艺成熟于填嵌工艺扎堆成熟的唐代。五代以后,纯以金银平脱的漆器成为罕见,宋代演变为嵌螺钿加嵌铜丝漆器,元、明、清演变为螺钿加金银片漆器。

据广州程智复原金银平脱工艺是:在光底漆胎上涂以胶水与生漆调拌而成的糊漆,待漆流平起黏,将薄约0.03毫米的金银片纹样反面略微磨糙以加大与胶漆的粘连力后粘贴于漆胎,待金银片下的漆实干,于金银片缝隙薄涂稀释了的推光漆以加固粘贴力,入荫室几周,耐心等待金银片下的漆干固,出窖,在金银片上毛雕纹理,在漆胎全面髹涂推光漆以覆盖金银片,入荫室耐心等待干固,将金银片纹样仔细磨显而出,灰擦,推光。黄成认为,可以单独嵌贴金片或银片,也可以金片银片混合嵌贴,或嵌金银沙屑,或嵌金银丝:都要磨显揩光。"磨现",即磨显。扬明补充说,若要表现浓淡晕染的效果,则非用金银沙屑不可,明代有以黄铜矿石屑、锡屑代替屑金制作"沙嵌"的,日久,铜屑、锡屑就会发青发黑发黯。嵌金银沙屑,唐人称"末金镂",已见于《罩明》章"洒金"条且扬明已注为"沙嵌",故本条扬明注"沙嵌"为重复。

开元、天宝年间,唐玄宗、杨贵妃与安禄山相互赠还金银平脱漆器,玄宗下旨为安禄山造亲仁坊,以银平脱屏风等充牣其中②。安史之

---

① 王世襄:《中国古代漆工杂述》,《文物》1979年第3期。
② 事见唐姚汝能《安禄山事迹》卷上、唐段成式《酉阳杂俎·前集》卷一、宋司马光等《资治通鉴》卷二百十六等。

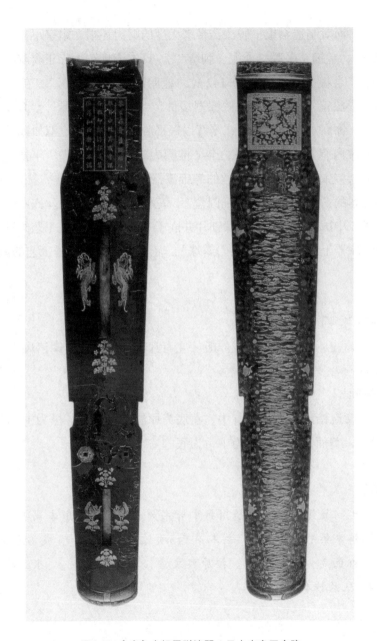

图142:〔唐〕金银平脱漆琴，日本奈良正仓院
藏，选自陈绶祥主编《中国美术史·隋唐卷》

乱以后，面对制造金银平脱漆器带来无度的财力耗损，肃宗不得不下令"禁珠玉、宝钿、平脱、金泥、刺绣"①。日本奈良东大寺正仓院藏有中国唐代"金银平脱漆琴"（图142）、"篮胎银平脱漆胡瓶"、"银平脱八角菱花形漆镜盒"等金银平脱漆器多件，"金银平脱漆琴"琴面以金平脱为主，饰高士弹琴等花纹；琴背以银平脱饰双龙团花、双凤团花等花纹，琴腹内有黑漆书"乙亥之年（推测为715年）季春造"年款。宋代出现了杂嵌铜丝或金属合金丝的螺钿漆器，有单股、复股、搓股数种，藏于日本的"宋代唐草纹螺钿圆盒"，花枝叶梗就是用铜丝嵌贴的。元代以降，中国以金银片与薄螺钿片并嵌于一器，金银平脱工艺绝迹。日本莳绘漆器上的"切金""银の露珠"，正是中国金银平脱工艺的遗响。

143【原典】

犀皮，或作西皮，或犀毗。文有片云、圆花、松鳞诸斑。近有红面者。共光滑为美。

【扬明注】

摩甗诸斑。黑面、红中、黄底为原法；红面者，黑为中，黄为底；黄面，赤、黑互为中，为底。

【校勘】

1. 共：蒹葭堂抄本、德川抄本皆书为"共"，索解本第104页随用，王解本第108页随朱氏刻本第143页改用"以"。黄成意思是说，黑面、红面都以光滑为美。按原典文意，笔者《图说》《东亚漆艺》《析解》从两抄本用"共"。

---

① 〔宋〕欧阳修、宋祁等：《新唐书·卷六本纪第六·肃宗》，中华书局，1975年版，第159页。

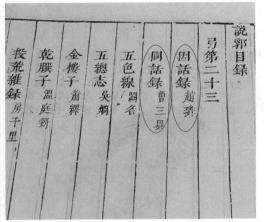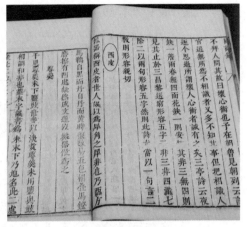

影本28：康熙刻本《说郛》卷二十三收赵璘《因话录》、曾三聘《因话录》（错刻为曾三异《同话录》），江崖摄

影本29：《说郛》卷二十三将南宋曾三聘《因话录》错作曾三异《同话录》收入其中，下有"西皮"条，江崖摄

　　2.摩窳：蒹葭堂钞本、德川抄本皆书错字作"磨窊"，索解本第104页随错，王解本随朱氏刻本改用"摩窳"。窳，念yǔ，指凹陷。笔者《图说》《东亚漆艺》《析解》从朱氏刻本勘用"摩窳"。

　　3.王解本第109页此条下引："《因话录》：'髹器谓之西皮，世人误以为犀角之犀，非也。乃西方马鞯，自黑而丹，自丹而黄，时复改易，五色相叠。马镫磨擦有凹处，粲然成文，遂以髹器仿为之。'"［按］查元陶宗仪《辍耕录》记，"髹器谓之西皮者，世人误以为犀角之犀，非也。乃西方马鞯，自黑而丹，自丹而黄，时复改易，五色相叠，马镫磨擦，有凹处粲然成文，遂以髹器仿为之。事见《因话录》"①，王解本引文首句脱"者"字。复查赵璘《因话录》明代万历刻本六卷，并未记录犀皮。浙江师范大学教师江崖首先发现陶宗仪辑《说郛》卷二十三收赵璘《因话录》未涉犀皮，其下曾三异《同话录》一卷有"西

---

① 〔元〕陶宗仪：《辍耕录》卷十一，《文渊阁四库全书》第1040册，第533页。

皮"条（影本29），文字与《辍耕录》仅首句小异。

闻人军则提出："今查宛委山堂本《说郛》卷二十三记作《同话录》，宋曾三异撰……其实，《因话录》的作者是曾三异之兄曾三聘。"[①]其文考证曾氏兄弟行止，认为曾三异不可能写《因话录》，同治《临江府志》卷二十九《隐逸传》有其传；曾三聘行止与《因话录》所记相符，隆庆《临江府志》卷二十六有其传，同治《临江府志·艺文志》卷十四记曾三聘著有《因话录》。可见，唐代赵璘、宋代曾三聘皆著《因话录》，《说郛》误刻作曾三异《同话录》。至此，是曾三聘《因话录》记西皮（犀皮），不是赵璘《因话录》记西皮，终于勘实（影本28、影本29）。

4.王解本第109页此条下续引："明都穆《听雨纪谈》：'世人以髹器黑剔者谓之犀皮，盖相传之讹。陶九成从《因话录》，改为西皮，以为西方马鞯之说，此尤非也！犀皮当作犀毗。毗者，脐也。犀牛皮坚而有文，其脐四旁，文如饕餮相对，中一圜孔，坐卧磨砺，色极光润，西域人割取以为腰带之饰。曹操以犀毗一事与人是也。后人髹器效而为之，遂袭其名。又有髹器用石水磨之，混然凹者，名滑地犀毗'（寿56）"［按］王解本所引，不是两抄本寿笺，而是朱氏刻本上阚笺，引文有脱文有错文。《听雨纪谈》此段原文为："世人以髹器黑剔者谓之犀皮，盖相传之譌（通'讹'）。陶九成从《因话录》改为西皮，以为西方马鞯之说，此尤非也。犀皮，当作犀毗。毗者，脐也。犀牛皮坚而有文，其脐四旁，文如饕餮相对，中一圜孔，坐卧磨砺，色极光润，西域人割取以为腰带之饰。曹操以犀毗一事与人是也。后之髹器效而为之，遂袭其名。又有髹器用石、水磨之，混然凹者，名滑地犀毗。"[②]

---

① 闻人军：《宋〈因话录〉作者与成书年代》，《文献》1989年第3期。
② 〔明〕都穆：《听雨纪谈》，〔明〕顾元庆辑：《阳山顾氏明朝四十家小说》，中央民族大学图书馆藏，第12～13页。清宣统三年（1911）上海国学扶轮社石印本第6页改"色极光润"作"色甚光明"。

【解说】

犀皮，又称"西皮"，或称"犀毗"，明代原法是黑面、红中、黄底：在调入石黄的快干漆内兑入蛋清，待漆黏稠以后，用手或工具蘸漆在漆胎上打起细碎凸起，漆工各据其法称"推埝""打埝"或"甩埝""撒埝"。视打埝高度不同，入荫半月甚至三月候干。取出后略事沙磨，髹红色推光漆于"埝"上入窨待干，换髹黑色推光漆于"埝"上入窨待干，髹最后一遍漆务必耐心等待干固，出窨磨显出围绕起凸斑点的圈圈纹理，状如片云、圆花、松鳞等，待显花美观即停止磨显，推光。扬明补充说，有以红漆为面，黑漆为中，黄漆为底；又有以黄漆为面，红漆、黑漆或为中，或为底。

犀皮漆器源于何时？2011年，江宁出土东吴漆羽觞、漆梳形器，该馆图册中称"犀皮漆器"[1]。又《中国美术分类全集·中国漆器全集4 三国一元》收录了安徽马鞍山东吴朱然墓出土的漆羽觞（图版十九）、江苏镇江句容南朝刘宋墓出土的漆盘（图版三十八），认为它们分别是犀皮漆器、犀皮纹漆器[2]。笔者屡进博物馆库房观摩实物，实不敢认为其是用犀皮工艺制作。笔者以为，任何一门工艺溯源，必须有实物流传加文献记载支撑，兼之以综合考察当时工艺的整体背景。东晋王羲之得"绿沉漆竹管"[3]而引为时髦，可见推光漆髹涂干固以后研磨推光的工艺刚为世人认识。东吴在东晋之前，何来较研磨推光难度高出几倍的犀皮工艺？各类填嵌漆器如鹿角灰漆琴、末金镂漆器、金银平脱漆器、嵌螺钿漆器扎堆出现并且流行于唐代，正因为它们有

---

① 南京江宁区东山街道上坊社区下坊村沙石岩墓出土的东吴漆羽觞、漆梳形器，参见江宁博物馆、东晋历史文化博物馆编：《东山撷芳：江宁博物馆暨东晋历史文化博物馆馆藏精粹》，文物出版社2013年版，第201、202页图例。

② 此说实源于王世襄：《对犀皮漆器的再认识》，《文物》1986年第3期。

③ 〔晋〕王羲之：《笔经》，《五朝小说大观·魏晋小说·卷十》，上海文艺出版社，1991年版，石印本第290页a。

图143：〔明〕犀皮圆漆盒，选自英文版《中国古代漆器》

共同的工艺要领——漆胎上先起花再用漆埋花而后磨显，可见磨显填漆成熟于唐代。日本漆工将磨显出自然纹理的填漆统称为"唐塗"，其中"津軽塗""堆朱塗"工艺与中国犀皮工艺要领相同，"若狭塗"工艺与中国破螺漆要领相同，从名称即可见磨显填漆在唐代已东传日本。而记录犀皮的文献，不早于宋代曾三聘《因话录》、宋代类书《太平广记》，犀皮漆器传世实物则迟到明代（图143）。以上多种证据考量，犀皮工艺的成熟约在唐代。今人有能力仿制犀皮，不足上溯成为东吴能制犀皮漆器的证据，关于犀皮漆器的起源，尚不宜随意提前，必须有同时期同类工艺，并且有同时期古文献印证。

现代，犀皮"打埝"的工具任人取用：何豪亮先生用烙有密集凹陷的竹板模具在髹漆转稠之时压印出细碎凸起，犀皮国家级传承人甘尔可先生用丝瓜瓤搓成尖锥状蘸漆在胎上打起细碎凸起，漆工有用笔或竹签蘸漆打埝甚至用手推埝。犀皮漆色更任人变化：而用工具起凸干后反复多遍填漆，磨显出围绕起凸斑点的圈纹以后推光，使漆面光滑，文质齐平，则是犀皮工艺的基本要领。

　　扬明"摩窳"二字颇费斟酌。窳，指凹陷，现行犀皮工艺恰恰于起凸干后，填陷磨凸，使成品文质相平。2016年"湖北国际漆艺三年展"期间，广西王伯扬小弟带来自制"犀皮小漆盂"，云其做法是：漆胎上髹不同色漆多层，待干固，逐点扩大研磨，到显现犀皮般的花纹。笔者见其器面不是文质齐平，而是坑坑洼洼，其逐点研磨磨到显现犀皮般的花纹，比较埋凸填陷磨平的常规做法，研磨动作无法放开，难度要大出许多。扬明或见过"摩窳"成坑坑洼洼的犀皮？《听雨纪谈》亦记犀皮"有混然凹者"。髹饰工艺任人机变，笔者不拟于此断论。

　　王解本第109页解："在北京的文物业中，犀皮这个名称，并不存在，而称之为'虎皮漆'或'桦木漆'，南方则称之为'波罗漆'。"［按］"犀皮"与"虎皮漆""桦木漆""菠萝漆"（花纹像削皮以后的菠萝，漆工称其"菠萝漆"，清宫档案记为"波罗漆"）并非同一概念。其基本工艺都是磨显填漆，起花的工具与媒介物各有不同：犀皮、虎皮漆、桦木漆用工具起花，菠萝漆用矿物颜料颗粒起花；磨显出漆面的花纹形态也不相同：犀皮、菠萝漆磨显出的是圈纹，虎皮漆、桦木漆磨显出的是条纹。

阳识第八

【扬明注】

其文漆堆，挺出为阳中阳者，列在于此。

【校勘】

王解本第111页此条下引："《辍耕录》论古铜器曰：'汉以来或用阳识，其字凸。'《游宦纪闻》：'识是挺出者。'（寿57）"［按］蒹葭堂抄本、德川抄本此条四周无此寿笺，王解本将朱氏刻本上阚铎增写的笺注误作祖本寿笺引入。

【解说】

"阳识第八"是黄成自拟章名不是条目，故不将其作为条目进行编号。此章记录了漆面平起或线起出阳纹，其上再描金或是描漆的髹饰工艺。扬明注"其文漆堆，挺出为阳中阳者，列在于此。"而通读此章"识文描金""识文描漆""揸花漆""堆漆""识文"五条，可知《阳识》章不仅包括用漆堆写出线纹的工艺，还包括用漆灰堆出线纹的工艺，平堆的线纹上，有加之以描金、描漆等阳纹，有加之以戗金、刺花等阴纹，并不都是"挺出为阳中阳者"，注文较原典偏窄。扬明于本章"识文"条注"以灰堆起"，正说明阳识工艺还包括用漆灰堆线成纹。全面理解黄成与扬明界定的"阳识"，当指用漆堆起线纹或用漆灰、炭粉堆起平阳纹的工艺，平阳纹上可以再堆起阳纹，也可以再镂刻阴纹。

144【原典】

识文描金，有用屑金者，有用泥金者，或金理，或划文，比描金则尤为精巧。

【扬明注】

傅金屑者贵焉，倭制殊妙。黑理者为下底。

【解说】

识文描金，指在麪漆面堆起的识文干后，在识文上打金胶，待金胶漆表干之时，泥金或洒金，以泥金加之以金理、划理尤显精巧。黄成此条言辞之间有夸赞"倭制"之意，扬明干脆点出"傅金屑者"以"倭制殊妙"，中国传统描金的"黑理"相形见绌。比较中国识文描金与日本莳绘之异同：中国识文描金在完成推光工艺的上涂漆面堆起识文以后泥金，不再研磨，金象上或金勾皴纹脉理，或刻划纹理，以黑漆勾描纹理为次；日本莳绘在中涂漆胎莳金丸粉以后固粉罩明研磨揩光，因为金能入漆，所以"殊妙"。晚明人亦记，"倭用碎金入漆，磨漆金现，其颗屑圜棱，故分明也。蒋用飞金片点，褊薄模糊耳"①。如此敢于承认别国长处的态度，是值得称颂的。

从古代漆器文物看，中国漆工常将"识文""堆起"两类工艺交错运用于一件漆器。如浙江瑞安市慧光塔出土的北宋"识文描金加隐起描金舍利函"（图144），识文描金围起开光，开光外隐起描金为莲纹，底座开光内隐起描金为异兽，盒壁描金为《礼佛图》，笔力纤细，力透函壁。全器雅丽沉静，古漆器中实难见此绝品。近现代，"识文描金"在闽、台发展成为"漆线雕"。

---

① 〔明〕刘侗、于奕正：《帝京景物略》卷四，古典文学出版社，1957年版，第69页。

图144：〔北宋〕识文描金加隐起描金舍利函，
浙江瑞安市慧光塔出土，笔者摄于浙江省博物馆

145【原典】

识文描漆。其着色或合漆①写起，或色料擦抹。其理文或金，或黑，或划。

【扬明注】

各色干傅、末金、理文者为最。

【校勘】

着色：两抄本皆书为"著色"，其后各版本随之。本书按现代汉语规范用"着色"。

【解说】

识文描漆，指在縋漆面堆起的识文上再描漆。黄成记录了两种识文描漆："合漆写起"，指识文上用彩漆描写（图145）；"色料擦抹"，指识文上用颜料粉擦敷即"干着"，待干，或金勾皱纹脉理，或黑漆勾描纹理，或刻划纹理。扬明补充说，识文上擦敷颜料粉或识文上洒金再加之以皱纹脉理最好。扬明"末金、理文者为最"一句，显然又通向了日本莳绘。

图145："合漆写起"的识文描漆唐草方盆，选自日本德川美术馆《唐物漆器》

---

① 合漆：指调合了颜料的推光漆，参见第199条"合色漆"解说。

146【原典】

揸花漆，其文俨如缋绣为妙，其质诸色皆宜焉。

【扬明注】

其地红，则其文去红，或浅深别之，他色亦然矣。理钩皆彩，间露地色，细齐为巧。或以鎗金，亦佳。

【校勘】

1.缋绣：蒹葭堂抄本、德川抄本皆书为"繡绣"，索解本第106页随用，王解本随朱氏刻本改作"缋绣"。〔按〕原典"繡绣"二字重出，《考工记》记"画缋之事"，笔者《图说》《东亚漆艺》《析解》从《考工记》与朱氏刻本用"缋绣"。

2.彩：蒹葭堂抄本、德川抄本皆书为异体字"綵"，朱氏刻本第144页、索解本第106页随用，王解本、笔者《图说》《东亚漆艺》《析解》用正体字"彩"。

【解说】

揸花，即刺绣。"揸花漆"工艺是：在识文描金或识文描漆的阳纹上再戗彩或是戗金，使花纹细巧俨若刺绣，花纹间露出漆地的颜色。黄成认为，揸花漆用各种颜色的漆地都很合适；扬明补充说，红漆地子上不宜用红色花纹，宜以浅红与深红使之区别，其他颜色也是如此。揸花漆与识文描漆不同在于：识文描漆在平堆或线堆的识文上描漆，揸花漆在识文描金或识文描漆花纹上戗彩或戗金。古代揸花漆漆器，尚待寻访。

索解本第106页解，"识文描漆乃一大片堆起，然后为文分制；揸花漆乃一片一片依文堆起"。〔按〕识文描漆与揸花漆的区别在于，识文描漆在平起或线起的识文上描漆；揸花漆在平起或线起的识文上或戗金，或戗彩。识文描漆不是隐起描漆，没有一大片堆起的图案，而是一开始就"为文分制"；揸花漆作为"阳识"工艺的一种，与"识文"同样没有大片堆起的图案，而是在识文上再戗彩或戗金。

147【原典】

堆漆，其文以萃藻、香草、灵芝、云钩、绦环之类。漆淫泆不起立，延引而侵界者，不足观。又各色重层者堪爱，金银地者愈华。

【扬明注】

写起识文，质与文互异其色也。淫泆延引，则须漆却^①焉。复色者要如剔犀。共不用理钩，以与他之文为异也。淫泆侵界，见于描写四过之下"淫侵"。

【校勘】

1.萃藻：蒹葭堂抄本书为"萃藻"，德川抄本改书为"华藻"。朱氏刻本第144页、索解本第106页、王解本第114页均用"萃藻"。［按］汉语中无"华藻"一词，德川抄本错改。笔者《图说》《东亚漆艺》《析解》均用"萃藻"。

2.淫：蒹葭堂抄本、德川抄本皆增笔画四处书为"溢"，索解本第106页随错，王解本随朱氏刻本改用"淫"，笔者《图说》《东亚漆艺》《析解》从朱氏刻本用"淫"。

---

① 却：指退却。这里指制止漆液"淫泆延引"的状况继续漫延。淫泆：指恣纵失范。参见第52条原典下注释。

【解说】

此条"堆漆",限指"写起识文",即用漆堆写萃藻、香草、灵芝、云钩、绦环之类的识文,地子与识文互异其色,与王世襄先生所说"在西汉已经出现了"的"堆漆"[1]不是一个概念,与现代漆工所说广义的"堆漆"也不是一个概念,限指堆写识文,干后不再理勾,以区别于"揸花漆"堆写识文干后再加以理勾,所以,扬明另名之为"写起识文"并且强调:用金银地者更美。所用的漆要稠厚,漆稀则识文立不起来,还会侵淫到识文以外的地方,这就是《楷法》章"描写之四过"条写到的"淫侵"之过。如果出现这样的毛病,则必须更换稠漆来堆写识文。用各色彩漆多层更替堆写识文,效果就像剔犀,很难。复色堆写的识文上,同样不用理勾。何豪亮先生制有"各色重层"的"堆漆文字盘",效果如扬明注"复色者要如剔犀",起名"堆犀",字纹清晰而无延引侵界,表现出极为深厚的工艺功力。

图147:〔现代〕堆犀漆盘《欢天喜地》,作者并供图者:重庆何豪亮

① 王世襄:《中国古代漆工杂述》,《文物》1979年第3期。

　　王解本第116页解，"堆漆遇有这种（淫侵的）情形，便须用与地子同色的漆，将淫侵的部分遮压住，使它显不出来，即杨（扬）注所谓的'漆却'"。索解本第107页解，"遇到这种情形时，常用漆却，就是用一点与底色相同的漆盖住这些'侵''淫'的部位"。〔按〕"漆却"指更换稠漆来改变识文"淫泆侵界"的状况，这里的"却"指识文退守其位，不再"淫泆延引"到其他地方。

148【原典】

　　识文。有平起，有线起。其色有通黑，有通朱。共文际忌为连珠。

【扬明注】

　　平起者用阴理，线起者阳文耳。堆漆以漆写起，识文以灰堆起；堆漆文、质异色，识文花、地纯色：以为殊别也。连珠，见于麭漆六过之下。

【校勘】

　　1.线：蒹葭堂抄本、德川抄本皆用异体字"綫"，朱氏刻本第145页、索解本随用，王解本，笔者《图说》《东亚漆艺》《析解》改用正体字"线"。

　　2.共文际忌为连珠：蒹葭堂抄本、德川抄本皆书为"共文际忌为连珠"，索解本第107页、王解本第116页随朱氏刻本第145页改为"其文际忌为连珠"。〔按〕黄文原意是通黑、通朱文际都忌有连珠，朱氏刻本错改。按文意，笔者《图说》《东亚漆艺》《析解》从两抄本用"共文际忌为连珠"。

【解说】

　　"识文"指在漆面制为微微高起的平纹或线纹，为识文描金、识文描漆、揸花漆必备的前期工艺。黄成单列"识文"一条且置于"识文描金""识文描漆"条后，界定为"有通黑，有通朱"，可见，其意在于章末聊存通黑通朱的识文别格。通黑通朱的古代识文漆器尚待寻觅。扬明补充说，平纹上用刻理，线纹为细阳纹，所以不用刻理，识文盎根处忌有漆液堆积为连珠，这就是《楷法》章"黐漆之六过"条下提到的"连珠"之过。扬明还认为，明代"堆漆"与"识文"的区别在于：堆漆以稠漆反复堆写花纹，识文以漆灰即冻子堆起平纹或线纹；堆漆文质异色，识文花、地纯色。现代漆工以漆灰堆起图画，以炭粉或漆冻堆起识文。

堆起第九

【扬明注】

其文高低灰起加雕琢，阳中有阴者，列在于此。

【解说】

"堆起第九"是黄成自拟章名不是条目，故不作为条目编号。"堆起"，指堆塑有体积感的图画。油灰堆起的图像难干，胶灰堆起的图像有欠坚固，漆工往往用含胶量多、细腻柔软、可塑性好的油漆混合灰——漆冻堆起图像。用柿挑起漆冻，在漆面边堆边塑边刻成为图像，下窨耐心等待干固。用手指包细砂纸将堆起的图画研磨纯和，其上描金或描漆。

扬明界定"堆起"的标准是：用漆灰为材料堆起高低以后雕刻。通读此章"隐起描金""隐起描漆""隐起描油"三条，可知《堆起》章既记录了用漆灰堆起加以雕刻的工艺，也记录了堆漆加以雕刻的工艺，扬明注文偏窄。整体理解此章，《堆起》章工艺与《阳识》章工艺区别在于："阳识"堆起的是平纹或线纹，只加勾理，不雕高低；"堆起"堆塑高低再加雕刻。索解本第63页解此条，"此种隐起的装饰法，适合于表现山水人物写生；而前段识文之法，较适合于表现图案画"，堪称的论。

149【原典】

隐起描金，其文各物之高低，依天质灰起，而棱角圆滑为妙。用金屑为上，泥金次之。其理或金，或刻。

【扬明注】

屑金文刻理为最上，泥金象金理次之，黑漆理盖不好，故不载焉。又漆冻模脱者，似巧，无活意。

【校勘】

依天质灰起：蒹葭堂抄本、德川抄本皆书为"做天质灰起"，索解本第108页随用，王解本第117页随朱氏刻本第146页改为"依天质灰起"。"依天质"指巧法造化，系百工楷法。笔者《图说》《东亚漆艺》《析解》从朱氏刻本用"依天质灰起"。

【解说】

隐起描金，指用漆灰堆塑高低，依照大自然中的各种物象进行雕刻，以棱角圆滑为好。黄成认为堆起的图像上洒金最佳，泥金次之；扬明补充说，堆起的图像洒金再阴刻脉理最好，泥金象上金勾纹理次之，用黑漆勾描纹理的都不好。这里，黄成、扬明又指向了日本莳绘工艺：堆起的图像上洒金，是日本高莳绘漆器常用的工艺；泥金象上金勾纹理，是中国明清漆器常用的工艺。明中叶时当日本室町时代，日本高莳绘漆器集中了莳绘工艺的精华。黄、扬二人认为日本高莳绘工艺超过了中国泥金工艺。这样实事求是、不妄自尊大的态度，是值得称颂的。扬明补记一法：将漆冻按入阴模，脱印出浮雕画面粘贴于漆胎，成品看起来很精巧，却失去了灵活的意趣。

1978年苏州市瑞光塔塔心窖穴内发现的北宋大中祥符六年（1013年）"真珠舍利宝幢"，为苏州博物馆唯一禁止出境展出文物。其八角须弥座紫漆地开光内用漆冻堆塑折枝花后泥金，底足转角处用漆冻堆塑飞天后泥金，束腰用漆冻堆塑16个供养人后泥金，或为已知隐起描金的最早实物，因为长锁库房积尘，金色灰黯。浙江瑞安市慧光塔出土的北宋"隐起描金经函"（图149），外函底座堆起为异兽后描金，高盖堆起为菩萨莲花飞鸟后描金，工丽雅致沉静，实为古漆器绝品，外底有"大宋庆历二年（1042年）"等题字。当代，隐起描金成为宁波、平遥特色工艺：宁波漆工以隐起描金、隐起描漆等制为民间婚嫁器具，当地称"浮花"，与"平花""沉花"合称"泥金银彩漆"；平遥漆工于堆起的图画上饰箔粉再罩明，当地称"堆鼓描金罩漆"。

图149:〔北宋〕隐起描金经函，浙江瑞安市慧光塔出土，笔者摄于浙江省博物馆

150【原典】

隐起描漆，设色有干、湿二种，理钩有金、黑、刻三等。

【扬明注】

干色泥金理者妍媚，刻理者清雅，湿色黑理者近俗。

【解说】

隐起描漆，指用漆灰堆起并浮雕为图像，其上再干敷色粉或用湿漆描画待干，其上再金理，或黑理，或刻理。扬明认为，干设色的图像上用泥金法做金理显得妍媚，阴刻脉理显得清雅，用黑漆画纹理显得俗气。隐起描漆在平遥成为特色产品，漆工称银朱入漆堆起极薄的图画"隐堆"，称灰漆堆起有体积感的图画"堆鼓"，其上描漆则称"堆鼓描漆"。此件"隐起描漆长方漆盒"（图150），漆坚质挺，咫尺之上堆绘出山重水复，各色鲜明却并不感觉刺激，佐以描金，极为典型地体现出平遥漆器"三金三彩"①的用色特征。

图150:〔民国〕隐起描漆长方漆盒，平遥漆工制，北京金漆厂藏，笔者摄

151【原典】

隐起描油，其文同隐起描漆而用油色耳。

【扬明注】

五彩间色，无所不备，故比隐起描漆则最美，黑理钩亦不甚卑。

---

① 三金三彩：平遥漆工对当地漆器装饰色彩的高度概括。"三金'指平遥漆器所用金箔有九六金、七四金和银箔熏成的淡金，"三彩"指平遥漆器的彩绘以红、蓝、黄三色为主调。

【校勘】

彩：蒹葭堂抄本、德川抄本皆用异体字"綵"，索解本第109页随用，王解本随朱氏刻本用正体字"彩"。笔者《图说》《东亚漆艺》《析解》用正体字"彩"。

【解说】

隐起描油，指在堆起并加雕刻的图画上用油调色加以描饰，其上再金理、黑理或刻理。扬明认为，隐起描油比隐起描漆更靓丽，用黑漆理勾也还不算俗气。两宋以来流行于浙江的油泥塑，正是隐起描油，世称"瓯塑"，工艺是：用猪尿泡做成粉袋，捆扎在喇叭形漏嘴上。常例用老粉或白陶土6成、皮胶液2成半、坯油1成加0.4成、红糖0.1成搅拌为沥粉，装入粉袋后捆扎牢固。用喇叭形漏嘴贴近坯胎做匀速移动并等力挤压粉袋，堆塑出花纹图案，用木蹄儿即"杇"做压印、刻划等深加工后，置于风口风干，用彩油描绘，或局部泥金，或加以钩理，等完全干固以后才能竖起。浙江省博物馆藏有多件古今隐起描油作品（图151）。

图151：〔现代〕隐起描油壁挂《钱江潮涌》，作者：周锦云，笔者摄于浙江省博物馆

雕镂第十

【扬明注】

雕刻为隐现，阴中有阳者，列在于此。

【校勘】

雕：蒹葭堂抄本、德川抄本皆书为"彫"。其后各版用正体字"雕"。

【解说】

"雕镂第十"是黄成自拟章名不是条目，故不作为条目编号。此章记录了用雕刻做减法、以表现浮雕画面或阳纹的雕漆、镂蚼与款彩工艺，"雕漆"是此章记录的重中之重，下含剔红、金银胎剔红、剔黄、剔绿、剔黑、剔彩、剔犀、复色雕漆等多个品种，剔彩又有重色和堆色两种，堆红与堆彩又各有木胎雕刻、灰漆堆起、漆冻脱印三种。

就字面看，"雕漆"与"刻漆"差别不大。其实，刻漆刻的是薄薄的推光漆层，刻后地子凹陷；雕漆雕的是厚积的厚料漆层，雕后纹多凸起。由于雕漆工艺复杂多样，制作工期漫长，人文内涵丰富，时代面貌各异，所以，境外往往偏爱珍藏雕漆漆器。日本德川美术馆、东京国立博物馆、根津美术馆、九州岛国立博物馆各藏有为数颇伙的中国宋、元、明雕漆漆器，几乎囊括了中国雕漆的所有品种。日本学者对中国雕漆各类品种的称呼，则与《髹饰录》并不对应，如德川美术馆、根津美术馆编《彫漆》收集日本典籍《君台观左右帐记》《佛日庵公物目录》《禅林小歌》《室町殿行幸御餝记》《尺素往来》《异制庭训往来》《游学往来》《下学集》中所记各种雕漆名称，有："剔红""堆红""堆朱""堆漆""堆乌""红花绿葉""金絲""黑金絲""九連絲""桂漿""犀皮（松皮）""繡金""鑽犀"

等，连《髹饰录·堆起》章、《髹饰录·填嵌》章、《髹饰录·斒斓》章工艺也被日本典籍列入雕漆，中国学者不可不察。①

收藏家马未都不同意"雕漆"的称谓，认为"硬碰硬为雕，硬碰软为剔"②。中国剔红、剔黄、剔绿、剔黑、剔彩、剔犀漆器，漆内都掺油使涂层变软便于雕刻，虽然不是马未都说的"在半干状态的漆上面剔"，而是在漆层软干的情况下剔刻，确实是"硬碰软"；而日式雕漆，从江户时代起就靠层层髹涂推光漆积累涂层，涂层异常坚硬，刀与漆确实就是"硬碰硬"，雕漆艺术家音丸耕堂被日方评定为"人间国宝"。这提醒着学者，时时以开放的视野和变化的眼光多加考察再得结论。

152【原典】

剔红，即雕红漆也，髹层之厚薄、朱色之明暗、雕镂之精粗，亦甚有巧拙。唐制多如印板，刻平锦，朱色，雕法古拙可赏；复有陷地黄锦者。宋元之制，藏锋清楚，隐起圆滑，纤细精致。又有无锦文者，其有象旁刀迹见黑线者极精巧。又有黄锦者、黄地者，次之。又矾胎③者，不堪用。

【扬明注】

唐制如上说，而刀法快利，非后人所能及。陷地黄锦者，其锦多似细钩云，与宋元以来之剔法大异也。藏锋清楚，运刀之通法；隐起圆滑，压花之刀法；纤细精致，锦纹之刻法。自宋元至国朝④，皆用此法。古人精造之器，剔迹之红间露黑线一、二带。

---

① 引自德川美术馆、根津美术馆编：《彫漆》，1984年版，第176页。
② 马未都：《马未都说收藏·杂项篇》，中华书局，2009年版，第36页。
③ 矾胎：指用绛矾调配红漆髹为胎骨。
④ 国朝：古人称本朝为"国朝"。

一线者，或在上、或在下；重线者，其间相去或狭或阔，无定法：所以家家为记也。黄锦、黄地亦可赏。矾胎者，矾朱重漆，以银朱为面，故剔迹殷暗也。又近琉球国①产精巧而鲜红，然而工趣去古甚远矣。

【校勘】

1.雕：蒹葭堂抄本、德川抄本三书异体字"彫"，索解本第109页用"雕"，110页用"彫"。朱氏刻本，王解本，笔者《图说》《东亚漆艺》《析解》用正体字"雕"。

2.粗：蒹葭堂抄本、德川抄本用通行字"粗"，朱氏刻本第144页改用异体字"麤"，索解本，王解本，笔者《图说》《东亚漆艺》《析解》用正体字"粗"。

3.亦甚有巧拙：蒹葭堂抄本书为"大甚有巧拙"，德川抄本改书为"太甚有巧拙"，"大""太"均与"甚"语义重复。索解本第110页于"大"下注（当作亦），王解本随朱氏刻本改用"亦"，笔者《图说》《东亚漆艺》《析解》亦从朱氏刻本用"亦甚有巧拙"。

4.多如印板：蒹葭堂抄本、德川抄本皆书为"多印板"，朱氏刻本、王解本随用，索解本第110页认为，应增字成"多如印板"。〔按〕"多如印板"符合唐代剔红面貌，"多印板"脱一字即与剔红并非印板工艺的实际不符，笔者《图说》《东亚漆艺》《析解》勘为"多如印板"。

5.其有象旁：蒹葭堂抄本、德川抄本皆书为"共有象旁"，索解本第110页勘出而未改，王解本随朱氏刻本改用"其有象旁"。〔按〕上文"宋元之制"为单项例举，抄本"共有象旁"无法落实，可见朱氏刻本勘字正确。笔者《图说》《东亚漆艺》《析解》从朱氏刻本用"其

---

① 琉球国：即琉球王国，存在于1429—1879年，在日本西南部九州岛与中国台湾之间。

影本30：蒹葭堂抄本此条书错书为"图滑""積（积）造""黄绵"

影本31：德川抄本此条改书为"圆滑""精造""黄锦"

有象旁"。

　　6.黄锦者、黄地者，次之：蒹葭堂抄本、德川抄本皆书为"黄锦者黄地者次之"，索解本随用，王解本第119页随朱氏刻本第147页改"次之"为"似之"。［按］黄成原意是说，黄锦、黄地剔红不如无锦纹剔红，不是黄锦、黄地剔红与无锦纹剔红差不多。按原典文意，笔者从两抄本加标点成"黄锦者、黄地者，次之"。

　　7.圆滑：蒹葭堂抄本扬明注误书为"图滑"（影本30）；德川抄本扬明注改书为"圆滑"（影本31）。其后各版用"圆滑"。

　　8.精造：蒹葭堂抄本扬明注错书为"积造"（影本30），索解本第

111页指出未改；德川抄本改书为"精造"（影本31），王解本随朱氏刻本用"精造"。按文意，笔者《图说》《东亚漆艺》《析解》从德川抄本用"精造"。

9.黄锦、黄地亦可赏：蒹葭堂抄本扬明注"锦"字错书为"绵"字（影本30），索解本第111页指出未改；德川抄本扬明注改书为"锦"字（影本31）。朱氏刻本，王解本，笔者《图说》《东亚漆艺》《析解》从德川抄本用正确字作"黄锦、黄地亦可赏"。

【解说】

剔红是雕漆的主要品种，俗称"红雕漆"，一般情况下，人们所说的"雕漆"，往往是指剔红。传世剔红漆器约占传世漆器过半。唐制剔红无存，从原典可知其状如雕版印刷的印板，有的在红漆地上刻平锦，有的在剔红花纹下压黄锦纹地子，作风都比较古拙。扬明补充说，唐人制造的剔红刀法快利，不是后人比得了的，红花下压黄漆锦纹的，锦纹多如细勾云纹，与宋元以来的剔法很不相同。传世剔红以宋元剔红为最佳，实物多见藏于日本，宋代剔红往往留有唐代状如印板的雕漆作风。如藏于日本的"剔红牡丹唐草纹盏托盘"（图152-1），牡丹唐草纹丰腴婉转，剔刻极浅，花纹间隙间土黄漆地上刻六瓣小花，淳和腴润，美感沁人心脾。黄成认为，宋元剔红刀刀分明又藏锋不露，浮雕花纹又很圆活，雕刻十分精致，有花纹下不刻锦纹的，有红漆层间刻露黑线的：都十分好；红花下压黄漆锦纹、红花下压黄漆地子的则差些。扬明补充说，运刀分明又藏锋不露，是剔红运刀的通法；浮雕圆滑，是主体花纹的刻法；纤细精致，是锦纹地子的刻法：从宋元到明朝前期，剔红都是这样的刻法。他目击古人精造的剔红漆器说，剔迹的红漆层之间露出一两根黑漆线。有一根黑漆线的，黑漆线或在红漆层偏上，或在红漆层偏下；有两根黑漆线的，黑漆线或靠近，或在红漆层上下：没有一定，作坊以此作为标记。他还提出

图152-1：〔宋〕剔红牡丹唐草纹盏托盘，
选自东京松涛美术馆《中国の漆工芸》

与黄成不同的意见说，红花下压黄漆锦纹、黄漆地子未必不好看。矾胎，指用绛矾调配红漆髹涂再雕刻为剔红，有的只在面上髹涂银朱调配的红漆，一剔，便露出漆层内殷暗的漆色。"琉球国产精巧而鲜红，然而工趣去古甚远"的原因在于，琉球国所产是堆红，中国称"假雕红"。日本典籍称中国剔红为"堆朱""堆紅"，忽略了中国剔红特点在"剔"。

宋元到明朝永乐、宣德年间，漆工创造了中国剔红漆器的巅峰。北京故宫博物院藏"扬茂款剔红山水人物纹八方盘"，盘心剔一幅江南文士生活图画，入刀极有分寸，精磨到全无棱角，愈见吞吐含蓄。永乐至宣德年间，宫廷剔红继承嘉兴剔红"藏锋清楚，隐起圆滑，纤细精致"的作风，有不刻锦纹、刻锦纹两种。晚明刘侗、于奕正记，

"剔红，宋多金银为素，国朝锡木为胎，永乐中果园厂制"①；晚明高濂记录大致相同。永乐在位二十二年，十九年（1421年）才迁都，迁都之初百事待举，尚不遑分心于制造极费工时的雕漆漆器，由此笔者推断，"永乐中果园厂"系指南京果园厂。康熙《嘉兴府志》记，"张德刚，西塘人。父成，与同里扬茂俱擅髹漆剔红器。永乐中，日本、琉球购得之，以献于朝，成祖闻而召之。时二人已殁。德刚能继其父，随召至京，面试称旨，即授营缮所副"。这里的"京"，显然指南京；"营缮所"正设在南京，"果园厂"在"营缮所"下。因此可以说，永乐剔红甚至乏人研究洪武时期剔红的成就，主要是以南京为中心的江南工匠创造的。宣德间，果园厂已移北京，皇帝召嘉兴名工包亮为"营缮所副"②，然北匠群体不逮南匠，加之北方已无南方气候对髹漆的优势，宣德末，剔红便告衰落，所以才会有"宣宗时厂器终不逮前，工屡被罪，因私购内藏盘合（盒），磨去永乐针书细款，刀刻宣德大字，浓金填掩之"③的记录。李经泽先生甚至认为迁都以后"果园厂功能，亦可能和其他仓库一样，用以贮藏从他地运来之漆器，经官方鉴定，以供宫廷之用。到隆庆年间（1567－1572），果园厂已改为公廨作坊。"④

嘉靖年间，云南工匠被选进京，将用刀不善藏锋、又不磨熟棱角的云南雕漆工艺带入宫廷，形成嘉、万剔红漆色转暗、图案烦琐、雕刻细密、刀锋外露、多开光、多以吉祥纹与吉祥字、云龙纹、山崖海水纹为装饰的风格特点，雕、磨均比永、宣剔红差之远甚。万历时雕

---

① 〔明〕刘侗、于奕正：《帝京景物略》，古典文学出版社，1957年版，所引见卷四，第68页。

② 《嘉兴府志》，见南京图书馆藏康熙二十一年（1682）刻本，《卷十七下·人物一·方伎》，第112页b。

③ 〔清〕高士奇：《金鳌退食笔记》，《文渊阁四库全书》第588册，第425页。

④ 李经泽：《果园厂小考》，《上海文博论丛》2007年第1期。

漆，漆质与磨工较嘉靖为好，锦纹较历朝雕刻为细。泰昌至崇祯三朝，官造漆器极少。乾隆年间，清宫中小至鼻烟壶，大至屏风，乃至墙上、几案上之陈设，在在皆见剔红，其漆色鲜红，雕刻细腻，论雕磨的淳和与漆光的含蓄，则无法与永、宣剔红相比了！

　　剔红漆器因涂层厚薄不同，朱色颜料不同，雕工粗细不同，成品大有高下。笔者目击传世文物，宋剔大体漆层较薄，刻纹较浅；元与明初漆层加厚，雕刻利落，磨工精到，润光内含，成品典丽而不眩目。其中，元剔或大花大叶，或楼阁简约，不见旁墙，图像基本在原平面；永、宣剔红体量变大，从雕一枝花渐变为雕数枝花或雕为花鸟，从花上不丝筋脉到丝出筋脉，花叶舒卷，图像凸起，侧看稍见旁墙。乾隆时期剔红，漆色红亮，漆层加厚，层次趋于复杂；清中期以后剔红，

图152-2：〔元〕剔红山水人物纹八方盘，作者：扬茂，选自李中岳等编《中国历代艺术·工艺美术编》

漆色渐转深暗，不复有宋元剔红的灵动气韵和明初剔红的珠圆玉润。

中国剔红漆器制作工艺是：用推光漆与坯油约各半调拌成厚料漆，兑入精细研磨的银朱或朱砂颜料，充分搅拌，成朱红厚料漆。颜料配比各地、各人各有不同。元人记："朱一两则膏子亦一两，生漆少许。看四时天气，试简加减。冬多加生漆，颜色暗；春秋色居中；夏四、五月，秋七月，此三月颜色正，且红亮。"[①]用麻丝或蚕丝团蘸取红厚料漆搓满漆胎，用牛毛漆刷顺开顺匀，收边后下窨。前道漆脱黏，指叩似有空声时髹涂下道漆。江南夏季每天最多髹漆四道，冬季一般每天髹漆两道。每道漆髹厚还是髹薄，视天气、漆性、掺油多少灵活决定。待漆层累积到需要的厚度，手摸不黏而软——叫"软干"、表面深浅一致时，抓紧用刀具刺、起、片、铲、钩出有浮雕感的图画。雕成后，宜长久放置，待漆层彻底干固转硬，再依次用刀、砂纸、灰条一点一点地刮磨，用稻草、板刷蘸瓦灰刷擦，再用竹节草[②]细磨旮旯，最后，用板刷蘸石蜡粉刷擦出光泽。推光完毕，用刀细勾花筋叶脉羽丝。再放置越年甚至越数年，漆光才能完全"吐"出。

《日本国志》记，"江户有杨成者，世以善雕漆隶于官。据称其家法得自元之张成、杨（扬）茂"[③]。2012

图152-3：〔日本江户时代〕松竹梅堆朱盆，作者：堆朱杨成，笔者摄于东京博物馆库房

---

① 〔元〕陶宗仪：《辍耕录·卷三十·朱红》，《文渊阁四库全书》第1040册，第745页，为清陈梦雷《古今图书集成》第781册卷十第50页《漆工部》辑入。
② 竹节草：一称"锉草"，草本植物，漆工用于研磨漆器。
③ 〔清〕黄遵宪：《日本国志·工艺志》，上海古籍出版社，2001年版，第431页。

年，笔者在东京博物馆库房上手摩挲日本堆朱杨成作品"松竹梅堆朱盆"（图152-3），发现并非"木胎雕刻"，亦非"灰起刀刻""漆冻脱印"，而是逐刀雕刻，也就是说，是"剔红"不是"堆红"，只是漆层泛粉甚乏润光，未知漆内添加何物。

153【原典】

金银胎剔红。宋内府①中器有金胎、银胎者，近日有鍮胎、锡胎者，即所假效也。

【扬明注】

金银胎多文间见其胎也，漆地刻锦者，不漆器内。又通漆者，上掌则太重。鍮、锡胎者多通漆。又有磁胎者、布漆胎者，共非宋制也。

【校勘】

1.鍮：蒹葭堂抄本、德川抄本黄成文及扬明注皆错书作"鍮"；索解本第112页引原典作"鍮（当作鍮）"，引扬明注作"鍮"；王解本从朱氏刻本用"鍮"。［按］鍮胎，即铜胎。按原典文意，笔者《图说》《东亚漆艺》《析解》从朱氏刻本勘用"鍮"。

2.效：蒹葭堂抄本、德川抄本皆书为异体字"傚"，朱氏刻本第148页、索解本第112页随用，王解本，笔者《图说》《东亚漆艺》《析解》用正体字"效"。

3.磁：蒹葭堂抄本、德川抄本皆书为通假字"磁"。其后各版保留通假字不改。

---

① 内府：指皇宫、大内。

【解说】

金银胎剔红仍然是剔红，只是胎骨金贵，黄成单列条目，或许意在强调。黄成说宋朝宫廷作坊制金胎、银胎剔红，隆庆间已有用铜胎、锡胎剔红假效金银胎剔红。扬明补充说：金银胎剔红或在花纹缝隙间露出金银胎，或外壁刻剔红锦纹地子，内壁任金银胎暴露；或内、外壁都髹、刻为剔红，掌掂则分量沉重，瓷胎剔红漆器、布漆胎剔红漆器都不是宋代制品。证之明人笔记："宋人雕红漆器如宫中用盒，多以金银为胎，以朱漆厚堆至数十层，始刻人物、楼台、花草等像，刀法之工，雕镂之巧，俨若图画。"①宋代金胎剔红漆器尚待寻觅；张家港市沙洲县杨舍镇戴港村北宋墓出土"银里剔犀碗"一对，

图153:〔清〕铜胎鎏金万岁长春剔红碗，选自台北"故宫博物院"编《和光剔彩——故宫藏漆》

篾筋作骨，包以麻布，涂以漆灰，内壁裹以银里，外壁制为剔犀，可称其银胎雕漆，尚难作为宋代银胎剔红漆器例证；苏州博物馆藏有清代"铜胎鎏金剔红碗"两对；台北"故宫博物院"藏有"铜胎鎏金万岁长春剔红碗"（图153）：率皆刻工严谨拘板且是铜胎，可当本条所记"鍮胎"剔红例证。

① 〔明〕高濂：《遵生八笺·燕闲清赏笺上·论剔红、倭漆、雕刻、镶嵌器皿》，见笔者编著：《中国古代艺术论著集注与研究》，天津人民出版社，2008年版，第321页。〔明〕曹昭《格古要论》亦记："宋朝内府中物多是金银作素者。"

154【原典】

　　剔黄，制如剔红而通黄。又有红地者。

【扬明注】

　　有红锦者，绝美也。

【解说】

　　剔黄，剔刻工艺与剔红相同，
不同只在漆胎厚髹黄漆。剔黄漆
器仅见于明万历至清乾隆年间，
北京故宫博物院、台北"故宫博
物院"各藏有一件，均通体髹黄，
而以台北"剔黄蜀葵纹漆盒"（图
154）年代较早，大花大叶，绝无
明晚期宫廷雕漆烦琐刻削之弊端。
原典所记红漆地上压黄花的剔黄
漆器、红锦纹上压黄花的剔黄漆
器，尚待发现。

图154：〔明〕剔黄蜀葵纹漆盒，台
北"故宫博物院"藏，索予明供图

155【原典】

　　剔绿，制与剔红同而通绿。又有黄地者、朱地者。

【扬明注】

　　有朱锦者、黄锦者，殊华也。

【解说】

　　剔绿，剔刻工艺与剔红相同。古代剔绿漆器，已知仅南京博物院

图155:〔清〕剔绿大捧盒，笔者摄于南京博物院

藏清中期"剔绿人物山水大捧盒"（图155）一例，红锦纹地上压绿花，造型雍容，色泽华而不俗。原典所记通体剔绿、或黄漆地上压绿花、黄锦纹地上压绿花的古代剔绿漆器，尚待发现。

156【原典】

剔黑，即雕黑漆也，制比雕红则敦朴古雅。又朱锦者，美甚。朱地、黄地者次之。

【扬明注】

有锦地者、素地者，又黄锦、绿锦、绿地亦有焉，纯黑者为古。

【校勘】

雕：蒹葭堂抄本、德川抄本第二个"雕"书为异体字"彫"，其后各版两字皆用正体字"雕"。

【解说】

　　剔黑，就是雕黑漆，剔刻工艺与剔红相同。传世雕漆漆器除剔红以外，以剔黑数量位居第二，漆地刻朱锦者甚美，朱地、黄地不刻锦纹者稍次。扬明补充列举了黄锦、绿锦、绿地等多种剔黑，而以地纹纯黑的剔黑漆器最为敦朴古雅。中国古代剔黑漆器多见藏于日本，日本典籍称其"堆黑"，忽略了中国剔黑特点在"剔"。日本名古屋政秀寺藏南宋"锦地堆黑赤壁赋图漆盘"，正是黄锦地剔黑。

　　黄成记剔红"其有象旁刀迹见黑线者"，从传世实物看，古代剔红漆器剔迹红漆层间露出黑漆线的极少，宋代剔黑漆器剔迹的红漆层间露出红漆线的较多。其法是在漆胎髹涂黑厚料漆时夹髹一两层朱漆，成品便会出现刀迹可见朱线的效果。朱漆线条的上下宽窄，既是漆器作坊的标识，又增加了剔黑漆器的美感，同时起着提示工匠剔刻深度的作用。如笔者在东京国立博物馆库房得见南宋"剔黑花卉纹漆盘"（图156-1），众花穿插，饱满又有揖让，沿花叶轮廓刻露朱漆线条，

图156-1：〔南宋〕剔黑花卉纹漆盘，笔者摄于东京国立博物馆库房

随花婉转，精磨全无棱角，实在美轮美奂。

　　笔者在东京国立博物馆库房得见日本玉楮象谷（1806—1869）所剔"牡丹蝶紋堆黒菓子器"（图156-2）（实为剔黑，并非"堆黑"），漆层不厚，牡丹花叶与蝴蝶缠卷疏放，生动有致，雕刻极薄却花叶能见腴厚，花筋叶脉根根纯和，研磨功夫极佳，漆面宝光四发，比"堆朱杨成"技艺又有突飞猛进。如果不是莲心五个方形开光内刻篆书"大日本"等五字，笔者实难相信此件作品出自日本。

图156-2：〔19世纪〕"牡丹蝶紋堆黒菓子器"，作者：玉楮象谷，笔者摄于东京国立博物馆库房

　　笔者所见，除《髹饰录》所记剔红、剔黄、剔绿、剔黑以外，传世品中又有剔褐。如江宁织造博物馆展出明代"剔褐牡丹纹四方委角撞盒"（图156-3），造型规矩，三撞子口套合严密，黄地上压褐花，雕刻极薄，研磨到十分妍滑，侧看完全不见旁墙或是棱角，十分圆润可爱。

图156-3:〔明前期〕剔褐牡丹纹四方委角撞盒，江宁织造博物馆供图

157【原典】

剔彩，一名雕彩漆，有重色雕漆，有堆色雕漆，如红花、绿叶、紫枝、黄果、彩云、黑石及轻重雷文之类，绚艳恍目。

【扬明注】

重色者，繁文素地；堆色者，疏文锦地为常具。其地不用黄、黑二色之外，侵夺压花之光彩故也。重色，俗曰横色；堆色，俗曰竖色。

【校勘】

1.雕：蒹葭堂抄本、德川抄本皆书为异体字"彫"。其后各版用正体字"雕"。

2.黑石及轻重雷文：蒹葭堂抄本、德川抄本此句皆有"及"字，索解本第114页随用，朱氏刻本第149页脱"及"字，王解本第126页于脱"及"字处加顿号。两抄本此句无错，笔者《图说》《东亚漆艺》《析解》从两抄本作"黑石及轻重雷文"。

3.恍目：蒹葭堂抄本、德川抄本皆书为"恍目"，索解本第114页随用，王解本第126页随朱氏刻本第149页改为"悦目"。"恍目"文意无错，笔者《图说》《东亚漆艺》《析解》从两抄本用"恍目"。

4.疏：蒹葭堂抄本、德川抄本扬明注皆书为异体字"疎"，索解

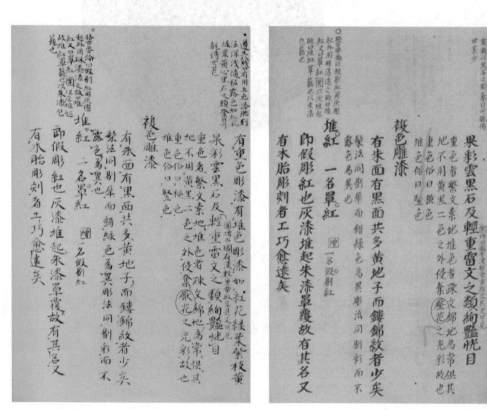

影本32：蒹葭堂抄本此条书错字作"厌花"　　　　影本33：德川抄本此条改错字作"压花"

本第114页随用，朱氏刻本第149页改用异体字"踈"。王解本，笔者《图说》《东亚漆艺》《析解》用正体字"疏"。

5.常具：蒹葭堂抄本、德川抄本扬明注皆书为"常俱"，索解本第114页随用，王解本第126页随朱氏刻本用"常具"。按文意，笔者《图说》《东亚漆艺》《析解》从朱氏刻本用"常具"。

6.压花：蒹葭堂抄本误书为"厌花"（影本32），索解本第114页随错未改，德川抄本改书为"压花"（影本33），王解本第126页随朱氏刻本用"压花"。按文意，德川抄本书"压花"正确，笔者《图说》《东亚漆艺》《析解》从德川抄本用"压花"。

【解说】

剔彩，就是雕彩漆。黄成将剔彩分为"重色雕漆""堆色雕漆"两种，其共同的特点是雕为红花、绿叶、紫枝、黄果、彩云、黑石之类的彩色图画。扬明对黄成所做分类加以补充说：重色雕漆，俗称"横色"；堆色雕漆，俗称"竖色"；重色雕漆多繁纹素地，堆色雕漆多疏纹锦地。为防止漆地喧宾夺主与主体花纹争色，剔彩漆器的漆地都作黄色或是黑色。

笔者调查工坊流程与博物馆实物，梳理重色雕漆与堆色雕漆不同在于：重色雕漆在漆胎上逐层换髹不同颜色的厚料漆，待漆层软干，片取横面刻为彩色图画，所以称"横色"。台北"故宫博物院"藏清中期"梅花冰裂纹漆攒盒"（图157-1），正是

图157-1：笔者在台北"故宫博物院"库房观摩清重色雕漆梅花冰裂纹漆攒盒，陈慧霞摄

图157-2:〔清〕堆色雕漆春色柿子纹漆盒，选自
台北"故宫博物院"编《和光剔彩——故宫藏漆》

红面、绿中、黄底的重色雕漆。悬盘上，八只漆碟紧密环绕中央圆形
漆碟，每只漆碟内壁用彩漆绘八宝流云纹，金勾脉理，盒、悬盘、碟
口缘泥金如金釦般厚重，实为台北"故宫博物院"漆器藏品中的上乘
之作。堆色雕漆则在厚料漆胎局部镶嵌雕成图案的彩色漆块，成品竖
面可见彩色，所以称"竖色"，扬明于《䎱斓·雕漆错镂蜔》条下注，
"有重髹为板子而雕嵌者"，实应注于"堆色雕漆"条下。因为堆色雕
漆镶嵌的漆块色彩有限，漆工往往在镶嵌雕刻完毕，用笔蘸彩漆为堆
色雕漆添加彩色，漆工称为"春色"，清宫档案记为"雕漆加五彩"。
扬明于《䎱斓·雕漆错镂蜔》条下注"有笔写厚堆者"，亦应注于
"堆色雕漆"条下。笔者在台北"故宫博物院"库房得见清宫堆色雕
漆春色亦即雕漆加五彩漆盒多件，其工艺正是"厚堆"再加之以"笔
写"（图157-2），该院漆器藏品图册《和光剔彩——故宫藏漆》中定
名为"雕漆堆彩"，"雕漆堆彩"就是《髹饰录》所记的"笔写厚堆"，
就是清宫档案所记的"雕漆加五彩"。它比仅仅用彩色漆块镶嵌却不
"春色"的堆色雕漆省工又见自然。

晚明人记宋剔："有用五色漆胎，刻法深浅，随妆露色，如红花、绿叶、黄心、黑石之类，夺目可观。传世甚少。"[1] 可见，宋代漆工已经能制重色雕漆。中国国内，重色雕漆藏品早不过明代，北京故宫博物院藏宣德款"林檎双鹂纹重色雕漆大捧盒"是重色雕漆经典作品；北京故宫博物院藏清代"海水落花纹张果老渡海图桃式漆盒"，则是乾隆朝苏州贡御的堆色雕漆精品。

158【原典】

复色雕漆，有朱面，有黑面，共多黄地子，而镂锦纹者少矣。

【扬明注】

髹法同剔犀，而错绿色为异；雕法同剔彩，而不露色为异也。

【校勘】

雕：蒹葭堂抄本、德川抄本扬明注书为异体字"彫"，索解本第115页随用，朱氏刻本，王解本，笔者《图说》《东亚漆艺》《析解》用正体字"雕"。

【解说】

复色雕漆，有以朱漆为面，有以黑漆为面，以黄漆地子为多，刻锦纹地子为少。扬明注"髹法同剔犀""雕法同剔彩"，是理解复色雕漆工艺的关键。

"髹法同剔犀"，指复色雕漆在漆胎上以两种或三种色厚料漆有规律地交替髹涂。剔犀"用绿者非古制"，复色雕漆则以"错绿色为

---

① 〔明〕高濂：《遵生八笺·燕闲清赏笺上·论剔红、倭漆、雕刻、镶嵌器皿》，见笔者编著：《中国古代艺术论著集注与研究》，天津人民出版社，2008年版，第321页。

异"；剔彩或"繁文素地"，或"疏文锦地"，复色雕漆像剔彩那样雕出图画，而以不露彩色、只在刀口断面露出两种或三种颜色的漆线为佳。索解本第115页解，"这是在髹漆和刀法上用了剔犀的方法，在花纹题材方面却又与剔彩相同"，堪称的论。

复色雕漆传世作品甚少。笔者在湖州博物馆库房得见绍兴东湖砖厂出土的南宋"牡丹纹执镜盒"（图158），文物界有称此执镜盒工艺为"剔犀"，有称此执镜盒工艺为"剔黑"。其表面不露彩色、刀口断面露出红漆线与黄漆线，分明是存世最早的"复色雕漆"。德国明斯特涂料艺术博物馆藏有明代"复色雕漆圆漆盒"。北京故宫博物院藏清代"红面复色雕漆圆大捧盒"，积灰太深，不经意会错以为是剔红漆器。

由上可见，《髹饰录》所记的剔彩，其实有重色雕漆、堆色雕漆、

图158：〔南宋〕复色雕漆牡丹纹执镜盒局部特写，选自高树经泽《漆缘汇观录》

复色雕漆三种。英国赫伯特将中国复色雕漆记为"龙山"，日本学者称中国重色雕漆为"堆彩""彫彩漆"，称中国堆色雕漆为"紅花绿葉"①，中国剔刻成纹的剔彩被混同于《髹饰录·雕镂》章记录的"堆彩"即"假雕彩"，读者请自明察。

---

① K. Herberts: *Oriental Lacquer Art and Technique*, Thames & Hudson, 1962. 〔英〕赫伯特：《东方漆器艺术与技术》"红花绿叶"条，伦敦泰晤士哈德逊图书出版社出版，1962年版，第320页。

159【原典】

堆红，一名罩红，即假雕红也，灰漆堆起，朱漆罩覆，故有其名。又有木胎雕刻者，工巧愈远矣。

【扬明注】

有灰起刀刻者，有漆冻脱印者。

【校勘】

雕：蒹葭堂抄本、德川抄本各两书异体字"彫"，索解本第165页随用，朱氏刻本，王解本，笔者《图说》《东亚漆艺》《析解》用正体字"雕"。

【解说】

剔红漆器耗漆多，制作周期漫长，明代漆工就以多种简易工艺仿制剔红，称"堆红"，又称"罩红"。明代人刘侗、于奕正记，"伪剔红者，用矾朱，或灰，团起，外朱漆二层，曰罩红也"[1]；晚明高濂记："有伪造者，矾朱堆起雕镂，以朱覆二次，用愚隶家，不可不辨"[2]。黄成与扬明靠实记录了三种堆红工艺：在木胎上雕刻图画以后罩以朱漆，用灰漆堆起图案后罩以朱漆，用漆冻脱印图案后罩以朱漆。

"木胎雕刻"的堆红，于木胎上浮雕纹样以后磨光打底封固再磨光，髹朱漆数重干固以后，稍事雕刻，理清花纹根脚，磨光并刻线纹，刀刻陷处往往有漆淤积。台北"故宫博物院"藏清代"仿宣德木雕堆红葡萄纹漆盘"（图159-1）一对，正是高雕木胎以后，刷朱漆数重再

---

[1] 〔明〕刘侗、于奕正：《帝京景物略》卷四，古典文学出版社，1957年版，第69页。

[2] 〔明〕高濂：《遵生八笺·燕闲清赏笺上·论剔红、倭漆、雕刻、镶嵌器皿》，见笔者编著：《中国古代艺术论著集注与研究》，天津人民出版社，2008年版，第322页。

图159-1：〔清〕仿宣德木雕堆红
葡萄纹漆盘，选自台北"故宫博物
院"编《和光剔彩——故宫藏漆》

图159-2：〔日本明治时代〕
日本镰仓雕牡丹纹大香盒，
选自屈志仁《东亚漆器》

图159-3：〔17—18
世纪〕黑漆地堆红琴
高仙人海棠形盆，选
自日本浦添市美术馆
编《館藏琉球漆芸》

稍加雕刻的。日本漆工仿造中国木胎雕刻的假雕红、假雕彩制为"鎌
倉彫"（图159-2），制品日益精进，卒成著名品种。

"灰起刀刻"的假雕红，为福州和琉球漆工所擅长：厚刮漆灰干
后，浮雕图画，其上薄髹红漆。"漆冻脱印者"的假雕红，指巧配含
胶量多、细腻柔软、可塑性好的灰漆——漆冻，反复搓揉捶打到黏性
充分发挥，按入雕刻成型的阴模，快刀切平反面，脱印出浮雕画面贴

于漆胎，用杇略做收拾，待干，罩髹红漆。漆冻，福州漆工称"锦料""锦泥"。琉球"黑漆地堆红琴高仙人海棠形盆"（图159-3），用黑色漆冻模脱出锦纹地，再用红色漆冻脱出薄薄的浮雕图案贴于锦纹地，待干，用刀收拾图像根脚，用笔于其局部春以黑漆，极其古雅自然，是一件"灰起刀刻"的假雕红精品。

扬明于《堆起》章第149条"隐起描金"已注"漆冻模脱者"，于《雕镂》章此条下注"漆冻脱印者"，于《雕镂》章"堆彩"条下再注"花样锦纹脱印成者"：一言连注于三条之下。笔者以为，若是脱印锦纹，记于《阳识》章为好；若是堆起图画，《堆起》章已有记录，此注属于重复记录。

王解本第129页解"有漆冻脱印者"："这是假剔红的另一种做法。用漆冻子敷著在器物上，拿模子套印出花纹。"[按]"漆冻脱印"的基本工艺是：将反复捶打的漆冻捺入金属模具，套印出浮雕画面或锦纹，快刀切削成片，反贴在涂漆已流布均匀的漆胎表面；不是将漆冻敷于器物再拿模子套印花纹。

160【原典】

堆彩，即假雕彩也，制如堆红，而罩以五彩为异。

【扬明注】

今有饰黑质，以各色冻子隐起团堆、杇头印划、不加一刀之雕镂者，又有花样锦纹脱印成者，俱名堆锦，亦此类也。

【校勘】

1.彩：蒹葭堂抄本此条两书异体字"綵"，德川抄本此条三书异体字"綵"，索解本第116页此条三用"綵"字未改。王解本随朱氏刻本用正体字"彩"。笔者《图说》《东亚漆艺》《析解》用正体字"彩"。

2.雕：蒹葭堂抄本、德川抄本原典与扬明注皆书为异体字"彫"，索解本第116页随用，朱氏刻本，王解本，笔者《图说》《东亚漆艺》《析解》改用正体字"雕"。

3.假雕彩：蒹葭堂抄本误书为"假雕绿"，德川抄本改书为"假雕綵"，影本从略。索解本第116页亦用"假雕綵"，王解本第130页随朱氏刻本改为"假雕彩"。"綵"为"彩"的异体字。按文意，笔者从朱氏刻本勘用"假雕彩"。

【解说】

堆彩，也就是假雕彩，与"堆红"工艺近似，最后罩髹各色彩漆。堆彩也有"木胎雕刻者""灰起刀刻者""漆冻脱印者"三种。

"木胎雕刻"的堆彩，以台湾"蓬莱涂"有名。台湾漆工在木胎上浮雕出菠萝、香蕉、蝴蝶兰或台湾原住民传统纹样双头蛇纹、牵手纹、

日月潭杵歌纹等，地子往往刻龟壳纹，磨光并进行打底、封固，分面髹涂黑、朱等色彩漆或加嵌螺钿，或贴金属箔再髹透明漆干固后研磨推光，刀法刚劲，图案古朴，大块使用原色，不拘细节雕饰。日占期间，日本人视台湾为蓬莱仙岛，于是称台湾所产"木胎雕刻"的堆彩为"蓬莱塗"（图160-1）。日、韩称"木胎雕刻"的堆彩为"彫木彩漆"，日本"高冈彫"已成名品。

图160-1：〔近代〕木胎雕刻的堆彩——蓬莱涂漆盘，笔者摄于高雄市立历史博物馆

"灰起刀刻"的堆
彩，有全面厚积灰漆
层干后浮雕，有局部
厚积灰漆层干后浮雕，
然后用笔髹画彩漆。
笔者在高雄市立历史
博物馆得见多件台湾
漆工制"灰起刀刻"
（图160-2）的堆彩漆
器，风格轻浅靓丽，
与平遥堆鼓描漆漆器
的典重风格各见特色。

图160-2：〔近代〕灰起刀刻的堆彩——黄漆
地木瓜纹漆盘，笔者摄于高雄市立历史博物馆

"以各色冻子隐起团堆"的堆彩传入琉球以后，为冲绳漆工传承：
将朱、黄、绿、褐等各色漆冻分别揉捏成团，用类似擀面杖的圆形木
棍压扁为薄薄的"饼"，或在漆面用两张以上的"饼"重叠贴塑图案
以强化立体感，或将几色漆冻混合揉捏成团压扁为"饼"，将绞揉出

图160-3：〔18—19世纪〕琉球"以各色冻子隐
起团堆"的堆彩圆盒，笔者摄于东京国立博物馆

美丽肌理的"饼"切取为纹样
部件贴于漆胎，其上再以杇
刻划（图160-3）。"花样锦
纹脱印成者"的"堆锦"，为
福建、台湾漆工传承：将反
复搓揉捶打的漆冻按入金属
阴模脱印为锦纹，快刀薄切
成片并将锦纹地边缘多肉切
除、反扣并粘贴于涂布湿漆
业已流平的漆胎，待干，表
面髹朱漆或髹金以遮盖漆冻

图160-4：〔近代〕"花样锦纹脱印成者"的印锦漆盒，台湾漆工制，采自台中县立文化中心《典藏目录——漆器类》

原色，福州漆工称"印锦"（图160-4）。要之，福建、台湾漆工用一色漆冻，冲绳漆工用彩色漆冻；福建、台湾漆工用模具压印出锦纹或浮雕画面，用杇收拾；琉球漆工将各色漆冻捶打成饼，用模具按印梅花之类的重复图案。

161【原典】

剔犀，有朱面，有黑面，有透明紫面。或乌间朱线，或红间黑带，或雕鸊等复，或三色更叠。其文皆疏刻剑镮、绦环①、重圈②、回文③、云钩④之类。纯朱者不好。

【扬明注】

此制原于锥毗而极巧致精，复色多，且厚用款刻，故名。三色更叠，言朱、黄、黑错重也。用绿者非古制。剔法有仰瓦，有峻深。

---

① 绦环：指丝结环环相扣，引伸为四方委角造型或纹样，格扇门腰板四方委角称"绦环板"，《园冶》中记有绦环样栏杆，明清文人笔记中记有绦环样漆盘。
② 重圈：圆圈纹圈圈套合，为工艺品程式化图案之一。
③ 回文：从青铜器云雷纹变化而来，成为工艺品中常见的连续纹样。
④ 云钩：钩状云纹，为工艺品程式化图案之一。

【校勘】

1. 乌间朱线：蒹葭堂抄本误书"乌"似为"鸟"，德川抄本改书为"乌"。其后各版均用乌作"乌间朱线"。

2. 雕鸓：蒹葭堂抄本"雕"书为异体字"彫"，德川抄本错书为"彤"，索解本第117页用"彫鸓"，朱氏刻本勘为"雕鸓"，王解本131页造简体字"野"而"鸓"字无简体，笔者《图说》《东亚漆艺》《析解》随朱氏刻本勘用"雕鸓"。

3. 剑镮：蒹葭堂抄本、德川抄本皆书为"劎镮"，索解本第117页改"劎"为正体字作"剑镮"，王解本第131页随朱氏刻本第150页错用"环"作"剑環"。［按］两抄本"镮"皆为金旁，剑镮，指剑身与护手间的铜饰，后来演变为纹样程式，明代计成《园冶》中记有剑镮式门景，黄成用以代指剔犀程式化的纹样。笔者《图说》《东亚漆艺》《析解》用正体字兼改错字用"剑镮"。

4. 原于锥毗：蒹葭堂抄本书为"原于锥毗"，德川抄本错书为"原于犀毗"。日本典籍多有"剔犀""犀毗"不分者，其源或在德川抄本。此或亦为德川抄本为后世文人所抄之例证。原，通"源"。其后各版皆从蒹葭堂抄本作"原于锥毗"。

5. 王解本第131页引："《禅史类编》：'今之黑朱漆面刻画而为之，以作器皿，名曰犀皮。'……（寿66）"［按］王解本引文脱字。两抄本原典四周有多条寿笺，此条寿笺原文是："《禅史类编》曰：'今之黑朱漆面刻画而为之，以作器皿，名曰犀皮。意海犀之皮。必不如是。"从两抄本上此笺及"剔犀"条四周多条寿笺可见，寿碌堂主人不懂平纹的犀皮工艺与阳纹的剔犀工艺区别何在，叠床架屋引用古籍以显高深。

【解说】

剔犀，指于漆胎上有规律地换髹黑、红两色厚料漆或朱、黄、黑三色厚料漆，层层积累到几十层甚至数百层，深雕出云勾纹之类的规则图

图161-1：〔南宋〕剔犀漆盏托，东京国立博物馆
藏，选自李中岳等编《中国历代艺术·工艺美术编》

案，刀口断面可见回环往复的红色、黄色漆线。因为剔犀多雕为云纹，
所以，漆工称剔犀"云雕"。现存最早的剔犀漆器是藏于上海博物馆的
"剔犀漆奁"，该馆鉴定其为汉晋文物。传世剔犀漆器则以宋元作品为
佳。笔者在东京国立博物馆库房得见南宋"剔犀漆盏托"（图161-1），
黑漆层内，红漆线根根分明，漆光莹润。元代剔犀漆器漆层增厚，刀痕
流转间见刚健之气，磨工圆润又绝无疲软，安徽博物馆、上海博物馆各
有收藏。明代剔犀漆器漆层变薄，云纹变体增多，有：剑镮、绦环、重
圈、回文、如意、香草甚至变体莲纹（图161-2）……不一而足，总体
不及元代剔犀漆器柔中见刚，花纹比元代剔犀漆器落入细碎。

　　黄成记录了剔犀漆器的多种变化：有以朱漆为面，有以黑漆为面；
有朱漆面罩透明漆，称"透明紫面"；或黑漆层间髹朱漆成朱漆线，
或红漆层间髹黑漆成黑漆带，或雕作黑色漆带等距离重复，或朱、黄、
黑三色漆带更替交迭。"纯朱者不好"，因为纯朱者所刻漆层断面没有
回环往复的色漆线，失去了剔犀漆器独特的意趣。扬明补充说，剔犀
工艺原出于"锥毗"，比"锥毗"精巧到了极致：剔犀用几种色漆反
复髹涂，涂漆很厚，款刻又深；锥毗则漆色少，刮擦浅；髹绿漆刻为

图161-2：剑镮、绦环、回文、重圈、云钩等图案示意，尤真绘

剔犀不合古制；剔犀刀法有南北二派，南派刻痕浅圆如蝴蝶瓦上仰，北派剔犀刻痕深峻呈V字形。

　　黄成所言"透明紫面"，或即《格古要论》所记"滑地紫犀"。《格古要论》记："古剔犀器以滑地紫犀为贵。底如仰瓦，光泽而坚薄，其色如枣色，俗谓之枣儿犀。亦有剔深峻者，次之。福州旧做色黄滑地圆花儿者多，谓之福犀，坚且薄，亦难得。嘉兴西塘杨汇新作者，虽重数两，剔得深峻，其骨子少有坚者，但黄地者最易浮脱。"[1]"江宁织造博物馆古代漆器展"曾经展出一件"剔犀漆提盒"，髹数层黄漆间髹一层朱漆，如此反复，表面厚髹透明漆软干后剔云钩纹，研磨功夫十足，刀口断面可见红色漆线流转，漆光深邃如珊瑚玛瑙并且像是从漆层深处发出，正是少见的透明紫面剔犀漆器（图161-3）。

　　日本典籍对中国剔犀的称谓十分复杂，如"堆乌"指"黑漆中层层有细红丝，多刻作连环"；"桂浆"指"黄漆为地，以黑漆堆起，黑漆中有三层细红丝"；"金絲"指"黄、黑、硃漆重叠堆起"；"剔金"指"黄漆黑漆重叠堆起"[2]。异名外传，甚至为英国学者记录[3]。日本学

---

　　① 〔明〕曹昭：《格古要论·古犀毗》，《文渊阁四库全书》第871册，第108页。

　　② 出自《秋苑日涉》，引自日本德川美术馆、根津美术馆编：《彫漆》，1984年版，第171页。

　　③ 剔犀异名，见K. Herberts: *Oriental Lacquer Art and Technique*, London Thames & Hudson, 1962.（〔英〕赫伯特：《东方漆器艺术与技术》，伦敦泰晤士哈德逊图书出版社，1962年版），第310页"桂浆"条、315页"金丝"条、320页"黑金丝"条、321页"九连丝"条。

图161-3:〔明〕透明紫面剔犀
漆提盒,江宁织造博物馆供图

界又有将中国刻为阳纹的剔犀误记为文质齐平的"犀皮"①,其源或在中国文人笔记误记。宋代邢凯《坦斋通篇》、宋代程大昌《演繁露》,都认为犀皮乃雕刻而出②;近代人邓之诚《骨董琐记》所记更加离谱:"雕漆始于宋庆历以后,名曰犀皮,又作西皮、西毗,分戗金与剔

①〔日〕西冈康宏《宋時代の彫漆》、〔日〕小池富雄《德川美術館中国の漆器コレクョシ》等,将中国的剔红、剔黑称为"堆朱""堆黑",将中国的剔犀称为"犀皮"。
②〔宋〕程大昌《演繁露·卷九·漆雕几》记:"《邺中记》:石虎御座、几,悉漆雕,皆为五色花也,按今世用朱、黄、黑三色漆,沓冒而雕刻,令其文层见叠出,名为犀皮。"将剔犀、犀皮混为一谈。《文渊阁四库全书》第852册,第148页。

图161-4：〔南宋〕莲弁纹雕彩漆盒（剔犀），选自五岛美术馆《存星——漆芸の彩り》

图161-5：〔日本室町时代〕日本镰仓雕具利文大香盒，笔者摄于镰仓

红"①，将"填嵌"门其文属阴的犀皮混同于"雕镂"门其文属阳的雕漆、"戗划"门其文属阴的戗金。笔者四赴日本见藏于日本五岛美术馆兴正寺的南宋"莲弁纹雕彩漆盒"，作为剔犀，换髹色漆层累积甚厚，花瓣凹处系用宽凹口刀镗出，镗凹处露（图161-4）出圈圈漆层，竟然颇似犀皮花纹。宋代工匠敢于如此不拘程式地雕刻！渐往明代，剔犀就程式化了；再往清代，连剔犀也少见了！这令我益增对宋代工匠的景仰，也令我设身处地为古代文人着想：中日文人多有将"剔犀"误记为"犀皮"者，是否起因在于有人看过将刀具"躺"下镗出犀皮纹的剔犀漆器呢？

日本镰仓漆工以木雕罩以红漆的假雕红工艺仿造中国剔犀，别称"具利彫"。京都金莲寺原藏镰仓时代"具利文大香盒"（图161-5），

---

① 邓之诚著，栾保群校点：《骨董琐记全编：新校本》，所引见卷六"雕漆"条，人民出版社，2012年版，第218页。

现在成为"镰倉彫资料館"年代最早的藏品。日本学者又将中国剔犀工艺称为"屈輪"。考其实质则相异：中国剔犀逐层髹涂厚料漆逐层待干厚积几十层数百层后逐刀雕漆，日本"屈輪"于圈叠胎上髹彩漆，其源出于中国唐代圈叠胎，圈叠胎在中国失传，却在日本发展成为"屈輪"工艺，赤地友哉为此项工艺人间国宝。

王解本第131、132页解，"最早的剔犀实例英人迦纳（H. M. Garner）认为是一九○六年经斯坦因（M. A. Stein）在米兰堡（Fort Miran）发现的唐代（公元八世纪）的皮质甲片……甲片上的花纹……是用刮擦的方法透过了不同的漆层取得的"，"唐漆甲是剔犀尚未定型，而近似锥毗的一种做法"。［按］汉晋剔犀漆器藏于上海博物馆，见载于日本松涛美术馆编《中国の漆工芸》、香港中文大学文物馆编《中国漆艺二千年》，可证最早的剔犀实例不是米兰堡发现的唐代漆皮甲。扬明不可能对唐代漆甲与剔犀做出比较，他对剔犀与锥毗的比较，只能从亲见发论。从扬明注可知，锥毗比剔犀雕刻浅。"锥毗"是否为"锥皮"之讹？容再探讨。王解本第132页又解，"疏刻，即剔刻的意思"。［按］疏刻，即雕刻出稀疏的花纹。剔犀"疏刻剑环、绦环、重圈、回文、云钩之类"程序化的简单纹样，于刻层断面可见回环往复的色漆线。若是密刻花纹，便难以见到刀痕过处漆线回环往复的意趣。

162【原典】

镌蜔，其文飞走、花果、人物百象，有隐现为佳。壳色五彩自备，光耀射目，圆滑精细、沉重紧密为妙。

【扬明注】

壳色，钿螺，玉珧、老蚌等之壳也。圆滑精细，乃刻法也；沉重紧密，乃嵌法也。

【校勘】

1.镌蜔：蒹葭堂抄本、德川抄本皆书为"镌蜔"，朱氏刻本、索解本随用，王解本第134页改为"镌甸"。"甸"，念diàn时意指郊外，用在此不可解。笔者《图说》《东亚漆艺》《析解》从两抄本用"镌蜔"。

2.壳色，钿螺，玉珧、老蚌等之壳也：蒹葭堂抄本、德川抄本扬明注皆书为"壳色，钿螺，玉珧、老蚌等之壳也"。"钿螺"下已领"玉珧、老蚌等之壳也"，"壳色"二字似为衍出；若"壳色"下领"玉珧、老蚌等之壳也"，则"钿螺"二字即为衍出。这是注文的局限。其后各版均保留扬明注原貌不改。

3.钿螺：蒹葭堂抄本、德川抄本皆书为"钿螺"，索解本随用，王解本第134页随朱氏刻本第151页错改为"细螺"。笔者《图说》《东亚漆艺》《析解》从两抄本用"钿螺"。

4.沉重：蒹葭堂抄本、德川抄本皆书为"沉重"，朱氏刻本、索解本随用，王解本第134页两改作"沈重"。抄本"沉重"无错，且比"沈重"通用。笔者《图说》《东亚漆艺》《析解》从两抄本用"沉重"。

【解说】

镌蜔，指用蚌壳浮雕为禽走、花果、人物等图像部件拼接镶嵌于漆器，文高于质，福州漆工称"浮嵌螺钿"，北京漆工称"螺钿镶嵌"，扬州漆工称"挖嵌螺钿"（图162）。蜔，指蚌壳，《说文解字》《辞海》《辞源》无此字，《康熙辞典》："蜔，亭联切，音甸"。黄成记"壳色五彩自备，光耀射目"，扬明注"壳色，钿螺，玉珧、老蚌等之壳也"。从传世镌蜔漆器考察，镌蜔所用的材料主要为壳体比较平坦的河蚌壳，海螺壳只做局部点缀。比较嵌螺钿工艺，"镌蜔"工艺相对简单：以圆砣工具便于雕刻为基准，将图稿切割为碎块贴于蚌壳，用穿入砧齿钢丝的竹弓在图稿线中央偏外上下穿行，镂出蚌壳部件外

图162：〔近代〕镌蜔黑漆圆提盒，笔者摄于高雄市立历史博物馆

形，浮雕为禽走、花果、人物等零部件，锉净锯纹，在漆面拼撞为图画，用钢针在漆面划准蚌壳部件外廓，将蚌壳部件移出漆面，挖去针划外廓内的漆面与漆灰层，用生漆灰或厚油鳗均匀铺覆于挖陷之处，将蚌壳部件重压其上直至紧贴漆胎，剔去溢出缝隙的生漆灰或厚油鳗，耐心等待蚌壳部件下生漆灰或油鳗干固。隐现，与上文"隐起""堆起"都指浮雕。受蚌壳天然形状的限制，镌蜔多取材花卉雀鸟，因料就形加以雕琢，不宜雕刻房廊等复杂规矩的界画。"圆滑精细、沉重紧密"指镌蜔漆器蚌壳部件宜沉重不宜过于细小，雕刻宜藏锋棱，打磨宜圆滑，刻纹宜精细，漆灰层宜厚而坚韧，嵌入漆灰宜深，与漆灰层接缝之处宜紧密，使蚌壳不至于脱落。日本漆工称"镌蜔"为"浮彫螺鈿"，比《髹饰录》称"镌蜔"概念浅显准确。

163【原典】

款彩，有漆色者，有油色者。漆色宜干填，油色宜粉衬。用金银为绚者，情盼之美愈成焉。又有各色纯用者，又有金、银纯杂者。

【扬明注】

阴刻文图，如打本之印板而陷众色，故名。然各色纯填者不可谓之"彩"，各以其色命名而可也。

【校勘】

1.款彩：蒹葭堂抄本、德川抄本皆书异体字作"欵彩"，索解本第119页随用，王解本随朱氏刻本改作"款彩"。笔者《图说》《东亚漆艺》《析解》从朱氏刻本勘用正体字"款彩"。

2.倩盼：蒹葭堂抄本"盼"字书作"月"旁，德川抄本书作"目"旁。其后各版皆用目旁"盼"作"倩盼"。

【解说】

款彩，指在推光漆面进刀直入灰地刻出图纹，铲平灰地填以彩漆、彩油或贴金银箔、或干着色粉的工艺，因为多刻为阳纹露出灰地，状如雕版印刷的刻板，漆工俗称"刻灰"。因其进刀较深，只能降低灰层坚硬度以谋求进刀的方便，所以，款彩屏风家具多以血灰、血漆灰做灰漆。黄成记录了填漆色、填油色、干着色、金地或银地、纯填一色等多种款彩。扬明则认为，各色纯填者不可谓之"彩"，宜命名为"款红""款绿"。"干填"，指干敷颜料粉。螺钿粉有一定重量，则需湿敷。因为油色透明，遮盖力差，如果涂油色前未用粉色打底，灰地的颜色就会露于油色之外，使油色脏、次而不够纯、亮，所以，"油色宜粉衬"。

款彩工艺诞生的历史动因是：明中叶以来江南士绅厅堂对文人书画的大量需求及江南雕版印刷的空前发展。中晚明，江南士绅厅堂高度提升，书画从小幅转向大幅，立轴、中堂、对联流行，书画市场不敷售出，于是，模仿雕版的款彩屏风、楹联、牌匾等，以工艺快捷、价格低廉、结实耐挂等优点，大举进入了江南士绅厅堂，成为晚明以来

图163:〔清〕款彩十二扇大围屏《汉宫春晓》局部，华盛顿弗利尔博物馆藏，《湖上》杂志供图

髹饰工艺中最富有生气的主力军。江南如歙县、扬州、苏州等地大量制作，销售渐广而至于为西方人士钟爱。17世纪起，中国款彩屏风由东印度公司大量转卖到欧洲。初运欧洲途中，在印度渔村科罗曼德尔（Coromandel）办理转口验关手续，在发货单上加盖当地戳记，运抵欧洲以后，欧洲人不明款彩屏风的真实来历，欧洲市场便称中国款彩屏风为"科罗曼德尔"。直到今天，欧洲人仍然称中国款彩屏风为"科罗曼德尔漆器"，见载于《大英百科全书》。[①]晚明至清初款彩屏风，境外博物馆广有收藏，如华盛顿弗利尔美术馆藏康熙十一年（1672年）

---

① 参见索予明：《雕漆器的故事》，台北"故宫博物院"，1995年版，第65～66页。

"款彩十二扇大围屏《汉宫春晓》"（图163），高达216.厘米，十二扇合长606.5厘米，系两淮盐政赠送云南道监察御使的礼品，屏背刻楷书长序记其一生事迹，刻纹内填真金，历三百余年仍然精美完好，真正令人惊叹！现代，漆色款彩、油色款彩、真金箔款彩漆屏风已成少见。

王解本第135页解款彩："北京的文物业不称之为'款彩'，而叫它为'刻灰'或'大雕填'……北京文物业所谓的小雕填，包括本书100填漆，148鎗金细钩描漆和149鎗金细钩填漆几种做法。"[按]文中编号系王解本编号，与原典实际条目不合，请自核查。承久居北京的国家级漆艺大师金永祥先生见告，北京漆器工人中从不称款彩"大雕填"，也未闻有大小雕填一说；据笔者调查，成都漆工称平纹的镂嵌填漆为"雕填"。王解本将《雕镂》章阳纹的款彩、《犏斓》章阴纹的戗金细勾填漆也叫"雕填"，就将《髹饰录》按阴阳分章的原则彻底打乱了。建议尊重《髹饰录》阴阳大法和已经界定的款彩、戗金细勾填漆工艺原名，不要让不规范、未流行且无历史源头的称谓轻易搅乱经典分类。

索解本第119页解款彩，"这种漆器是先刻后填，一如填漆。不过款彩除填以漆，还兼用油色，填后花纹当凸起于漆面"。[按]款彩并非一如填漆。填漆工艺的特点是用漆填平凹陷的图文，研磨到文质齐平；款彩工艺的特点是"阴刻文图"，于低陷处涂抹漆色、油色或贴金银箔，成品文质不平。

鎗划第十一

【扬明注】

　　细镂嵌色，于文为阴中阴者，列在于此。

【校勘】

　　鎗：蒹葭堂抄本、德川抄本皆书为"鎗"。查《辞海》释"鎗"：（qiāng）为"枪"的异体字；念去声qiàng时，通"戗"。又《诗·周颂·载见》："鞗革有鸧。"郑玄注："鸧，金饰貌。"陆德明注音："鸧，……本亦作鎗。"除笔者《东亚漆艺》改用通行字"戗"，朱氏刻本，索解本，笔者2007版《图说》《析解》皆随抄本用"鎗"。新版《图说》引原典仍用"鎗"，解说按现代汉语规范用"戗"。

【解说】

　　"鎗划第十一"是黄成自拟章名不是条目，故不作为条目编号。此章记录了漆面镂划出细阴纹并在阴纹内戗入金银或颜料的工艺，因为漆面属阴，其上又加阴纹，所以扬明说"于文为阴中阴者"。

　　《鎗划》章含"鎗金""鎗彩"两条，各由"划"与"戗"两道程序完成制作：于推光漆面用刀轻划线条，划纹内戗入金、银箔粉或彩漆，分别称"戗金""戗银""戗彩"。创划漆器于制造漆胎时就应该与其他工艺的漆胎有所区别：如制为戗金，用黄推光漆做煎糙，划槽呈黄色，以养益其上箔色；如制为戗银，则在煎糙的漆内兑入钛白，以养益其上银色。推光漆涂层偏于脆硬，难以"细钩纤皴"而没有结节。所以，用于戗划的漆胎，髹漆时不妨兑入20%以下的干性油，使表层坚而不脆，划槽不至于像犁铧走过似的向两旁爆碎；髹漆宜二至三道，最后一道鞔漆不可兑油，使漆面能耐磨退推光；漆层实干、不待干固时就应该抓紧镂划，方能使划纹流利没有结节。

戗划工艺与镂嵌填漆工艺区别在于：戗划在研磨推光以后的上涂漆面进行，镂嵌填漆工艺在未曾研磨推光的上涂漆面进行；戗划图案多细钩纤皴甚至划有细若秋毫的刷丝纹，镂嵌填漆图案轮廓线清晰肯定；戗划刻、填图案以后不再填漆磨显，文低于质，镂嵌填漆刻、填图案以后填漆磨平推光，文质齐平。戗划与款彩都离不开"刻"，不同在于：戗划刀迹在上涂漆层，款彩刀迹直入灰地；戗划往往细钩纤皴，款彩往往线、面粗阔。

164【原典】

鎗金，鎗或作戗，或作创，一名镂金、鎗银，朱地黑质共可饰。细钩纤皴，运刀要流畅而忌结节。物象细钩之间，一一划刷丝为妙。又有用银者，谓之鎗银。

【扬明注】

宜朱、黑二质，他色多不可。其文陷以金薄或泥金。用银者宜黑漆，但一时之美，久则黧暗。余间见宋元之诸器，希有重漆划花者；鎗迹露金胎或银胎，文图灿烂分明也。鎗金银之制，盖原于此矣。结节，见于鎗划二过下。

【校勘】

1.鎗，或作戗，或作创：今知"戗"的繁体是"戧"，与"创"毫无关联，这是原典的局限。查《营造法式》记为"抢金"，可见，通假字、同音字甚至音近字为古人惯用。朱氏刻本第152页两改扬明注"鎗"为"戧"，王解本，索解本，笔者《图说》《东亚漆艺》《析解》此条皆保留原典原句不改。

2.金薄：蒹葭堂抄本、德川抄本皆书为"金薄"。薄，古通"箔"。其后各版本引原典均用通假字不改。

3.希：蒹葭堂抄本、德川抄本扬明注皆书为"希"。"希"，古通"稀"。索解本第120页"希"误作"布"。朱氏刻本，王解本，笔者《图说》《东亚漆艺》《析解》引原典均用通假字不改。

4.盖：蒹葭堂抄本、德川抄本扬明注书为异体字"葢"。朱氏刻本，笔者《东亚漆艺》用繁体字作"蓋"，王解本，索解本，笔者《图说》《析解》用正体简化字"盖"。

5.下：蒹葭堂抄本、德川抄本扬明注末字皆书为"下"，索解本随用，王解本第136页随朱氏刻本第152页增字作"之下"。两抄本"下"文理无错，笔者《图说》《东亚漆艺》《析解》从两抄本用"下"。

6.王解本第136、137页引《辍耕录》，将"镈"改为"隙"，脱"或""或银薄"等字，将"遂"误作"逐"，将"坩埚"误作"甘锅"。《辍耕录》此段原文为："嘉兴斜塘杨汇粲工鎗金鎗银法：凡器用什物，先用黑漆为地，以针刻画，或山水树石，或花竹翎毛，或亭台屋宇，或人物故事，一一完整，然后用新罗漆，若鎗金则调雌黄，若鎗银则调韶粉，日晒后，角挑挑嵌所刻缝镈。以金薄或银薄，依银匠所用纸糊笼罩，罩金银薄在内，遂旋细切取，铺已施漆上，新绵揩拭牢实，但着漆者自然黏住，其余金银都在绵上，于熨斗中烧灰，坩埚（原文作'甘锅'）内镕锻，浑不走失。"①《辍耕录》"甘锅"字错，顺手勘出。

【解说】

戗金，一名镂金，指在推光漆面刻划纹样后打金胶，于划痕内薄薄填入金胶漆，随即用软布包木块揩去溢出线槽的金胶漆，待金胶漆

---

① 〔元〕陶宗仪：《辍耕录·卷三十·鎗金银法》，《文渊阁四库全书》第1040册，第748～749页。

表干而有黏着力时，用丝绵球裹蘸金箔粉，密密而又均匀地敷入划纹，待干，用软布包木块揩去溢出划纹的金箔粉，戗银则换银箔粉。朱漆地子、黑漆地子上戗金，比其他颜色的漆地上戗金好看，戗银则宜于在黑漆地上进行。戗金的线条，以纤细为好，运刀要流畅，图像轮廓内一一划以刷丝纹者好看。扬明从宋元金银胎漆器刻纹间露出金银胎出发，推断金银胎为戗金银之源。此说难以为凭。扬明还补充说，银箔粉暴露在空气之中，时间久了会发青发暗。

《唐六典》最早记录了"戗金"。目前尚乏唐代戗金实物而以宋代戗金漆器为早。

中国境内，常州博物馆为收藏宋代戗金漆器的重镇，其所藏漆奁、漆盒、漆镜箱、漆执镜箱等戗金漆器均为江苏武进南宋墓出土，且全部为温州漆工制品①。如"银钿十二棱莲瓣形戗金朱漆奁"（图164-1），高仅21.3厘米，卷木胎制为三撞莲瓣式，外壁朱漆隐隐有裂纹，每撞口缘银钿既厚且坚，盖面戗金制为《园林仕女图》，奁壁戗金制为折枝花卉，花瓣上可见纤细的刷丝纹，为国宝级文物。除常州外，宋元戗

图164-1：〔南宋〕银钿十二棱莲瓣形戗金朱漆奁，常州市博物馆藏，选自李中岳等编《中国历代艺术·工艺美术编》

① 参见陈晶、陈丽华：《江苏武进村前南宋墓清理纪要》，《考古》1986年第3期；陈晶：《记江苏武进新出土的南宋珍贵漆器》，《文物》1979年第3期。

图164-2：笔者在东京国立博物
馆库房观摩元代黑漆地戗金经箱

金漆器多藏于日本。笔者往东京国立博物馆库房观摩元代"黑漆地戗金莲花唐草纹手箱"（图164-2），深以为此器戗金之细腻超过国内藏品：其盖面、箱身四面菱花形开光内刻莲花唐草纹轻淡若无，花瓣上刷丝纹细若丝缕：真不知耗费多少工日！九州岛国立博物馆藏元代"戗金孔雀纹经箱"有黑漆书"延祐二年（1315年）杭州油局……"铭文，被日本作为重要文化财收藏。元代戗金名工，目前仅知有嘉兴西塘彭君宝[1]。图像上细划刷丝的戗金传统延续到明代。笔者在纽约大都会博物馆、东京根津美术馆、台北"故宫博物院"库房各得见明代永乐皇帝赠萨迦寺"红漆地戗金莲纹八吉祥经书封板"，红漆地上细钩纤皴轮、螺、伞、盖、花、罐、双鱼、盘长等八吉祥纹样，围以火焰纹，刀痕细若秋毫，飘忽灵动，变化丰富。晚明出现了戗金细钩填漆漆器，密划刷丝的戗金漆器渐不可见，"戗金"退而成为填漆漆器细钩脉理的手段，划纹退为粗细匀等，被日本德川义宣讥为"硬線"[2]。因此，晚明以后，纯以戗金为纹的漆器再无足观。日本称戗金

---

① 〔明〕曹昭撰，〔明〕王佐增补：《新增格古要论》"戗金"条记，"元朝初，嘉兴西塘有彭君宝甚得名，戗山水、人物、亭观、花木、鸟兽，种种臻妙"。南京图书馆藏明黄正位刻清淑躬堂重修本，卷八，第2页。

② 德川义宣称中国戗金细钩填漆漆器上粗细等一的戗金脉理为"硬線"，称琉球沈金漆器刻纹变化为"軟線"。其实，琉球沈金"軟線"的源头盖在中国宋元，看过宋元戗金漆器便知。

为"沈金"。15世纪至16世纪，琉球沈金仿中国戗金到达顶峰，17至18世纪漆器上划纹渐粗，正与中国戗金漆器划纹的变化同步。笔者2007版《图说》第172页解说戗划时说，"用剞劂刀在退光并推光后的上涂漆面镂划出粗细匀等的细线槽"[①]，盖因其时笔者尚未得见元代戗金和琉球戗金，犯了用退步了的现代工艺解说古代工艺的错误。实际情况是：宋元戗金刀具丰富，线纹粗细组合变化丰富。

王解本第136～138页引《诗经·周颂·载见》："鞗革有鸧……"，郑玄注："……鸧，金饰貌"等认为，"杨注……所说的鎗金、鎗银之制原于宋、元金银胎诸器，实不可信"，"鎗金漆器从它的形态来看，与嵌金的铜器或铁器，确有相似之处……承湖北省博物馆杨权喜同志函告：'二卮技法一致，即在黑漆地上，用针刻虎、鸟、兔、怪人等，并在这些动物之间针刻流云纹。然后在所有针刻的动物、流云纹线条内填进了金彩。'……这样就可以说至迟在西汉中期已经有鎗金漆器了。"[按]宋、元勃兴的戗金工艺或受东周金饰含金银错工艺启发，却绝非东周金银错等工艺的延续。金银错用金片、金线，戗金用飞金。查《辞海》释"戗"："迎头而上。"可知"戗金"指划纹打金胶表干而有黏着力时，将飞金箔粉迎头"扑"入划纹。传飞金锻制工艺为东晋葛洪始创。戗入飞金的漆器，只能诞生在飞金锻制工艺成熟之后。杨权喜先生说得清楚，湖北光化西汉墓出土的漆卮"动物、流云纹线条内填进了金彩"，即以金锉粉入漆填入划纹，不是黄成所说"其文陷以金薄或泥金"。因此，光化出土的汉代漆奁是填金而非戗金，不能据此得出"至迟在西汉中期已经有戗金漆器"的结论。

---

① 长北校勘、译注、解说：《髹饰录图说》，山东画报出版社，2007年版，所引见第172页。

165【原典】

　　鎗彩，刻法如鎗金，不划丝；嵌色如款彩，不粉衬。

【扬明注】

　　又有纯色者，宜以各色称焉。

【校勘】

　　鎗：蒹葭堂抄本、德川抄本皆书为"鎗"，笔者《东亚漆艺》第481页引此条用繁体通行字"戗"，其余各版用"鎗"。

【解说】

　　戗彩，指在推光漆面划纹内填入彩漆。其刀勾划槽的方法与戗金一样，只是图像上不勾划刷丝；填色的方法与款彩一样。只是划纹浅细在上涂漆层不触及灰地，所以，划纹内戗彩前无需用粉色打底。扬明补充说，填红漆宜称"戗红"，填绿漆宜称"戗绿"。

图165：〔现代〕作为戗彩的缅甸蒟酱漆器，笔者摄于蒲甘"亚洲漆器展览"

　　"戗彩"的"戗"，显然沿用"戗金"的"戗"，实际工艺则并非"扑"色，实乃"填"色，是为"填彩"。邗江西汉墓出土的"孔雀纹漆勺"，孔雀纹系针划而出，划槽内填入了红漆。

　　戗彩与镂嵌填漆的根本区别在于：前者在划纹内填入彩漆不求满、平；后者在划纹或凹面填入彩漆务必满平；前者戗彩后不必研磨推光，后者待干固研磨到文质齐平再推光。缅甸蒟酱工艺过往传统为镂嵌填漆，如今多退为戗彩（图165），且戗入划纹的不是彩漆，而是颜料。读者请自辨别。

斒斓第十二

【扬明注】

金银宝贝，五彩斒斓者，列在于此。总所出于宋、元名匠之新意，而取二饰、三饰可相适者，而错施为一饰也。

【校勘】

五彩：蒹葭堂抄本、德川抄本皆书为"五采"，索解本第122页随用，朱氏刻本、王解本改用"五彩"。笔者《图说》《东亚漆艺》《析解》用正体字"五彩"。

【解说】

"斒斓第十二"是黄成自拟章名不是条目，故不作为条目编号。"斒斓"，即斑斓；"错"，指错杂、交错。此章记如何将几种装饰工艺谐调地并施于一件漆器，以取得金光银辉、五彩斑斓的效果。扬明说"总所出于宋、元名匠之新意"，其实，从《斒斓》章所记条目看，斒斓工艺是明以来中日漆艺交流和明中叶以降漆器装饰风走向极端的产物，装饰过繁过巧，反不如宋、元以一种工艺装饰的漆器淳和古雅，表现出明清艺术审美的倒退。扬明强调"可相适者"，说明他已经注意到当时漆器装饰过分导致文与质不相适的倾向，认识到"相适"的重要性。

《斒斓》章所记19条工艺，有属阴，有属阳，凌乱涣散，其间缺少分类递进的逻辑关系。为方便读者对照查找，兹将《斒斓》章条目按原典顺序列表如下：

《斒斓》章条目列表

166 "描金加彩漆"	167 "描金加蜔"	168 "描金加蜔错彩漆"
169 "描金殽沙金"	170 "描金错洒金加蜔"	171 "金理钩描漆"
172 "描漆错蜔"	173 "金理钩描漆加蜔"	174 "金理钩描油"
175 "金双钩螺钿"	176 "填漆加蜔"	177 "填漆加蜔金银片"
178 "螺钿加金银片"	179 "衬色螺钿"	180 "鎗金细钩描漆"
181 "鎗金细钩填漆"	182 "雕漆错镌蜔"	183 "彩油错泥金加蜔金银片"
184 "百宝嵌"		

　　明代，日本漆器大量流入中国，《遵生八笺》《长物志》等记录日本漆器不甚枚举①。日本髹饰工艺也随之进入中国，两国工艺交流融会，于是诞生出新的装饰工艺。明代人记："宣德间，尝遣漆工杨某至倭国，传其法以归，杨之子埙遂习之，又能自出新意，以五色金钿并施，不止循其旧法。于是物色各称，天真烂然，倭人来中国见之，亦齰（原文作'齚'）指称叹，以为虽其国创法，然不能臻此妙也。"②杨埙调入宫内御用监。晚明，"仿效倭器，若吴中蒋回回者，制度造法，极善模拟，用铅钤口，金银花片，蜔嵌树石，泥金描彩，种种克肖"③。清初方以智记："近徽吴氏漆，绢胎鹿角灰磨者，螺钿用金银粒杂蚌片成花者皆绝，古未有此。"④《斒斓》章记录的工艺，约近半系明代从日本传入，国人统称其"洋漆"。清宫档案显示，南京、苏州、扬州、

　　① 日本漆器为明代人目击并且见载于笔记如：〔明〕高濂：《遵生八笺·燕闲清赏笺上·论剔红、倭漆、雕刻、镶嵌器皿》、〔明〕文震亨：《长物志·卷六 几榻·台几》《长物志·卷七 器具·香合》等。
　　② 〔明〕陈霆：《两山墨谈》卷十八，《续修四库全书》第1143册，第354页。
　　③ 〔明〕高濂：《遵生八笺·燕闲清赏笺上·论剔红、倭漆、雕刻、镶嵌器皿》，所引见笔者编著：《中国古代艺术论著集注与研究》，天津人民出版社，2008年版，第323页。
　　④ 〔清〕方以智：《物理小识·器用类》，收入金沛霖主编：《四库全书子部精要》中册，天津古籍出版社、中国世界语出版社，1998年版，第1195页。

福州各能造仿洋漆器，从雍正至嘉庆朝，百余年未曾间断。北京故宫博物院藏洋漆漆器2400余件、仿洋漆漆器1600余件，数量之多，仅次于雕漆漆器①。

王解本第140页解，"这一门类的漆器，是……一件漆器上具备两种或三种不同文饰的做法"，第6页列表亦做此解。［按］《斒斕》章非记一件漆器上有两三种纹饰，乃记一件漆器运用了两三种装饰工艺。如果一件漆器以一种工艺、几种纹饰作为装饰，并不属于"斒斕"工艺。

166【原典】

描金加彩漆，描金中加彩色者。

【扬明注】

金象、色象，皆黑理也。

【校勘】

彩：蒹葭堂抄本、德川抄本此条书正体字"彩"、异体字"綵"各一次，索解本第122页随用，朱氏刻本、王解本用正体字"彩"，笔者《图说》《东亚漆艺》《析解》从朱氏刻本用正体字"彩"。

【解说】

描金加彩漆，指描金与彩漆描绘并施于一件漆器。扬明补充说，描金加彩漆或金象，或色象，多用黑漆勾描纹理。笔者目击传世描金加彩漆漆器有金理，有疏理，有黑理，金理亦颇不在少。纽约大都会博物馆藏康熙间"十二折大围屏"，高约3米，一面嵌极为工细的薄螺钿山水，

① 夏更起：《故宫博物院藏"洋漆"与"仿洋漆"器探源》，《故宫博物院院刊》2015年第6期。

图166：〔清乾隆〕瓜瓞绵绵三撞漆套盒，选自王世襄编著《中国古代漆器》

一面描金加彩漆表现出百花齐放百鸟争鸣，历300余年而能金象厚重，彩漆鲜艳，金彩交辉。北京故宫藏清中期"瓜瓞绵绵三撞漆套盒"，底座用描金加彩漆制为莲纹，三撞盒壁紫漆地上用隐起描金、隐起描漆加识文描金、识文描漆制为瓜瓞绵绵纹，盒套泥金地上用隐起描金、隐起描漆制为莲纹，精工灿丽，无以复加，不管如何命名，也难囊括其全部装饰工艺，姑以盒套工艺名之为"泥金地隐起描金加隐起描漆套盒"（图166）。

笔者以为，描金、描漆、描油都属于描饰工艺，同属《描饰》章，常被共饰于一器，分列条目，使《斒斓》章条目太赘。

167【原典】

描金加蜔，描金杂螺片者。

【扬明注】

螺象之边，必用金双钩也。

【校勘】

1.蜔：蒹葭堂抄本、德川抄本皆书为"蜔"，朱氏刻本、索解本第123页随用，王解本第141页改此字为"甸"。"蜔"指蚌壳；"甸"，念

diàn 时意指郊外。笔者《图说》《东亚漆艺》《析解》从两抄本用"蜔"。

2.螺象之边：蒹葭堂抄本、德川抄本扬明注皆书为"螺象之处"，蒹葭堂抄本"处"字右首书寿笺"一本作边"，德川抄本"处"字右首增一字书寿笺"处，一本作边"。索解本第123页用"处"，王解本第144页随朱氏刻本第153页用"边"。按金双勾工艺，笔者《图说》《东亚漆艺》《析解》勘用"边"。

【解说】

描金加蜔，指描金与嵌螺蚌片两种装饰工艺并施于一件漆器。中国古代描金加蜔漆器尚待寻访。日本莳绘漆器中常见金象加螺钿，如江户时代尾形光琳作品"八桥嵌螺钿金莳绘砚箱"（图167），被东京国立博物馆作为国宝收藏。

图167：〔日本江户时代〕八桥嵌螺钿金莳绘砚箱，作者：尾形光琳，日本国宝，东京国立博物馆藏，选自灰野昭郎《日本の意匠》

本章第175条为"金双钩螺钿"，扬明又将"螺象之边，必用金双钩"注于此条，使两条工艺貌似重出。显然，黄成所记"描金加蜔"与"金双钩螺钿"是有区别的，前者有金象，后者无金象有金线。故扬明此条注应注于"金双钩螺钿"条下。

168【原典】

描金加蜔错彩漆，描金中加螺片与色漆者。

【扬明注】

金象以黑理，螺片与彩漆以金细钩也。

【校勘】

1.蜔：蒹葭堂抄本、德川抄本皆书为"蜔"，朱氏刻本、索解本随用，王解本第142页改用"甸"。"甸"，念diàn时意指郊外。笔者《图说》《东亚漆艺》《析解》从两抄本用"蜔"。

2.色漆：蒹葭堂抄本、德川抄本皆书为"色漆"，朱氏刻本、王解本随用，索解本第123页加字成"彩色漆"。笔者《图说》《东亚漆艺》《析解》从抄本用"色漆"。

【解说】

描金加蜔错彩漆，指描金、描彩漆、嵌螺蚌片三种装饰工艺并施于一件漆器。扬明补充说，金象上用黑漆勾描纹理，螺蚌片与彩漆象上金勾纹理。中国古代描金加蜔错彩漆漆器尚待寻访。

169【原典】

描金殽沙金，描金中加洒金者。

【扬明注】

加洒金之处，皆为金理钩。倭人制金象，亦为金理也。

【校勘】

描金殽沙金：蒹葭堂抄本、德川抄本皆书为"描金殽沙金"，索解本随用，王解本142页从朱氏刻本第154页错改为"描金散沙金"。〔按〕殽：念xiáo，通"淆"，混杂的意思。黄成原意指描金漆器上混

杂运用了洒金工艺。按黄成文意，笔者《图说》《东亚漆艺》《析解》
从两抄本勘用"描金殽沙金"。

【解说】

　　描金殽沙金，指描金漆器上混杂使用了洒金工艺。此条显然指向
日本莳绘漆器上的金象洒金。扬明注补充说，日本莳绘漆器能够于洒
金之处或金象之上再以金莳绘制为脉理。明中期至清前期，日本莳绘
漆器大量进入中国，扬明此言，必出目击。清宫旧藏中有大量日本莳
绘漆器，台北"故宫博物院"曾经举办"清宫藏日本莳绘漆器特展"。
此件清宫旧藏日本"流菊莳绘小方盒"（图169-1），正是沙金地上以
金银丸粉制为本莳绘，符合原典"描金殽沙金"再以金莳绘制为脉理
的工艺表述。

　　明、清两代，中国漆工努力学习日本莳绘工艺。明代人仿"洋
金"未能得其神髓，当时人记："倭用碎金入漆，磨漆金现，其颗屑圜

图169-1：〔日本江户时代〕流菊莳绘小方盒，
选自陈慧霞《清宫莳绘——院藏日本漆器特展》

图169-2:〔清中期〕乾隆款隐起描金加识文描金毂假洒金瓜形漆盒,北京故宫博物院藏,选自王世襄编著《中国古代漆器》

棱,故分明也。蒋用飞金片点,褊薄模糊耳。"①清前期,中国漆工仿日本莳绘仍未到位,雍正皇帝批造办处洋漆盒"漆水虽好,但花纹不能入骨"②。这"漆水"指仿制品髹漆深厚,推光后澄净如水;这"花纹不能入骨"乃因当时中国漆工还没有掌握在漆胎上撒金丸粉再固粉罩明研磨的本莳绘工艺,而用金箔粉在漆面描金仿莳绘,所以,中国漆器上的金象"轻则溦漫,重则臃肿且无光彩",日本莳绘漆器上的金象"金浓淡疏密,居然似画,且漆色与金色绝不相混,灰尘亦不沾滞"③。北京故宫博物院藏"乾隆款瓜形漆盒"(图169-2),外壁用泥金法做浑金髹,再以隐起描金加识文描金工艺制为"瓜瓞绵绵"图案,盒内壁撒麸金,正是借鉴日本莳绘工艺的产物。

王解本第142页解,"洒金……只能填布面积,不宜于表现物象,所以描金散沙金是用描金的方法勾出物象轮廓,而轮廓之内用洒金来填布,最后用金勾纹理"。〔按〕毂,指混杂,非"散"。"描金毂沙金"指日本莳绘漆器上金象、洒金错施再以金莳绘制为脉理,不是用洒金填布描金轮廓。

① 〔明〕刘侗、于奕正:《帝京景物略》卷四,古典文学出版社,1957年版,第69页。

② 朱家溍选编:《养心殿造办处史料辑览 第一辑 雍正朝》,紫禁城出版社,2003年版,第235页。

③ 〔清〕谢堃:《金玉琐碎·东洋漆鹿角灰八宝灰》,收入黄宾虹、邓实编:《美术丛书》第2册,江苏古籍出版社,1986年版,第1820页。

170【原典】

描金错洒金加蜔，描金中加洒金与螺片者。

【扬明注】

金象以黑理，洒金及螺片皆金细钩也。

【校勘】

蜔：蒹葭堂抄本、德川抄本皆书为"蜔"，朱氏刻本、索解本第124页随用，王解本第142页改用"甸"。甸"念diàn时意指郊外，与"蜔"语义不同。笔者《图说》《东亚漆艺》《析解》从两抄本用"蜔"。

【解说】

描金错洒金加蜔，指描金、洒金与嵌螺片三种装饰工艺并施于一件漆器。扬明补充说，金象上用黑漆勾描纹理，洒金象及螺蚌象上金勾纹理。笔者未找到中国古代"描金错洒金加蜔"实例。日本镰仓时代到室町时代，从以洒金制为"平目地""梨子地"发展到在洒金地上制为金莳绘加嵌螺钿。笔者在镰仓国宝馆得见一件接近此条的案例，苦于不能拍照。又笔者曾得友人黄丽淑引领，进南投台湾文献馆库房观摩日本总督府留下的400余件莳绘漆器。其中"雪薄纹蔦雪輪蒔

图170：〔日本江户时代〕雪薄紋蔦雪輪蒔絵手箱
悬盘上的梨子地平莳绘，笔者摄于南投台湾文献馆

绘手箱"（图170），真正美轮美奂，综合运用了研出莳绘及平莳绘、薄高莳绘、梨地、切金等技法，内壁及悬子内外莳浓梨地若以中国话语表述则为"洒金"；浓梨地上以青金、金丸粉、银丸粉制为薄高莳绘樱花，若以中国话语表述则为"描金"：豪华精美，叹为观止。此物未嵌螺钿，不足作为"描金错洒金加蜔"实例，若以中国话语表述，差可作为"描金错洒金"例证。

171【原典】

金理钩描漆，其文全描漆，为金细钩耳。

【扬明注】

又有为金细钩而后填五彩者，谓之金钩填色描漆。

【校勘】

1.其文全描漆：蒹葭堂抄本书为"其文金描漆"，"金"字一侧改字作"全"；德川抄本遵从蒹葭堂抄本改字直接书为"其文全描漆"。朱氏刻本第154页、索解本第124页皆用"其文全描漆"。王解本第143页认为，"'全'字，当为'仝'字之误"。[按]金理勾描漆其文确实全为描漆，其上以金线细勾。笔者《图说》《东亚漆艺》《析解》按原典所记工艺从德川抄本用"其文全描漆"。

2.五彩：蒹葭堂抄本、德川抄本书为"五采"。其后各版皆用正体字"五彩"。

【解说】

黄成和扬明记录了两种不同的"金理钩描漆"。黄成所记"金理钩描漆"，先画彩漆象再描金为线廓脉理（图171-1），此法流行于扬州、平遥等地，漆工称"彩勾金"；扬明补记"金钩填色描漆"，先

描金为线廓而后填以彩漆（图171-2），此法流行于福州等地，漆工称
"金骨填彩""假台彩"。"金理钩描漆"要求不框彩（指描漆图像无一
处溢出金勾轮廓线外）；"金钩填色描漆"要求不侵线，不漏彩（指所
勾金线与描漆图像严丝合缝没有间隙），工艺难度更高。

　　原典"金理钩描漆"与其前第166条"描金加彩漆"条目内容甚为
切近。如北京故宫博物院藏"五彩西番莲纹佛日常明四字漆盘"，描
漆中规中矩，描金不漏不溢，清宫档案记为苏州织造进贡：将其作为
"金理钩描漆"实例无错，作为"描金加彩漆"实例似亦并无不当。笔
者反复思忖此两条区别，或在："描金加彩漆"应有金象，"金理钩描
漆"无金象。条目内容过于接近，工艺在两可之间，也是《斒斓》章
条目芜杂的原因所在。

图171-1：漆工在制金
理勾描漆，笔者摄于扬州

图171-2：漆工在制金勾
填色描漆，笔者摄于福州

172【原典】

　　描漆错蜔，彩漆中加蜔片者。

【扬明注】

　　彩漆用黑理，螺象用划理。

【校勘】

蚒，蒹葭堂抄本、德川抄本皆书为"蚒"，朱氏刻本、索解本第124页随用，王解本第143页改用"甸"。"甸"念diàn时意指郊外，而"蚒"意指蚌壳。笔者《图说》《东亚漆艺》《析解》从两抄本用"蚒"。

【解说】

描漆错蚒，指描漆与嵌螺蚌片两种装饰工艺并施于一件漆器。扬明补充说，彩漆象上用黑漆勾描纹理，螺象上用刀刻划出皴纹脉理。其原因扬明未注。笔者以为，盖因螺象光滑，螺象上勾描纹理容易脱落，传统做法是用刀在螺象上刻划纹理以后髹漆磨显，刀迹自然成为黑色。纽约大都会博物馆藏明晚期"嵌螺钿填漆花鸟纹漆座屏"，人物山石等嵌衬色螺钿，嵌螺钿榻面、栏杆空隙和石空洞内填红漆磨显，

图172:〔明晚期〕填漆加描漆错蚒花鸟纹漆座屏，大都会博物馆藏，《湖上》杂志供图

只在黑漆地上绘红漆地景，若全面表述其装饰工艺，当称"填漆加描漆错蜔"（图172）。

173【原典】

金理钩描漆加蜔，金钿钩描彩漆杂螺片者。

【扬明注】

五彩、金钿并施，而为金象之处，多黑理。

【校勘】

1.蜔：蒹葭堂抄本、德川抄本皆书为"蜔"，朱氏刻本、索解本第125页随用，王解本第143页改用"甸"。"甸"念diàn时意指郊外，而"蜔"意指蚌壳。笔者《图说》《东亚漆艺》《析解》从两抄本用"蜔"。

2.杂：蒹葭堂抄本、德川抄本皆书为异体字"襍"。其后各版用正体字"杂"。

3.金钿：蒹葭堂抄本扬明注误书作"金细"，德川抄本改书为"金钿"。朱氏刻本第155页、王解本第143页亦错用"金细"，索解本第125页勘出错误而未改。按上下文意，笔者《图说》《东亚漆艺》《析解》从德川抄本勘为"金钿"。

【解说】

金理勾描漆加蜔，指彩漆象上金勾纹理与嵌螺蚌片并施于一件漆器。北京故宫博物

图173：〔明〕金理勾描漆加蜔黑漆地云龙纹香几，北京故宫博物院藏，选自胡德生编著《故宫经典·明清宫廷家具》

院藏宣德款"黑漆地云龙纹香几"（图173），其装饰工艺正是金理勾描漆加蜩。

　　"金理钩描漆加蜩"与其前第172条"描漆错蜩"的不同，只在漆象再加以金理勾。如此划分条目，未免琐碎。此条黄成所记，并无一字涉及金象，扬明将"为金象之处，多黑理"注于此条，是为误注。

174【原典】
　　金理钩描油，金细钩彩油饰者。
【扬明注】
　　又金细钩填油色，渍、皱、点亦有焉。

【解说】

图174：〔18—19世纪〕琉球金理勾描油加蜩花鸟纹圆盆，选自日本浦添市美术馆编《館藏琉球漆芸》

　　金理勾描油，指用密陀油描绘图像干后，于彩油象上金勾脉理。扬明补注一法：先金勾脉理，再填以密陀油或以密陀油皱擦点染，是谓"金钩填色描油"。金理勾描油、金勾填色描油与第171条所记金理勾描漆、金勾填色描漆工艺要领相同，不同只在：金理勾描漆用漆调颜料，金理勾描油用油调颜料。如此分条列目，使《蜎斓》章显得琐碎。

笔者在浦添市美术馆库房得见"黑漆地密陀绘花鸟纹圆盆"，花与叶用密陀油描绘，其上金勾脉理，花瓣反面嵌白色螺钿，自然而不抢眼，构图活泼，轻浅靓丽，按《髹饰录》命名法则，可称其工艺为"金理钩描油加蜔"（图174）。

175【原典】

金双钩螺钿，嵌蚌象而金钩其外匡者。

【扬明注】

朱、黑二质共享蚌象，皆划理，故曰双钩。又有用金细钩者，久而金理尽脱落。故以划理为佳。

【校勘】

匡：蒹葭堂抄本、德川抄本皆书为"匡"。"匡"，古通"框"。除笔者《东亚漆艺》第483页、《析解》第183页用通行字"框"，朱氏刻本，王解本，索解本，笔者《图说》用通假字不改。

【解说】

"双钩"为国画技法术语，指用线条勾描物象轮廓，线条上下左右合拢成形，所以，工笔花鸟画中的线描皆被称为"双钩"。黄成提出，嵌入蚌象后金钩外框；扬明则认为，朱漆地子、黑漆地子都可以嵌蚌象，蚌象平滑致密，其上箔粉入漆所画的金钩容易脱落，毛雕纹理为好。扬明此说，堪称的论。

日本莳绘的金双钩，比中国箔粉入漆制为金双钩工艺繁难，绝无脱落。笔者在东京国立博物馆得见江户时代"黑漆矢筒"（图175-1），筒外壁嵌螺钿豇豆金钩外框，金粉嵌入中涂漆面，金能入骨，绝无漫漶。浦添市美术馆藏琉球"黑漆地金双勾螺钿葡萄松鼠纹伽罗箱"（图

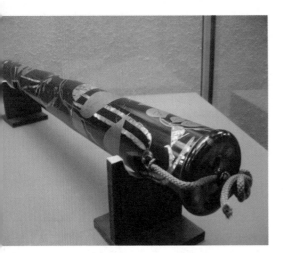

图175-1：〔日本江户时代〕
平莳绘嵌螺钿缸豆纹黑漆矢
筒，笔者摄于东京国立博物馆

图175-2：〔17—18世纪〕琉球黑漆地
金双勾螺钿葡萄松鼠纹伽罗箱，选自
日本浦添市美术馆编《館藏琉球漆芸》

175-2），看图美轮美奂，看实物则蚌象外框用箔粉入漆所制的金勾粗细不匀，固不能比日本金莳绘，也不能比中国传统的贴、上、泥金。金粉入漆用于描绘，见于战国秦汉漆器。日本平安前期称"金泥絵"。莳绘兴起以后，此种低档做法不再流行。

王解本第144页解："双钩这个名称是由于螺钿花纹上既经金色钩，又经划理而来的。"［按］扬明所说的"双钩"，指沿蚌象轮廓毛雕纹理，不是螺钿花纹上叠床架屋金勾线条再毛雕纹理，扬明是不赞成金勾蚌象的。

176【原典】

填漆加蜔，填彩漆中错蚌片者。

【扬明注】

又有嵌衬色螺片者，亦佳。

【校勘】

蜔：蒹葭堂抄本、德川抄本皆书为"蜔"，朱氏刻本、索解本第126页随用，王解本第144页改用"甸"。"甸"，念diàn时意指郊外，而"蜔"意指蚌壳。笔者《图说》《东亚漆艺》《析解》从两抄本用"蜔"。

【解说】

填漆加蜔，指填漆与嵌蚌片两种装饰工艺并施于一器。扬明补充说，螺片反面衬以颜色也很好看。韩国北村美术馆藏中国元代"楼阁人物图漆捧盒"（图176），盒盖开光内填红漆，嵌螺钿为楼阁人物和灵芝唐草图案，其工艺正是填漆加蜔；纽约大都会博物馆藏明晚期"嵌螺钿填漆花鸟纹座屏"，其主要工艺也是填漆加蜔（参见图172）。

图176：〔元〕填漆加蜔楼阁人物图漆捧盒，首尔北村美术馆藏，选自李宗宪《东亚漆艺》

索解本第126页解："衬色螺片，即透明无色蜔片下复衬以漆色。"〔按〕螺蚌片或泛白或含彩，能透光，不是透明无色的。蚌片反面可以涂以彩漆，也可以涂以金银色，除为使蚌片正面暗彩浮动外，更为成品不至于映出螺钿片下漆灰的浊色。

177【原典】

填漆加蜔金银片，彩漆与金银片及螺片杂嵌者。

【扬明注】

又有加蜔与金，有加蜔与银，有加蜔与金、银，随制异其称。

【校勘】

1.蜔：蒹葭堂抄本、德川抄本皆书为"蜔"，朱氏刻本、索解本第126页随用，王解本第145页改用"甸"。"甸"，念diàn时意指郊外，而"蜔"意指螺壳。笔者《图说》《东亚漆艺》《析解》从两抄本用"蜔"。

2.彩：蒹葭堂抄本、德川抄本皆用异体字作"綵"，索解本第126页随用，王解本随朱氏刻本改用正体字"彩"。笔者《图说》《东亚漆艺》《析解》用"彩"。

3.杂：蒹葭堂抄本、德川抄本皆书为异体字"襍"。其后各版用正体字"杂"。

【解说】

填漆加蜔金银片，以填漆、嵌螺蚌片、嵌金银片三种装饰工艺并施于一件漆器。扬明建议：根据嵌蜔与金，或嵌蜔与银，或既嵌蜔又嵌金、银，分别称为"填漆加蜔金片""填漆加蜔银片""填漆加蜔金银片"。笔者以为，填漆、嵌螺蚌片、嵌金银片都属于填嵌工艺，已见诸《填嵌》章，实不必因材料不同再各列条目。综合运用不同的填嵌材料时，填漆花纹的厚度、螺蚌片与金银片的厚度必须一致。如果螺蚌片、金银片厚度不同，则需要逐层埋伏，逐层涂漆，逐层磨显，难度较大。古代填漆加蜔金银片漆器尚待寻访。

178【原典】

　　螺钿加金银片，嵌螺中加施金银片子者。

【扬明注】

　　又或用蜔与金，或用蜔与银，又以锡片代银者，不耐久也。

【校勘】

　　蜔：蒹葭堂抄本、德川抄本两书"蜔"字，朱氏刻本、索解本随用，王解本第145页则两次改用"甸"。"甸"，念diàn时意指郊外，而"蜔"意指蚌壳。笔者《图说》《东亚漆艺》《析解》从两抄本用"蜔"。

【解说】

　　螺钿加金银片，指嵌螺钿与嵌金银片并施于一件漆器。扬明补充说，可以是螺蚌片加嵌金片，也可以是螺蚌片加嵌银片，明代已经有以锡片代替银片的做法，日久便会氧化失去光泽。

　　宋代人首先将嵌螺钿与嵌铜丝并施于一件漆器，明代人记"宋内府中物，俱是坚漆。或有嵌铜线者，甚佳"[1]。这或许给了元代人制螺钿加金银片漆器以启发。元代中期，诗人揭傒斯有诗《赠髹者黄生》，其中"黄金间毫发，文螺错斓斒"等句，正是形容黄生所制螺钿加金银片漆器[2]。明末，螺钿加金银片成为流行工艺，扬州名工江千里、徽州名工

---

　　① 〔明〕曹昭：《格古要论·钿螺》，《文渊阁四库全书》第871册，第109页。
　　② 〔元〕揭傒斯：《赠髹者黄生》，收入揭傒斯著，李梦生标校：《揭傒斯全集》，上海古籍出版社，2012年版，第83页。全诗如下："髹饰肇有虞，大朴已雕刓。纷纷百代下，巧密何多端。黄金间毫发，文螺错斓斒。竹树冠台殿，祥云随风鸾。五彩被床几，岂独匦与盘。坐使圭璧暗，所好移所观。黄氏擅良工，出入三十年。驰誉必名流，迎至皆上官。美贾一朝起，群工那可班。艺绝诚足贵，古道何由还。"可见，名工赖名流提高作品身价的风气，滥觞于元代中后期。

图178-1：〔晚明〕"歙西吴岳祯制"款嵌螺钿加金银片银里漆斗，笔者摄于上海博物馆

吴岳祯等为螺钿加金银片漆器名匠，作品不可不谓之工巧，然而，其格局与宋元嵌螺钿漆器已是别如霄壤（图178-1）。清初，螺钿加金银片漆器被大量仿制，各博物馆多有江、吴名款的作品，特别是江千里名款作品，真伪掺杂。清初，嵌螺钿加金银片漆器进入了宫掖。

螺钿加金银片工艺与嵌螺钿工艺相同，金片与螺片同样厚度，同步点植。笔者在浦添市美术馆库房得见"黑漆地嵌螺钿加金银片伽罗箱"（图178-2）。箱盖口沿用沃悬工艺[①]制如中国金钿效果，盖面嵌婴戏图。箱体四面八个菱花形开光外嵌螺钿加金片四方连续细锦，开光内嵌螺钿花草，每一个零部件莫不裁切精准，嵌贴严谨工整，磨显平滑到位，以切金工艺嵌为碎花，以沃悬工艺制为花心。其野逸构图在日本莳绘漆器中十分常见。此件作品虽然藏于古琉球地望，笔者推断为江户时代日本漆工作品，允推其为浦添市美术馆漆器藏品第一。

---

① 沃悬工艺：日本"本莳绘"工艺的一种。在精细研磨的中涂漆胎上刷漆，待流平，将粗号金丸粉极为均匀、严丝不漏地莳播其上，下窨等待金丸粉下的漆干透，用透明漆固粉，再下窨待干透，罩透明漆，下窨耐心等待透明漆完全干固，研磨至金丸粉半径，灰擦，推光，再胴擦，揩磨，揩光。沃悬地亮度充足，金入漆层而有金块般的厚重感，日本典籍中常简称为"金地"。"沃悬"二字，正是形容金色犹如金属铸出。

图178-2:〔16—18世纪〕日本黑漆地嵌螺钿加金银片伽罗箱,选自日本浦添市美术馆编《館藏琉球漆芸》

179【原典】

衬色螺钿,见于填嵌第七之下。

【解说】

"衬色"只是嵌螺钿工艺中的一道程序,并非独立的装饰工艺,不符合《斒斓》章两三种工艺并施于一器的界定。《填嵌》章第141条已记为"衬色蜔嵌",这里列条无由且条目重出。此为原典不足。

180【原典】

鎗金细钩描漆,同金理钩描漆,而理钩有阴、阳之别耳。又有独色象者。

【扬明注】

独色象者，如朱地黑文、黑地黄文之类，各色互用焉。

【解说】

"鎗金细钩描漆"与"金理钩描漆"都先以漆描出花纹再金勾脉理，

图180：〔清〕戗金细勾描漆云龙纹八方漆盒，美国旧金山亚洲艺术博物馆藏，选自台北"故宫博物院"编《海外遗珍·漆器》

不同在于："鎗金细钩描漆"花纹是阳中阴，"金理钩描漆"花纹是阳中阳。"独色象"，指以一种色漆画花纹，如朱漆地子上画黑花纹、黑漆地子上画黄花纹再戗金，地、纹颜色可以互换，比彩色图像更见朴雅。戗金细勾描漆传世实物甚少。美国旧金山亚洲艺术博物馆藏有中国清代"戗金细勾描漆云龙纹八方漆盒"（图180），造型方圆规矩，漆面腴滑，勾描极其细致。

181【原典】

鎗金细钩填漆，与鎗金细钩描漆相似，而光泽滑美。

【扬明注】

有其地为锦纹者，其锦或填色，或鎗金。

【校勘】

细钩描漆：蒹葭堂抄本、德川抄本皆脱"细"字，朱氏刻本第157页随脱，索解本、王解本增"细"字。笔者《图说》《东亚漆艺》《析解》与"镪金细钩描漆"条对照，增"细"字成"细钩描漆"。

【解说】

戗金细勾填漆，指漆面以镂嵌填漆工艺制为主体花纹以后推光，再以戗金制为脉理，主体花纹压在锦纹地子上。锦纹地子有两种：或填漆制为锦纹，或戗金制为锦纹。

"戗金细勾填漆"与"戗金细勾描漆"一字之差，效果相似而工艺不同。同在其花纹脉理都需要戗金，差异则在：戗金细勾填漆主体花纹是磨出来的平纹，戗金细勾描漆主体花纹是画出来的阳纹；戗金细勾填漆花纹是阴中阴，戗金细勾描漆花纹是阳中阴。所以，戗金细勾填漆比戗金细勾描漆手感平滑，漆面光泽。北京故宫旧藏漆器中有戗金细勾填漆与戗金细勾描漆两种工艺并用于一器的，不经手抚摸，照片上很难看出哪些部位填漆，哪些部位描漆。

戗金细勾填漆工艺为明代人新创，晚明至清中期大量制为漆器。嘉靖、万历年间，官造漆器继明前

图181：〔明嘉靖〕戗金细勾填漆吉祥纹花瓣形大漆盘，选自东京松涛美术馆《中国の漆工芸》

期出现了又一高潮，除雕漆之外，戗金细勾填漆成为晚明官造漆器的主要装饰，吉祥图案成为图案主体并与吉祥文字组合，龙、凤成为官造漆器图案的主力军，花鸟、人物纹退让为次要纹样，或重新组合出吉祥寓意。北京故宫博物院藏有为数颇多的明清两朝戗金细勾填漆漆器。境外藏嘉靖款"戗金细勾填漆吉祥纹花瓣形大盘"（图181），口径达34.5厘米，夹纻胎平曲自如，线型流畅，盘底分割为三大扇形装饰区，褐黄漆地上刻云龙仙鹤、山崖海水，盘边刻杂花纹，填入彩漆以后，研磨推光到十分光滑，戗金制为脉理，漆面腴滑，漆色典丽，堪称此类工艺的杰作。"鎗金细钩填漆"于明代中期传入日本，为日本《室町殿行幸御餝記》（1437）所最早记录①。

182【原典】

雕漆错镌蜔，黑质上雕彩漆及镌螺壳为饰者。

【扬明注】

雕漆，有笔写厚堆者，有重髹为板子而雕嵌者。

【校勘】

1.蜔：蒹葭堂抄本、德川抄本皆书为"蜔"，朱氏刻本、索解本随用，王解本第150页改用"甸"。"甸"，念diàn时意指郊外，而"蜔"指蚌壳。笔者《图说》《东亚漆艺》《析解》从两抄本用"蜔"。

2.雕：蒹葭堂抄本、德川抄本皆三书异体字"彫"，索解本第128页引原典用"雕"，引扬明注用"彫"。其余各版用正体字"雕"。

---

① ［日］福岛修：《存星"稀なるもの"の系譜》，收入五岛美术馆《存星——漆芸の彩り》，平成二十六年，第9页。

【解说】

雕漆错镌蚰，指黑漆地子上雕漆再错杂嵌以螺钿。"错"，指错杂，交错。在北京故宫同仁引领下，笔者考察未经今人染指的故宫符望阁，楼裙板黑漆地满嵌薄螺钿加金片锦纹，锦纹

图182：〔清〕宫内楼裙板雕漆错螺钿加金片图案，笔者摄于故宫符望阁

地上等距离镶嵌菱花形剔红图案，可当"雕漆错镌蚰"实例（图182）。

扬明于此条"雕漆"下注，"有笔写厚堆者，有重髹为板子而雕嵌者"。"重髹为板子而雕嵌者"指堆色雕漆，预先反复髹漆为板而后按形雕刻镶嵌；"笔写厚堆"亦指堆色雕漆，在厚料漆胎局部堆起彩色漆块雕刻完毕以后，用笔蘸彩漆渲染彩色。所以，此条扬明注实应注于第157条"剔彩"。

183【原典】

彩油错泥金加蚰金银片，彩油绘饰，错施泥金、蚰片、金银片等，真设文富丽者。

【扬明注】

或加金屑，或加洒金亦有焉。此文宣德以前所未曾有也。

【校勘】

蚰，蒹葭堂抄本、德川抄本皆书为"蚰"，朱氏刻本、索解本第128页随用，王解本第150页改用"甸"。"甸"念diàn时意为郊外，而

"蚬"意指蚌壳。笔者《图说》《东亚漆艺》《析解》从两抄本用"蚬"。

【解说】

图183：沃悬地彩油隐起加镌蚬漆盒，选自灰野昭郎《日本の意匠》

彩油错泥金加蚬金银片，指密陀油、泥金、镶嵌蚬片、嵌金银片四种装饰工艺并施于一件漆器，富丽异常，有的再加之以洒金。从扬明"此文宣德以前所未曾有也"正可证此种综合工艺系日本舶来。此件日本漆盒（图183），金地上镶嵌厚贝叶子，用油漆混合灰堆起为栅栏，其工艺接近中国话语"彩油错泥金加蚬"只是未嵌金银片。

184【原典】

百宝嵌，珊瑚、琥珀、玛瑙、宝石、玳瑁、钿螺、象牙、犀角之类，与彩漆板子错杂而镌刻镶嵌者，贵甚。

【扬明注】

有隐起者，有平顶者，又近日加窑花烧色代玉石，亦一奇也。

【校勘】

1.玛瑙：蒹葭堂抄本、德川抄本皆书错字作"玛脑"，朱氏刻本第158页、索解本第129页随错，王解本，笔者《图说》《东亚漆艺》《析解》改用"玛瑙"。

2.杂：蒹葭堂抄本、德川抄本皆书为异体字"襍"。其后各版用正体字"杂"。

3.镶嵌：蒹葭堂抄本、德川抄本皆书为"厢嵌"。"厢嵌"，古同"镶嵌"，索解本第129页随用。王解本随朱氏刻本，笔者《图说》《东亚漆艺》《析解》按现代汉语规范用"镶嵌"。

4.王解本第151页引："《西京杂记》：'汉制，天子笔管以错宝为跗。'《遵生八笺》：'如雕刻宝嵌紫檀等器，其费心思工本，为一代之绝。'（寿74）"［按］王解本引文较寿笺、《西京杂记》增字、错字，又较《遵生八笺》脱字。蒹葭堂抄本寿笺此句原文末字用"跗"。《西京杂记》原文则为："天子笔管以错宝为跗。"① 跗，念fū，这里指笔管末端。《遵生八笺》此句原文为："又如雕刻宝嵌紫檀等器，其费心思工本，亦为一代之绝。"②

【解说】

百宝嵌，指用珊瑚、琥珀、玛瑙、宝石、玳瑁、螺钿、象牙、犀角等雕刻成图像，错杂镶嵌在彩漆板子上，因材料昂贵，卒成古代漆器的名贵品种。《履园丛话》记："周制之法，惟扬州有之，明末有周姓者始创此法，故名'周制'。其法以金、银、宝石、真珠、珊瑚、碧玉、翡翠、水晶、玛瑙、玳瑁、砗磲（磲）、青金、绿松、螺甸（钿）、象牙、密蜡、沉香为之，雕成山水、人物、树木、楼台、花卉、翎毛，嵌于檀、梨、漆器之上。大而屏风、桌、倚（椅）、窗、槅、书架，小则笔床、茶具、砚匣、书箱，五色陆离，难以形容，真古来未有之奇玩也。"③ "周姓者"，指扬州名工周柱。有"周柱"名款的百宝嵌作品，已知仅台北"故宫博物院"藏"紫檀木百宝嵌圆砚

① 〔汉〕刘歆：《西京杂记》，见《五朝小说大观·魏晋小说·卷三》，上海文艺出版社，1991年版，石印本第82页a。
② 〔明〕高濂编撰：《遵生八笺（重订全本）·燕闲清赏笺上·论剔红倭漆雕刻镶嵌器皿》，巴蜀书社，1992年版，第557页。
③ 〔清〕钱泳：《履园丛话·卷十二艺能·周制》，《续修四库全书》第1139册，第186页。

盒"一件，且非漆胎，乃系硬木百宝镶嵌。与硬木百宝嵌时兴同时，明中后期出现了做灰漆胎上的百宝嵌，南京博物院藏有明中后期"黑漆地百宝嵌台屏"。

扬明所言"隐起者"，指浮雕。扬州寄啸山庄藏"紫檀边黑漆地玉镶嵌人物挂屏"（图184-1）一堂四片，以白玉、玛瑙、翡翠、青玉、芙蓉玉等镶为老叟童子，前景山石间镶一丛扎束成枝的玉花草，乌木雕为松、柏、枫、槐，白螺钿沙屑撒作地滩，屏面右上方各镶白玉款字，选色朴雅，配景无多，意韵简远。

图184-1：〔晚清〕紫檀边黑漆地玉镶嵌人物挂屏，扬州寄啸山庄藏，选自笔者《扬州漆器史》

扬明所言"平顶者"，指文高于漆面、却又并非浮雕的平文百宝嵌，传世作品甚少。北京故宫博物院符望阁内藏原置于云光楼大佛龛的大屏门16扇，每屏门扇胸板正面各用高出漆面0.5厘米的白玉片镂镶罗汉像一尊（图184-2），罗汉头部白玉块刻阴线擦入黑漆；罗汉

衣纹以白玉镂为阳线，"空"出黑漆地
板成黑漆线面，黑象与白象、阴纹与阳
纹交织，每片罗汉名与乾隆长题赞也以
白玉片镂为阳线镶嵌而出，耗工耗材之
巨，令人惊叹。扬明所言"加窑花烧色
代玉石"，指彩色玻璃，俗称"料"。
康熙朝，德国传教士纪瑞安在造办处设
玻璃厂，大量烧造彩色玻璃器皿即"料
器"。从扬明注可知，"料"镶嵌于漆
器，明中期已发其端。

图184-2：〔清乾隆〕符望阁秘
藏屏门上镶嵌的白玉平纹罗汉，
笔者摄于北京故宫乾隆花园

　　"百宝嵌"材料虽然五花八门，究
其工艺，与"镌蜔"完全相同。黄成将
"镌蜔"列在《雕镂》章，而将"百宝
嵌"列在"取二饰、三饰可相适者，而
错施为一饰"的《斒斓》章，于理难安。
再者，"百宝嵌"是文高于质的镶嵌，不
是文质齐平的"填嵌"，其名实应称为
"百宝镶"。笔者以为，今人理当认识
古人未足，同时充分尊重古人，尊重原
典已经约定俗成的称谓。清代，百宝嵌衍变为石镶嵌（清宫档案记为
"周铸"①）、玉镶嵌（清宫档案记为"玉周铸"）两大分支，玉镶嵌又
演变为素地玉镶嵌与雕漆嵌玉两大名品。

---

　　①　周铸：晚明扬州名工周柱擅制百宝嵌，人称"周制"。近代邓之诚《骨董琐记》：
"考周制唯扬州有之，明末周姓所创，故名……'制'一作'翥'，又作'柱'，又作'之'，
谓其名或称'周嵌'。"见邓之诚著，栾保群校点：《骨董琐记全编：新校本》，人民出版社，
2012年版，第19页《卷一·周制》。清宫档案记石镶嵌为"周铸"，读即"周柱"。

18世纪后期，日本横滨芝山家族用象牙、贝壳等材料浮雕为图案镶嵌在硬木漆具之上，日本称此类浮雕镶嵌工艺为"嵌装"，因作者名又称"芝山"。"嵌装"二字，当渊自中国唐五代，唐五代称镶嵌玉石的螺钿漆器为"宝装"漆器，例见浙江湖州飞英塔发现的五代嵌螺钿漆经匣底

图184-3：〔18—19世纪〕黑漆地六角轮花形嵌装漆盘，笔者摄于日本浦添市美术馆库房

板外壁朱漆书"吴越国顺德王太后谨拾（施）宝装经函肆只"等47字。笔者在浦添市美术馆库房得见"黑漆地六角轮花形嵌装漆盘"（图184-3），麻布胎极其轻盈规整，黑漆面光滑细腻，以极薄的蚌壳片、彩石片、孔雀石片制为薄意浮雕山石、房屋、人物镶嵌于盘心，堆漆而为树干，用红漆、绿漆点乩出树叶，螺钿屑隐约显于其间，细勾云纹十分轻淡。用料极其俭省，工艺配合极有分寸，打磨极其妍滑，入手轻如片羽。此件作品虽然藏于古琉球地块，从其盘心一轮圆月乃用撒金丸粉研出的沃悬工艺制做推断，系江户时代日本漆工借鉴中国螺钿工艺、百宝嵌工艺又见自身特色的作品。

复饰第十三

【扬明注】

美其质而华其文者，列在于此，即二饰重施也。复宋、元至国初，皆巧工所述作也。

【校勘】

复宋、元至国初：蒹葭堂抄本、德川抄本书扬明注于"宋、元"前皆有"复"字，索解本第130页亦有"复"字，王解本第152页随朱氏刻本第158页脱"复"字。笔者《图说》《东亚漆艺》《析解》从两抄本用"复宋、元至国初"。

【解说】

"复饰第十三"是黄成自拟章名不是条目，故不将其作为条目进行编号。此章凡5条，记录了洒金地、细斑地、绮纹地、罗纹地、锦纹戗金地上，再以另一种或另几种工艺制为花纹装饰，有二饰重施，有三饰、四饰重施，扬明注"二饰重施"，注文较原典所记三饰、四饰重施偏窄。扬明还认为，此章所记的工艺都是宋、元到明初通过巧工口述和作品流传下来的。其实，"复饰"基本工艺来自宋、元，"重施"则是明中叶以降装饰风走向极端的产物。完整理解黄成界定的分章法则，凡是美纹漆地上再诸饰重施，均可归类于"复饰"。

185【原典】

　　洒金地诸饰，金理钩螺钿，描金加蚰，金理钩描漆加蚌，金理钩描漆，识文描金，识文描漆，嵌镂螺，雕彩错镂螺，隐起描金，隐起描漆，雕漆。

【扬明注】

　　所列诸饰，皆宜洒金地，而不宜平、写、款、鎗^①之文。沙金地亦然焉。今人多假洒金上设平、写、描金或描漆，皆假仿此制也。

【校勘】

　　1.蚰：蒹葭堂抄本、德川抄本皆书为"蜪"，朱氏刻本、索解本第123页随用，王解本第153页改用"甸"。"蜪"指蚌壳，"甸"，念diàn时意指郊外。笔者《图说》《东亚漆艺》《析解》从两抄本用"蜪"。

　　2.雕：蒹葭堂抄本、德川抄本皆二书异体字"彫"，索解本131页随用，朱氏刻本，王解本，笔者《图说》《东亚漆艺》《析解》用正体字"雕"。

　　3.仿：蒹葭堂抄本、德川抄本扬明注皆书异体字为"倣"，索解本131页随用，朱氏刻本第159页改用异体字"倣"，王解本第153页改作"效"。原典"倣"文意无错，笔者《图说》《东亚漆艺》《析解》从两抄本"倣"改用正体字"仿"。

【解说】

　　"洒金地"，指用《罩明》章洒金工艺制为地子；洒金地诸饰，指

---

　　①　平、写、款、鎗：平，指《填嵌》章工艺；写，指《描饰》章工艺；款，指《雕镂》章款彩工艺；鎗，指《鎗划》章工艺。

在洒金地子上再用其他工艺加以装饰。"洒金",参见《罩明》章第131条,本条不做重复解说。黄成所列洒金地子上再加之以金理勾螺钿、描金加蚌、金理勾描漆加蚌、金理勾描漆、识文描金、识文描漆、嵌镂螺、雕彩错镂螺、隐起描金、隐起描漆、雕漆等工艺装饰,应是列举,未做限定;扬明补充说,只宜用洒金地子,不宜用填嵌工艺、描饰工艺、款彩工艺、戗划工艺制为花纹地子。至于不宜的原因,扬明未注。笔者以为原因当在:填嵌、描饰、款彩、戗划制成的花纹地子容易与其上主体花纹争色,不如洒金地子隐在漆内显得含蓄,能够很好地衬托主体花纹,不会喧宾夺主。扬明还指出,明代人有在假洒金漆面设文以仿洒金地诸饰的。"沙金地"指撒金锉粉或金丸粉后罩明研磨而成地子,假洒金地则系在推光漆地撒金箔粉。冲绳浦添市美术馆藏琉球"花鸟纹漆圆盘"(图185-1),在沙金地上以金理勾描漆工艺制为花鸟纹装饰。如果说此件作品尚较拘板,北京故宫博物院藏清代"荻蒲网渔图圆漆盒"(图185-2)则在沙金地上以隐起描金隐起描漆制为山水人物,凸起的图像经过研磨,图案特别是旁墙图案又呈明显的中国风范,气韵生动,堪称中国漆工学习"洋漆"的典范。

王解本第153页解扬明注:"不宜平写是说描漆、描金等花纹,宜高而显,不宜低而平,以致与洒金地相

图185-1:琉球沙金地描金加彩漆花鸟纹圆盘,选自日本浦添市美术馆编《館藏琉球漆芸》

图185-2：〔清〕细斑地荻蒲网渔图圆漆盒，北京故宫博物院藏，选自王世襄编著《中国古代漆器》

混。"［按］"不宜平、写"是说地子不宜用填嵌工艺、描饰工艺制为花纹，绝没有说地子上的描金、描漆花纹宜高而显的意思。如果地子花纹高而显，倒更与主体装饰争色、与扬明原意恰恰相反了。再者，描金、描漆花纹"描"而未堆，平伏于漆面，花纹是不可能"高而显"的。

索解本第131页解："以金粉装饰漆面，其分布有粗细疏密不同，细者又称沙金。有洒成有形之纹者，表面罩以无色的透明漆。"［按］与用飞金麸片的"假洒金"相比，"沙金"所用的金粉是粗号金粉，有微小的体积感，所以称"沙"，并非金粉中"细者又称沙金"，请参见第131条"洒金"解说。又，透明推光漆呈红棕色相，不是无色透明的。

186【原典】

细斑地诸饰，识文描漆，识文描金，识文描金加蜔，雕漆，嵌镌螺，雕彩错镌螺，隐起描金，隐起描漆，金理钩嵌蚌，戗金钩描漆，独色象鎗金。

【扬明注】

所列诸饰，皆宜细斑地，而其斑黑、绿、红、黄、紫、褐，而质色亦然，乃六色互用。又有二色、三色错杂者，又有质、斑同色以浅深分者，总揩光填色也。

【校勘】

1.蜔：蒹葭堂抄本、德川抄本皆书为"蜔"，朱氏刻本、索解本第132页随用，王解本第154页改用"甸"。"甸"念diàn时意为郊外，而"蜔"指蚌壳。笔者《图说》《东亚漆艺》《析解》从两抄本用"蜔"。

2.雕：蒹葭堂抄本、德川抄本皆二书异体字"彫"，索解本第132页随用，朱氏刻本，王解本，笔者《图说》《东亚漆艺》《析解》用正体字"雕"。

3.戗、鎗：蒹葭堂抄本、德川抄本前字书作"戗"，后字书作"鎗"，朱氏刻本随用，索解本两处皆用"鎗"，王解本第154页将"鎗"改为"铃"而"鎗"字并无简体。笔者《东亚漆艺》第485页两改为"戗"，《图说》《析解》将"戗"按现代汉语规范改写为简化字，"鎗"从两抄本仍用"鎗"。

4.皆宜细斑地：蒹葭堂抄本、德川抄本扬明注皆书为"皆宜细斑地"，朱氏刻本、索解本随用，王解本第154页改为"皆宜细斑也"。笔者《图说》《东亚漆艺》《析解》从两抄本用"皆宜细斑地"。

【解说】

"细斑地"，指用《填嵌》章"彰髹"即"斑文填漆"工艺做地子；细斑地诸饰，指在细斑纹地子上再以其他工艺制为装饰。黄成所列"识文描漆，识文描金，识文描金加蜔，雕漆，嵌镂螺，雕彩错镂螺，隐起描金，隐起描漆，金理钩嵌蚌，戗金细钩描漆，独色象鎗金"等工艺装饰只是列举，未做限定；扬明补充说，以上所列的各种工艺装饰，都适合做在细斑地子上，斑纹可以有黑、绿、红、黄、紫、褐诸色，地子与斑纹可以换用这六种漆色；又有两种漆色、三种漆色错杂髹涂干固后磨为斑纹的，又有地子与斑纹同色而以深浅区分的。万变不离其宗，细斑地都是先起凹斑后填漆再磨显灰擦揩光做成的（见图185-2）。

187【原典】

绮纹地诸饰，压文同细斑地诸饰。

【扬明注】

即绮纹填漆地也，彩色可与细斑地互考。

【解说】

"绮纹地"，指用《填嵌》章绮纹填漆工艺制为地子；绮纹地诸饰，指在绮纹地子上再以其他工艺制为装饰。它与细斑地诸饰的不同，仅仅在于上条所记系地子磨平成斑纹，本条所记系地子磨平成绮纹。黄成所列"识文描漆、识文描金、识文描金加蜔、雕漆、嵌镂螺、雕彩错镂螺、隐起描金、隐起描漆、金理钩嵌蚌、戗金细钩描漆、独色象鎗金"等绮纹地上的装饰，只是列举，未做限定。扬明补充说，与细斑地相同，绮纹也可以有黑、绿、红、黄、紫、褐诸色，地子与绮纹可以换用这六种漆色。其实，绮纹地子上之所以能够再以"诸饰"

装饰，正因为绮纹地子不与"诸饰"争色。古代绮纹填漆漆器尚待寻访，遑论绮纹地诸饰。

188【原典】

罗纹地诸饰，识文^{划理}描漆，识文描金，揸花漆，隐起描金，隐起描漆，雕漆。

【扬明注】

有以罗为衣者，有以漆细起者，有以刀雕刻者，压文皆宜阳识。

【校勘】

1. 识文^{划理}描漆：蒹葭堂抄本、德川抄本皆将"划理"与"金理"书为两排小字，此为古人速写之法，应读为"识文划理描漆、识文金理描漆"，朱氏刻本、索解本亦排为两排小字。王解本第156页将"划理、金理"平行排为一排，只能读成"识文划理、金理描漆"，原典意思陡失。笔者《图说》《东亚漆艺》《析解》遵从抄本速写法将"划理""金理"书作上下两排小字，读为"识文划理描漆、识文金理描漆"。

2. 雕：蒹葭堂抄本、德川抄本皆两书异体字"彫"，索解本第135页随用，朱氏刻本，王解本，笔者《图说》《东亚漆艺》《析解》用正体字"雕"。

【解说】

罗纹地，指用《裹衣》章"罗衣"工艺制为地子；罗纹地诸饰，指在罗纹地子上再以识文划理描漆、识文金理描漆、识文描金、揸花漆、隐起描金、隐起描漆、雕漆等工艺制为装饰。原典"划理""金理"以小字平行排列。此乃古书中常见的省字书写之法，应读为"识文划理描漆、

图188-1:〔日本江户时代〕网目地僧形人物纹香盒,笔者摄于东京国立博物馆

图188-2:〔日本江户时代〕红漆地布衣菊桐纹莳绘手箱,笔者摄于东京国立博物馆

识文金理描漆"，不当读为"识文划理金理描漆"。扬明补充说，罗纹地子有三种：以罗为衣，指罗衣地子；以漆细起，指纹麯地子；以刀雕刻，指假仿罗纹：所补后两种地子，显然已出黄成"罗纹地"原意。扬明还对罗纹地诸饰进行限定说，其上适合覆压阳纹或是以浮雕工艺装饰。

"罗纹地诸饰"在中国湮没而在日本、韩国创出多种形式。笔者在东京国立博物馆库房得见日本江户时代"网目地僧形人物纹香盒"，蔗段形，卷木胎轻如片羽，漆质坚实；盒面地纹、地毯、人物、衣氅……网目各有粗细（图188-1）；又在该馆得见江户时期"红漆地布衣菊桐纹莳绘手箱"（图188-2），箱身四壁满贴布衣，布衣上局部制为梨子地，梨子地上制为薄高莳绘菊花与叶子，疏理为花筋叶脉，布衣的朴素益发衬出金莳绘的奢华，盒身两长端立墙装有钮金具，盒盖口缘以沃悬工艺制为金钿效果，盒内小圆盒花纹与手箱花纹呼应。全套作品华贵无比，匠心巧艺，令人惊叹。在首尔所见"布衣嵌螺钿松枝梅花纹漆盘"（图188-3），则呈粗犷朴素的民间漆器风貌。

图188-3:〔现代〕布衣嵌螺钿松枝梅花纹漆盘，笔者摄于首尔

189【原典】

锦纹鎗金地诸饰，嵌镌螺，雕彩错镌蜔，余同罗纹地诸饰。

【扬明注】

阴纹为质地，阳文为压花，其设文大反而大和也。

【校勘】

1.鎗：蒹葭堂抄本、德川抄本皆书为"鎗"，朱氏刻本、索解本随用，王解本第156页将"鎗"改为"铃"而"鎗"字并无简体，笔者《东亚漆艺》用繁体通行字"戗"，2007版《图说》《析解》用通行字"戗"，新版《图说》从两抄本仍用"鎗"。

2.雕：蒹葭堂抄本、德川抄本皆书为"彫"，索解本第136页随用，朱氏刻本，王解本，笔者《图说》《东亚漆艺》《析解》用正体字"雕"。

3.蜔：蒹葭堂抄本、德川抄本皆书为"蜔"，朱氏刻本、索解本随用，王解本第156页改用"甸"。"蜔"指蚌壳；"甸"，念diàn时意指郊外。笔者《图说》《东亚漆艺》《析解》从两抄本用"蜔"。

【解说】

锦纹戗金地，指用戗金工艺制为地子；锦纹戗金地诸饰，指戗金制为锦纹地子以后，其上再以镶嵌螺蚌片、雕彩漆加镶嵌

图189-1：〔清中期〕锦纹戗金地填漆锭式盒，选自李久芳主编《故宫博物院藏文物珍品大系·清代漆器》

图189-2:〔清乾隆〕锦纹地戗金细钩填漆海棠形仙盒，选
自李久芳主编《故宫博物院藏文物珍品大系·清代漆器》

蚌片、识文划理描漆、识文金理描漆、识文描金、揸花漆、隐起描金、
隐起描漆、雕漆等工艺制为装饰。扬明补充并且加以限定说，地子的
戗金锦纹是阴纹，其上覆压的花纹宜为阳文，质与文阴阳对比而达成
调和。扬明此见，堪称的见。北京故宫博物院藏清中期"锭式花篮
卍字纹漆盒"（图189-1），造型收敛，盖面中心以填漆工艺制为花
篮杂花，研磨光滑，戗金为卍字锦纹地，精工灿丽，正合为"锦纹戗
金地诸饰"案例，所憾戗金形成的阴纹地子上覆压的填漆花纹仍然属
"阴"，质与文未能形成阴阳对比，所以，主体花纹未能突出；北京故
宫博物院藏"戗金细钩填漆海棠形仙盒"（图189-2），盒外壁红漆地
上刻夔凤寿字卷草图案后填入黑漆，待干固研磨推光再戗金为脉理，
造型雍容，工艺精湛又气度沉厚，只是地子描漆为锦纹没有戗金，可
当"锦纹地诸饰"案例，不足为"锦纹戗金地诸饰"。

纹间第十四

【扬明注】

文质齐平，即填嵌诸饰及鎗、款①互错施者，列在于此。

【解说】

"纹间第十四"是黄成自拟章名不是条目，故不将其作为条目进行编号。扬明认为此章记录的是：《填嵌》章各种文质齐平的漆器装饰工艺，与《戗划》章文低于质的戗金戗彩工艺、《雕镂》章文高于质的款彩工艺互为主次，即互为主体纹饰与边沿次要纹饰。而从全章所列6条看，不仅如扬明所注"填嵌诸饰及鎗、款互错施者"如"攒犀""款彩间犀皮""填蚌间戗金"，还有以填嵌诸饰与填嵌诸饰错施如"嵌蚌间填漆，填漆间螺钿""嵌金间螺钿""填漆间沙蚌"，扬明此注偏窄。全面理解原文原注：以某种工艺制为漆器的主体纹样，以另一种工艺制为漆器的地纹或边沿次要纹样，是谓"纹间"。每条记录的规则是："纹"作为主体装饰，"间"作为地纹或边沿次要装饰；"纹"在前，"间"在后。

190【原典】

鎗金间犀皮，即攒犀也。其文宜折枝花、飞禽、蜂、蝶及天宝海珍图②之类。

---

① 鎗、款：戗划、款彩两类工艺的简称。
② 天宝海珍图：指宝珠、珊瑚、宝轮、法螺、宝伞、宝盖之类八宝、八吉祥图案。

【扬明注】

其间有磨斑者，有钻斑者。

【校勘】

1.鎗：蒹葭堂抄本、德川抄本皆书为"鎗"，除笔者《东亚漆艺》第486页用通行字"戗"，其余各版用"鎗"。

2.海珍：蒹葭堂抄本、德川抄本皆书为"海珍"，索解本随用，王解本第158页随朱氏刻本第160页改"海珍"作"海琛"。"海珍"文意无错且较"海琛"浅显，笔者《图说》《东亚漆艺》《析解》从两抄本仍用"海珍"。

3.王解本第158页引："《格古要论》：'鎗金人物景致，用攒攒空闲处，故谓之攒犀。'（寿75）"［按］王解本引文与寿笺及《格古要论》均有出入。寿笺原文是"用钻攒"。王解本引"攒犀"二字非出《格古要论》，乃出自《新增格古要论》。《新增格古要论》"攒犀"条原文是："攒犀器皿漆坚者多是宋朝旧做。鎗金人物景致，用钻钻空闲处，故谓之攒犀。"①

【解说】

戗金间犀皮，一名"攒犀"，戗金为主体花纹，攒斑而为地子。其文有"折枝花、飞禽、蜂、蝶及天宝海珍图之类"。扬明补充说，攒斑法有两种："磨斑者"指磨斑攒犀：在上涂漆面用钻钻出密集的珍珠形凹眼，填以色漆，待干固，磨显为文质齐平的地纹，推光，其上再以戗金工艺制为花纹脉理；"钻斑者"指钻斑攒犀，即在上涂漆面先

---

① 〔明〕曹昭撰，〔明〕王佐增补：《新增格古要论·攒犀》，南京图书馆藏明黄正位刻清淑躬堂重修本，所引见卷八，第2页。

图190:〔明〕黑漆地戗金间攒犀花卉山石纹正圆漆盘，选
自夏更起主编《故宫博物院藏文物珍品大系·元明漆器》

戗金为图案，图案空隙间用钻钻出密集的珍珠形凹眼，凹眼内填漆后，
不再研磨推光。

现存最早的攒犀漆器为南宋器物，分藏于常州博物馆、东京艺术
大学美术馆等地。晚明，攒犀成为流行工艺。北京故宫博物院藏有四
件攒犀漆器，大英博物馆藏有一件，日本根津美术馆、韩国古都舍各
藏一件，都是明代钻斑攒犀（图190），工不繁难却极妍美。清代攒犀
不复得见，令人纳闷。磨斑攒犀漆器尚待发现。日本"鱼子地存星漆
器"，正是结合中国"戗金细钩描漆""戗金细钩填漆""攒犀"而有大
和特色的创造。

191【原典】

款彩间犀皮，似攒犀而其文款彩者。

【扬明注】

今谓之款文攒犀。

【校勘】

款彩：蒹葭堂抄本、德川抄本此条第一字书异体字作"欵彩"，索解本第138页随用，朱氏刻本，王解本，笔者《图说》《东亚漆艺》《析解》改第一字为正体作"款彩"。

【解说】

款彩间犀皮，指以款彩制为主体花纹，攒斑制为地子，明代人称其"款文攒犀"。笔者没有访求到"磨斑"的"款彩间犀皮"实例，却访求到一件填漆研磨而成锦纹的"款彩《白莲图》挂屏"（图191），刀刻龟背锦纹填以红漆磨平，精细非比寻常之作，扫敷漆色而成白莲、莲叶、水草等，屏面右上方有乾隆时户部尚书、徽州人曹文埴书御制诗。曹文埴，乾隆时曾在南书房行走教习皇子，1790年乾隆帝八十寿辰时携"庆升班"赴京演出，接着，"春台""和春""四喜"等徽班进京。戏曲界多以四大徽班进京作为京剧

图191：〔清〕款彩间填漆《白莲图》挂屏，尤永供图

诞生的标志，曹文埴被奉为京剧鼻祖。古代漆色款彩漆器今已少见，此件作品弥足珍贵，按《髹饰录》分条列目法则，当名其工艺为"款彩间填漆"。

192【原典】

嵌蚌间填漆，填漆间螺钿。右二饰文、间相反者，文宜大花而间宜细锦。

【扬明注】

细锦复有细斑地、绮纹地也。

【解说】

嵌蚌间填漆，填漆间螺钿，也就是以填漆、嵌螺钿两种装饰工艺互为主体纹饰与边沿次要纹饰，花纹宜用大花，地子宜用细锦。因为螺钿反光抢眼，填漆与嵌螺钿两种工艺之中，一般以填漆做成细锦纹地子，以螺钿嵌做大花；很少用螺钿做成细锦纹地子，用填漆做成大花的。扬明补充说，细锦纹地子有细斑地、绮纹地等。

193【原典】

填蚌间鎗金，钿花文鎗细锦者。

【扬明注】

此制文、间相反者不可，故不录焉。

【校勘】

鎗：蒹葭堂抄本、德川抄本皆前字书为"戗"，后字书为"鎗"，朱氏刻本，索解本，笔者2007版《图说》随用，王解本第159页造字成"铨"。而"鏘"字无简体，笔者《东亚漆艺》第486页用通行字"戗"，《析解》第187页两用"鏘"。新版《图说》从两抄本，前字用"戗"，后字仍用"鏘"。

【解说】

填蚌间戗金，指以嵌螺钿制为主体花纹，以戗金制为细锦地子。扬明补充说，因为螺钿花纹比戗金花纹明度高，块面大，显得抢眼，所以，这两种装饰工艺不可以花纹与地子互换，也就是说，不可以戗金为主体花纹，以嵌螺钿为细锦地子。浦添市美术馆藏有琉球"填蚌间戗金八角食笼"（图193）可为"填蚌嵌戗金"例证。

图193：〔16—18世纪〕琉球填蚌间戗金二十四孝纹黑漆地八角食笼，选自日本浦添市美术馆编《館藏琉球漆芸》

194【原典】

嵌金间螺钿，片嵌金花、细填螺锦者。

【扬明注】

又有银花者，有金银花者，又有间地沙蚌者。

【解说】

嵌金间螺钿，指嵌金片成主体花纹，嵌螺钿成细锦纹地子。明清文物中，难见"嵌金间螺钿"的准确实例，清人笔记"螺钿用金银粒杂蚌片成花者，皆绝。古未有此"①或接近此条所记。扬明注补充了三种做法：嵌银片成主体花纹、嵌金银片成主体花纹、用螺钿沙屑做地子。原典《蜔斓》章第178条已记"螺钿加金银片"，《纹间》章又列"嵌金间螺钿"条目。两条区别何在？或在花纹主次？赘分条目，读者明鉴。

195【原典】

填漆间沙蚌，间沙有细、粗、疏、密。

【扬明注】

其间有重色眼子斑者。

【校勘】

粗、疏：蒹葭堂抄本、德川抄本皆书一异体字成"粗疎"，朱氏刻本第162页增一异体字改一异体字作"麤疎"，索解本第139页用一异体字作"粗疎"。王解本，笔者《图说》《东亚漆艺》《析解》用正体字加标点为"粗、疏"。

【解说】

填漆间沙蚌，指撒螺钿沙屑磨显为地子，填漆磨显为主体花纹，螺钿沙屑可以有细、粗、疏、密。扬明补充"其间有重色眼子斑者"，指在螺钿沙屑周围逐次髹涂不同颜色的漆，待干固磨显推光以后，漆面出现彰髹般的重色眼子斑，状若削皮后的波萝眼，漆工称"破螺漆"。"波罗漆"做法近似。清代《养心殿造办处各作成做活计清档》有雍正七年江西年希尧进"各样漆香几十九件，波罗漆都盛盘四件，

---

① 〔清〕方以智：《物理小识·卷八·漆器法》，《文渊阁四库全书》第867册，第912页。

斑竹中号书桌一张"①的记录。

笔者在境内没有找到"填漆间沙蚌"的准确实例，却在东邻见到相似工艺：日本福井县若狭地区的"若狭塗"，其做法正是于漆流平之时播撒螺钿沙屑等粉粒材料，待粉粒下的漆干透，于粒粉周围填漆，入荫室待漆干固后磨显，推光，法同中国"破螺漆"。此件日本"若狭涂漆提箱"（图195），因为加之以贴金罩明而为透明漆金光遮掩，重色眼子斑不甚分明仍隐约可见。

图195：1794年日本若狭涂漆提箱，选自〔英〕赫伯特《东方漆器艺术与技术》

王解本第160页解，"重色眼子斑，是指填漆的花纹非常繁密，所露的沙蚌地子不多，星星点点，好像眼子斑似的"，索解本第139页解，"重色眼子斑，即沙蚌所形成的一种景象"。〔按〕扬明原意是：填漆做成的主体花纹之间，露出撒螺钿沙屑填色漆磨显出的地子，围绕螺钿屑形成彰髹般的重色眼子斑，非指填漆花纹非常繁密。"重色"二字，正说明围绕螺钿屑换髹了彩漆，"重色眼子斑"是撒螺钿沙屑换髹色漆磨显形成的，不是"沙蚌所形成的一种景象"。

《纹间》章所列6条工艺，有平纹阴间，有阴纹平间，有平纹平间，都属阴。如果凸纹阴间、凸纹平间，是否可以归入纹间工艺呢？

———————————————

① 参见朱家溍：《清代造办处漆器制做考》，《故宫博物院院刊》1989年第3期。

《纹间》章图1：〔清中期〕百宝嵌间描金白象进宝图漆盒，
选自李久芳主编《故宫博物院藏文物珍品大系·清代漆器》

黄成没有细说。试举两例：北京故宫博物院藏清中期"白象进宝图瓦形漆盒"（《纹间》章图1），盒面以夜光螺、牙、玉等镶嵌《白象进宝图》，边沿泥金为卍字流水纹与缠枝莲纹，镶嵌严密，泥金工整，在《斒斓》章《复饰》章无法对号找到座位，又确实综合了两种以上装饰工艺，属于凸纹平间，理当归入《纹间》，工艺为"百宝嵌间描金"。台北"故宫博物院"、北京故宫博物院各藏有清中期"博古图八方漆盒"（《纹间》章图2），紫漆地上用白玉、青玉、玛瑙、紫晶等镶嵌出吉祥图案，色彩鲜丽欲滴，盒边饰描金二方连续图案，也属于凸纹平间，其工艺可称为"百宝嵌间描金"（《纹间》章图2）。

　　细考原典，《斒斓》《复饰》《纹间》三章分类各有重叠。比如，美纹地子上以二种工艺装饰重施者被列在《复饰》章，若调位在两种或三种装饰工艺并施的《斒斓》章，也说得通；以某种工艺制为主体纹样而以

《纹间》章图2：〔清中期〕百宝嵌间描金博古图八方漆盒，
选自台北"故宫博物院"编《和光剔彩——故宫藏漆》

另一种工艺制为地纹或边沿纹样者被列于《纹间》章，若调位在两种或
三种装饰工艺并施的《斒斓》章，也无错误。这三章分章交叉含混，条
目冗赘重复，不能不说是原典的缺陷。

裹衣第十五

【扬明注】

以物衣器而为质，不用灰漆者，列在于此。

【解说】

"裹衣第十五"是黄成自拟章名不是条目，故不作为条目编号。此章记录了胎上不做灰漆、而像给器物穿衣服似的，糊裹皮、罗或纸于器表的装饰工艺，"裹衣"制成以后，其上再加之以工艺装饰。

《裹衣》章含"皮衣""罗衣""纸衣"三条。"裹衣"与皮胎、纸胎、绸胎漆器，与"质法"过程中的"布漆"有着根本性的区别：皮胎、纸胎、绸胎是漆器的"骨"，"布漆"是漆器的"筋"，"裹衣"则是漆器的"衣"；皮胎、纸胎、绸胎漆器及质法漆器"布漆"的皮、纸、绸、布深藏于灰漆之下，"裹衣"的皮、罗或纸显露于器面而为装饰。"裹衣"章与下章"单素"工艺作为漆器的简单装饰，与原典第三至第十四章所记装饰工艺的最大不同在于：不需要布漆、做灰漆，也就是说，不是在"质法"漆胎上髹上涂漆再加之以装饰，而是在打底以后的胎骨上直接髹上涂漆。"裹衣"工艺在中国失传，日本和韩国大量制造罗衣、布衣漆器，还创制出绳衣漆器、树皮衣漆器、鲛皮衣漆器。

196【原典】

皮衣，皮上糙、緎二髹而成，又加文饰。用薄羊皮者，棱角接合处如无缝緎而漆面光滑。又用谷纹皮，亦可也。

【扬明注】

用谷纹皮者不宜描饰，唯色漆三层而磨平，则随皮皱露色为斑纹，光华且坚而可耐久矣。

【校勘】

1.绒：蒹葭堂抄本似若书为"绒"字，德川抄本书为"緎"字。其后各版均用"緎"字。

2.谷：蒹葭堂抄本、德川抄本皆两书为"穀"，朱氏刻本第162页、索解本140页、王解本第160页随用。皮上疙瘩只能磨露而为谷粒状的斑纹，无法磨露为波纹，笔者繁体本《东亚漆艺》用"穀"，简体本《图说》《析解》用"谷"。

【解说】

皮衣，指胎骨打底以后不做灰漆、而用漆糊裹皮革为衣，皮上刷中涂、上涂漆各一道，皮的肌理隐现于器面而为装饰。皮衣上还可以再做纹饰。如果用薄羊皮做皮衣，器表能够做得很光滑，转角的地方、接头的地方能做到天衣无缝。"谷纹皮"做法，黄成没有细说。扬明补充说，如果皮革厚而且粗，表面有一个个谷粒状的疙瘩，皮上髹三道色推光漆入荫室等待干固后磨平，皮革表面谷粒般的疙瘩被磨露而为谷纹，既漂亮，又坚固耐久（图196）。

图196：〔清〕皮衣漆器髹漆后磨露出谷纹，私藏，笔者摄

中国贵州大方与广东阳江各曾以皮制作漆器。究其实质，大方漆器曾为皮胎，阳江漆皮箱则系皮衣，各地漆皮箱、漆皮枕多系皮衣（参见图202）。韩国鲛皮（<u>鲨鱼皮</u>）漆箱，正是皮衣家具。

197【原典】

罗衣，罗目正方、灰緎平直为善，罗与緎必异色，又加文饰。

【扬明注】

灰緎，以灰漆压器之棱，缘罗之边端而为界域者。又加文饰者，可与《复饰第十三·罗纹地诸饰》互考。又，等复色数叠而磨平为斑纹者，不作緎亦可。

【校勘】

1. 互考：蒹葭堂抄本、德川抄本均书为"互攻"，索解本第140页沿用，王解本第161页随朱氏刻本用"互考"。按文意，笔者《图说》《东亚漆艺》《析解》从朱氏刻本用"互考"。

2. 王解本第161页此条下引："《玉篇》：'緎，缝也。'《尔雅·释训》：'緎，羔裘之缝也。'注：'孙炎曰：'緎之为界域。'（寿77）"［按］蒹葭堂抄本、德川抄本此条四周无此寿笺，王解本将朱氏刻本中阚铎增写的笺注误作祖本寿笺引入。

【解说】

罗衣，指胎骨打底以后不做灰漆、而用漆糊裹网眼较稀的织物为衣，罗目隐现于漆面而为装饰。罗衣的罗目应该正方，不要拉拽得歪歪斜斜，灰緎要平直。灰緎，指以灰漆覆压罗衣边棱和端头，做成平直的界域，既是罗衣上的装饰，又可以防止罗衣日久浮脱。因为罗目与其上覆压的灰緎暴露于器表，所以，罗与灰緎用不同的颜色好看。

灰缒上可以再做花纹装饰，已记于《复饰第十三·罗纹地诸饰》。扬明补充说，糊裹罗衣之后，更迭髹涂色漆、磨露罗目而为斑纹，其原理相当于斑纹填漆，罗衣上为漆全面覆压，不

图197：〔北宋〕布衣缘口黑漆圆盆，
江苏宝应县出土，宝应县博物馆藏

会浮脱，所以不需要制作灰缒。江苏宝应县出土北宋"黑漆圆盆"（图197），外口沿有一圈布衣装饰，外壁黑髹与内壁褐髹自然过渡，见朴素的至美。罗衣工艺在中国失传。笔者在日本考察，见小田原流行布衣漆器，平泽漆工能制罗衣漆器。

　　糊裹罗、布之后髹涂色漆、磨露罗目或布目的工艺，日本和韩国称"研出布目塗"。它不再属于罗衣工艺，而属于填嵌工艺，扬明注于《裹衣》章，是为衍笔。

198【原典】

　　纸衣，贴纸三、四重，不露坯胎之木理者佳，而漆漏、燥或纸上毛茨为颣者，不堪用。

【扬明注】

　　是韦衣①之简制，而裱以倭纸薄滑者好，且不易败也。

---

①　韦衣：参见196条"皮衣"解说。韦，指熟牛皮。

【校勘】

1. 坯胎：蒹葭堂抄本、德川抄本皆错书为"胚胎"，朱氏刻本第163页、索解本第141页、王解本第161页跟错。胚，念pēi，指初期发育的生物体；坯，念pī，指器皿半成品。笔者《图说》《东亚漆艺》《析解》勘用"坯胎"。

2. 茨：疵字通假。各版本均用通假字未改。

3. 裱：蒹葭堂抄本、德川抄本皆书异体字为"禒"，朱氏刻本第163页、索解本第141页跟用。王解本，笔者《图说》《东亚漆艺》《析解》用正体字"裱"。

【解说】

纸衣，指胎骨打底以后不做灰漆、而用漆糊裹软质绵纸为衣，纸的肌理隐现于器面而为装饰，有朴素的至美。一般糊纸三到四层，以不露出木胎纹理为好，纸衣上薄薄拭漆即可。如果每次糊纸前涂漆不周全，或纸质欠佳，就会使纸衣浮脱，或涂漆往下渗漏，致使纸衣表面枯槁，

图198：漆器外壁以纸衣为饰，
作者：高桥敏彦，笔者摄于东京

或纸上毛疵透出漆面成为疵颣。这样的纸衣漆器，就是废品了。扬明补充说，纸衣是皮衣的简化，用薄滑的日本纸裱糊纸衣最好，不容易坏。纸衣工艺在中国失传而为日本漆工擅长，日本漆工称"一闲张"（图198）。

单素第十六

【扬明注】

榡①器一髹而成者，列在于此。

【解说】

"单素第十六"是黄成自拟章名不是条目，故不作为条目编号。此章以单漆、单油、黄明单漆、罩朱单漆四条，记录了木胎不做质法工艺只打底即髹漆或髹油的工艺。扬明注"榡器一髹而成者，列在于此"。笔者以为，单素工艺尽管简易速成，却极少有"一髹"就能成器的。《单素》章工艺与《质色》章工艺的根本区别在于：质色漆器在木胎打底干固以后，需要布漆、做灰漆、糙漆再蔹漆（油饰则在布漆、做灰、糙油干后髹油）；单漆漆器在木胎打底干固研磨光滑以后，不需要布漆、做灰、糙漆就蔹漆（单油则在木胎打底干固研磨光滑以后，不布漆、做灰、糙油就蔹油）。

王解本第6页简表中，将《单素第十六》解释为"简易速成，只上一道漆的各种漆器"。[按]《单素》章工艺尽管相对简易速成，却并非皆是只上一道漆就成功的，黄明单漆就"有一髹而成者、数泽而成者"；日本"春慶塗"作为单漆工艺，难度极高。

199【原典】

单漆，有合色漆及髹色，皆漆饰中尤简易而便急也。

---

① 榡：念sù，指木器未加髹饰。

【扬明注】

底法不全者，漆燥暴也。今固柱梁多用之。

【解说】

黄成所谓"尤简易而便急"是与"质色"工艺相对而言的。单漆漆器对木胎砂磨平滑的要求，比质色漆器对木胎砂磨的要求更高。无论合色髹色，都必须打底封固周全，打底与打磨常常需要重复找补两到三遍，千万不可磨露木胎，否则，单漆便会渗入木胎，使漆面枯槁有欠润泽，这就是《六十四过·单漆之二过》指出的"燥暴"之过。

图199-1：为房屋梁柱打底髹单漆，选自《中国制漆图谱》，刘帅供图

扬明注"今固柱梁多用之",证之《汉书》,成帝时皇后所住昭阳宫已是"中庭彤朱,而殿上髹(原文作'髤')漆"[1],直至清代,中国木构建筑的小木作往往用单漆髹饰(图199-1),大木作露明经受风雨的部分,才会用底、垸、糙、𩓑的质法工艺严格髹饰。

黄成记录了两种单漆工艺:"合色漆",指用调合了颜料的推光漆髹涂,胎骨纹理被彻底遮盖,漆工称其"混水货"(图199-2),其木胎质地不可坚硬致密,以便吃进打底漆(图199-3),低档者用猪血料刷一至数遍(图199-2、199-3)。"髹色",指显露木纹的髹漆,漆工称其"清水货"。其木胎质地相对致密,往往用坏油调拌老粉打

图199-2:"合色"工艺用生漆打底,笔者摄于扬州

底,以使涂层色泽明淡便于木纹透出于外(图199-4),亦有用浓豆浆、柿汁打底者,亦有在打底前先行用染料为木胎染色,打底待干透打磨平滑,髹透明漆或揩上等生漆数道(图199-5),最后研磨开光,木胎纹理充分显露。做"合色漆"还是做"髹色",必须在选择木材与打底之初就区别对待。《营造法式》记"合色"并称用植物染料先行染色的"髹色"为"草色"[2]。日本漆工称坏油配方打底的地子为

① 〔汉〕班固:《汉书》第12册,中华书局,1962年版,所引见《外戚传》,第3989页。
② 〔宋〕李诫:《营造法式·卷二十七·诸作料例·彩画作》,《文渊阁四库全书》第673册。笔者《〈髹饰录〉与东亚漆艺——传统髹饰工艺体系研究·〈髹饰录〉缺记的古代髹饰工艺·大小木作髹饰》第64页收入并做解说。

"油下地"，称柿汁打底的地子为"漆下地"，称猪血打底的地子为"豕血下地"。

单漆漆器没有陈设漆器错彩镂金的美，却一扫陈设漆器玩弄材料技巧的弊端，如初发芙蓉般地质朴动人，因此，"单漆"工艺在民用器具的髹饰中占据主导地位。

图199-3：〔近代〕木胎竹把合色漆篮，笔者摄于浙江

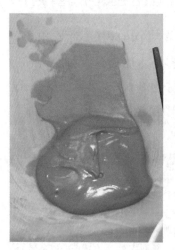

图199-4："髹色"工艺用坯油调拌老粉打底，笔者摄于扬州

图199-5：韩国漆工在髹透明单漆，笔者摄于首尔

200【原典】

单油，总同单漆而用油色者，楼、门、扉、窗，省工者用之。

【扬明注】

一种有错色重圈者，盆、盂、碟、盒之类，皿底、盒内多不漆，皆坚木所车旋。盖南方所作，而今多效之，亦单油漆之类，故附于此。

【校勘】

1.窗：蒹葭堂抄本、德川抄本皆书为异体字"牕"，索解本第142页随用，朱氏刻本，王解本，笔者《图说》《东亚漆艺》《析解》用正体字"窗"。

2.碟、盒：蒹葭堂抄本扬明注两书通假字为"楪、合"并接书"合"字，德川抄本书异体字、通假字为"楪、合"，也接书"合"字。索解本第142页指出未改。朱氏刻本，王解本，笔者《图说》《东亚漆艺》《析解》用正体字"碟、盒"，接书"盒"。

【解说】

单油，髹饰工艺与单漆相同，打底的涂料必须颜色明淡，往往用坯油调拌老粉打底，亦有用浓豆浆、柿汁打底者，待干透，研磨光滑，通体髹油。"单油"广见于房屋大小木作和民用器具的髹饰（图200-1）。扬明补充说，明代常可见南方漆工用坚硬的木材车旋出盆、盂、碟、盒等器皿，髹涂的单油干后，器面透出一圈圈深浅相间的木纹（图200-2），器皿底部、盒内壁多任木胎暴露。

王解本第162页解"单油"："外面用不同颜色的油或漆涂画成圈，作为装饰。现在南方还生产与此类似的漆器。"[按]单油器皿以素朴为美。扬明原意是"坚木所车旋"的"盆、盂、碟、盒"髹涂单油以

图200-1：工匠在为房屋梁柱髹单油，前方老者在熬油，选自《中国制漆图谱》，刘帅供图

后，透出一圈圈深浅相间的木纹，不是指在单油器皿外壁用油漆涂画成圈。若是外壁用不同颜色的油漆涂画成圈，那就求美不得反成丑了。

图200-2：单油围棋罐，笔者购于闽北

201【原典】

　　黄明单漆，即黄底单漆也，透明、鲜黄、光滑为良。又有单漆墨画者。

【扬明注】

　　有一髹而成者、数泽而成者。又画中或加金，或加朱。又有揩光者，其面润滑，木理灿然。宜花堂之瓶、桌也。

【校勘】

　　1.单漆墨画：蒹葭堂抄本书"单"字似若"罩"字，德川抄本干脆书为"罩"字。朱氏刻本、索解本、王解本皆取用"单"，笔者2007版《图说》第215页从抄本用"罩"字。［按］此条条头既名"黄明单漆"，条下所言均应是单漆。笔者新版《图说》《东亚漆艺》《析解》勘用"单漆墨画"。

　　2.桌：蒹葭堂抄本、德川抄本皆书作"卓"，朱氏刻本第194页、王解本第162页、索解本第143页未改仍用"卓"。按文意，笔者《图说》《东亚漆艺》《析解》勘用"桌"。

【解说】

　　此条和下条其实是对"清水货"单漆的补充记录。"黄明"，指透明推光漆，简称透明漆，详见第

图201-1：〔北宋〕银鎏金花边黄明单漆经箱，苏州博物馆藏，选自陈晶编《中国美术分类全集·中国漆器全集4　三国—元》

图201-2:〔近代〕单漆墨画橱柜,笔者摄于高雄市立历史博物馆

33条"水积"解说。"黄明单漆"就是漆工所说显露木纹的"清水货"。黄成将"黄明单漆"从"单漆"中单独辟出列为条目并且突出"黄明"二字,其意或在强调其比一般"清水货"更工艺讲究:一是木胎遍刷黄色染料染色,染色可至数遍;二是打底以后必须打磨到十分光滑;三是所髹的透明漆明度要高,漆面才能透明鲜黄光滑(图201-1)。"单漆墨画",系在完成打底的木胎上用墨作画,干后髹黄明单漆(图201-2)。扬明补充了黄明单漆的多种做法:"一髹而成者"是中国传统做法,"数泽而成者"系明代从日本传入,还有先行描金或是朱绘花纹再"一髹"或"数泽",使木纹、花纹都明透于外,待干固,打磨,推光,再反复数遍泽漆揩光,使漆面莹润滑亮,透出木纹格外清晰。扬明说此法"宜花堂之瓶、桌",其因盖在"数泽"太费工时,只宜制作陈设小件。木胎上"数泽",日本漆工称"木地折漆";使所画花纹明透于外,日本漆工称"透画"。

王解本第163页解:"数泽是上好几道罩漆","上漆之后不经磨退的,曰揩光","一般罩漆,都可称为揩光"。[按]"数泽"不是罩好几道漆,而是用脱脂棉球蘸提庄漆反复薄薄揩擦器面。揩光不是指上漆之后不磨退,更不是"一般罩漆,都可称为揩光",而是指泽漆下窨等待干固以后，用手掌蘸揩光粉反复推擦再推光。罩漆，一般指罩明，与揩光是两种完全不同的工艺。

202【原典】

罩朱单漆，即赤底单漆也，法同黄明单漆。

【扬明注】

又有底后为描银而如描金罩漆者。

【校勘】

描金罩漆：蒹葭堂抄本书为"描金单漆"，德川抄本增笔为"描金罩漆"，索解本第143页、长北2007版《图说》随蒹葭堂抄本用"描金单漆"，王解本第163页随朱氏刻本第165页用"描金罩漆"。〔按〕扬明注既言描银为底，描银后罩明才会出现描金效果，可见所注是指在染为红色的木胎上描银然后罩透明漆。笔者新版《图说》《东亚漆艺》《析解》按扬明注工艺用"描金罩漆"。

【解说】

罩朱单漆，与黄明单漆髹法完全相同，不同只在木胎用红色染料染色。扬明补充一法：在染为红色以后打底的木胎上描银干后罩明，银色与透明漆本身的红棕色叠加而成金色，成品效果就像描金罩漆。此类描银干后罩明冒充描金罩漆的做法，成本低廉，近现代仍然十分流行（图202）。

图202：〔近代〕民用皮衣罩朱单漆漆枕，笔者购于歙县

质法第十七

【校勘】

质法：蒹葭堂抄本书为"质法"，德川抄本书异体字为"质泫"，其后各版用正体字作"质法"。

【解说】

"质法第十七"是黄成自拟章名不是条目，故不作为条目编号。此章记录了制造漆胎的基本方法。"质"，指质地，这里指漆胎；"质法"指制造漆器底胎的基本法则。除"裹衣"漆器、"单素"漆器之外，漆器大部分装饰工艺是在完成煎糙工艺并且精细打磨的光底漆胎上进行的，椠胎打底、布漆、垸漆、糙漆，是制造各类木胎漆器装饰前不可缺少的基本程序。扬明在《楷法第二·三法》注中，将漆器的底、垸、糙、麴比喻作人的"骨、肉、皮、筋"，素胎相当于漆器的"骨"，布漆相当于漆器的"筋"，灰漆相当于漆器的"肉"，糙漆（下涂漆与中涂漆）和麴漆（上涂漆）相当于漆器的"皮"，由此可见质法漆胎工艺的复杂性。

原典只记录了木胎质法工艺，其实，不同材料的胎骨各有质法工艺，木胎质法工艺是基础，是基准，也是古代漆器质法工艺的根本。木胎漆器的质法工艺总是先于装饰工艺进行，原典将记录漆器底胎制造程序的《质法》章置于《坤集》末尾记录，这是原典的局限。

203【原典】

棬素①，一名坯胎，一名器骨。方器有旋题者、合题者，圆器有屈木者、车旋者。皆要平、正、薄、轻，否则布灰不厚。布灰不厚，则其器易败，且有露脉之病。

【扬明注】

又有篾胎、藤胎、铜胎、锡胎、窑胎、冻子胎、布心纸胎、重布胎，各随其法也。

【校勘】

1. 坯胎：蒹葭堂抄本、德川抄本错书为"胚胎"，朱氏刻本第165页、索解本第144页、王解本第163页跟错。胚，念pēi，指初期发育的生物体；坯，念pī，指器皿半成品。笔者《图说》《东亚漆艺》《析解》勘用"坯胎"。

2. 薄、轻：蒹葭堂抄本、德川抄本皆书为"薄轻"，索解本第144页随用并加标点，王解本第163页随朱氏刻本第165页改作"轻薄"。原典说木胎"薄轻"无错且比"轻薄"文意更准，笔者《图说》《东亚漆艺》《析解》从抄本加标点用"薄、轻"。

3. 王解本第163～164页引："《玉篇》：'棬，屈木盂也。'《广韵》：'器似升，屈木为之。'《孟子》：'顺杞柳之性，而以为桮棬。'《类篇》：'素，器未饰也，通作素。'……（寿78）"［按］查蒹葭堂抄本、德川抄本寿笺是："素，俗作素。"王解本将朱氏刻本中阙铎增写

---

① 棬素：查《辞海》"棬"，念quān，意为"曲木制成的盂"；素，指器未加装饰。"棬素"在古代典籍中组成双音词后，指未打底上漆的木胎，不可拆解。〔元〕陶宗仪《辍耕录·卷三十·髹器》记："凡造碗、碟、盘、盂之属，其胎骨则梓人以脆松劈成薄片，于旋床上胶黏而成，名曰捲（棬）素。"陶宗仪将"脆松劈成薄片"的"卷木胎"与旋床上车旋出的旋木胎混为一谈，读者请自区别。

的笺注误作祖本寿笺引入。

4.王解本第165页解扬明注曰:"夹纻像至元代名曰'搏换',或作'搏丸',又曰'脱活',并见虞集《刘正奉塑记》。"[按]查元代虞集《刘正奉塑记》记:"抟换者,漫帛土偶,上而髹之,已而去其土髹帛,俨然其象。昔人尝为之,正奉尤极好抟,凡又曰脱活;京师人语如此。"① "搏换""搏丸"当勘正为"抟换""抟丸"。

【解说】

"棬榡",这里指未曾上漆的木胎。木胎好比漆器的骨架,总要平、正、薄、轻,否则,其上涂布的灰漆便无法做厚。做灰漆不到位,则漆器容易坏,甚至露出布纹或麻筋来。

古代漆器木胎成形的方法有:砍挖、锼锯、刻镂、板合、车旋、屈木、圈叠多种。战国秦汉,以上木胎成形的方法都已经成熟。木材应经过充分干燥再进行加工。《质法》章记录木胎成形的方法有:"圆器有屈木者、车旋者"。"车旋",指用车床旋出圆木胎内膛与外壁或方形木胎内膛及四隅;"屈木",方器"屈"而成胎,即"薄木胎";圆器"卷"而成胎,即"卷木胎",漆工别称"卷坯",指以松、杉木劈、刨为比刨花稍厚可以弯曲的薄片,弯折、斗榫、胶缝而成圆形器壁,再另加底、盖。"方器有旋题者、合题者","题"者,物之端也,前半句指木胎斫为方形以后,在旋床上用刀车旋出内膛四隅;后半句指用木板斗榫为方形胎骨四壁,再另加底、盖成板合胎。车旋、板合、屈木而成的木胎不用打磨。砍挖、锼锯、刻镂而成的木胎,为《质法》章失记,成型以后,要用刮刀或玻璃片将木胎刮细,再用木砂纸仔细打磨光滑。日本漆工称漆器木胎为"榡地",称旋木胎为"桅物""椀木地",称板合胎为"板物""指物木地",称雕刻木胎为"朴木地""刳物木地"(图

---

① 〔元〕虞集:《刘正奉塑记》,《虞集全集》下册,天津古籍出版社,2007年版,第741页。

图203-1：日本椀木地、指物木地
与刳物木地，笔者摄于日本轮岛

图203-2：日本卷木
胎，笔者摄于日本木曾

203-1)，称卷木胎为"曲物""曲物木地"（图203-2）。

以下对扬明补记的漆器胎骨一一解说：

重布胎，以漆糊数重麻布为胎，其上做灰、糙漆以后，再髹漆加以装饰，今人称脱空者为"脱胎"，在漆器胎骨中数量位居第二。马王堆一号汉墓遣策记"漆布小巵"，与出土漆巵正可互相印证，晋唐夹纻造像（图203-3)正是重布胎，宋元花瓣形漆器多是重布胎，乾隆间，苏州漆工制朱漆重布

图203-3：〔唐〕夹纻胎漆佛像，
笔者摄于纽约大都会博物馆

图203-4：〔明〕紫砂陶胎剔红茶壶，选自李中岳等编《中国历代艺术·工艺美术编》

图203-5：〔现代〕冻子胎镂空金髹漆鼎，笔者摄于福建博物馆

胎菊瓣形盘、碗、盒等藏于北京故宫博物院，福州沈绍安制脱胎漆器名闻遐迩。篾胎，用竹篾编织成胎。江陵九店战国墓出土有"篾胎漆笥"，乐浪汉墓出土"篾胎彩绘孝子漆匜"，近现代福建永春擅制漆篮。日本漆工称篾胎为"篮胎"。布心纸胎，用漆糊布，布上再以漆糊纸成胎，广东阳江有此工艺。铜胎，湖北云梦睡虎地秦墓出土有铜胎漆盒漆匜，内蒙伊克昭盟汉墓出土有铜胎漆鼎、钫、壶等。锡胎，明代人记宋代雕红漆器有锡胎，晚清扬州名漆工卢葵生擅制锡胎漆壶，日本漆工称锡胎为"银胎"。窑胎，用陶瓷器为漆器胎骨，江苏吴江梅堰遗址出土有"漆绘黑陶罐"，北京故宫博物院藏有明代"时大彬款紫砂陶胎剔红茶壶"（图203-4）。藤胎，用藤条编为漆器胎骨。冻子胎，用"杇"挑起漆冻堆塑成胎（图203-5）。

扬明漏记的古代漆器胎骨，举其要者有：镂雕木胎，如湖北江陵望山一号楚墓出土的"彩漆木雕禽兽座屏"（图203-6），在长51.8厘米、通高15厘米的横框内和底座上，以圆雕、浮雕、透雕和彩漆涂绘

图203-6:〔战国〕彩漆木雕禽兽座屏，江陵望山一号楚墓出土，国家博物馆藏，选自《中国美术分类全集·中国漆器全集2 战国—秦》

结合，对称地表现了凤、鸟、蛇、蛙、鹿、蟒等55个动物，彩漆历两千余年仍然灿烂缤纷，映照出大自然的生命律动，被国家文物局列入不得出境文物。皮胎，如曾侯乙墓出土"髹漆皮甲胄"，北京故宫博物院藏有清代贵州大方漆工制贵族游宴用具"皮胎漆葫芦"（图203-7），内装大小碟、碗、盘、勺等桌席漆餐具一百零八件。古代漆工还综合多种材料制为漆器胎骨。如各地

图203-7:〔晚清〕皮胎漆葫芦，选自李久芳主编《故宫博物院藏文物珍品大系·清代漆器》

漆提盒往往以卷木为器壁，以拼木为器盖器底，将竹片弯曲为提梁，斗合成胎。现代，各地用空心夹加强筋合板制为漆画、漆盒胎板，厚度从0.2厘米到0.8厘米不等；卷木胎工艺大范围消失。

204【原典】

合缝，两板相合，或面、旁、底、足合为全器，皆用法漆而加捎当[1]。

【扬明注】

合缝粘者，皆匾绦缚定，以木楔令紧，合齐成器，待干而捎当焉。

【校勘】

1. 粘：蒹葭堂抄本、德川抄本皆书为"粘"，朱氏刻本第165页改为"黏"，索解本、王解本用"粘"。"粘"为动词，读zhān，意为粘连。朱氏刻本错改。笔者《图说》《东亚漆艺》《析解》从两抄本用"粘"。

2. 匾：蒹葭堂抄本、德川抄本皆书为"匾"，朱氏刻本、王解本、索解本各保留不改，笔者2007版《图说》《东亚漆艺》《析解》用通行字"扁"。"匾"，古通"扁"。新版《图说》从两抄本不改通假字仍用"匾"。

3. 王解本第168页引："《琴经》：'凡合缝，用上等生漆，入黄明、胶水调和，挑起如丝，细骨灰拌匀，如饧丝后，涂于缝，用绳缚定，以木楔楔令紧。缝上漆出，随手刮去'。（寿79）"［按］王解本此引脱文甚多，与寿笺与《琴经》原文出入较大，"黄明胶水"是一物，被断句作"黄明、胶水"即透明漆加胶水，与原典所记合缝之漆配料不合，"然

---

① 捎当：为胎骨打底。"捎"者，髹也；"当"者，物之底也。

后"错作"丝后","如线"错作"如丝"。查《琴经》此段原文为:"凡合(缝),用上等生漆,入黄明胶水调和,挑起如线,细骨灰拌匀如饧,然后涂于缝。头、尾勘定,相合齐整。于腰、项处用软绳缚定,次于额、天地柱、中、徽、尾六处,以木楔楔,令紧。缝上漆出,随手刮去,入窨候干,以七日为度,日久愈佳。"[①]《琴经》缺"缝"字,笔者顺手勘出。

【解说】

经过干燥处理的木胎,要用油漆及时全面批刮,以封固木胎孔隙,防止湿气侵入,同时使其上继续髹涂的涂层不至于渗入木胎,造成其上涂层渗漏塌陷。这道工序叫"打底",即黄成所记"捎当"。

图204:漆工在为木胎合缝,笔者摄于阳江

此条记录板合胎、卷木胎或是板合、卷木混合胎打底之前的工序——"合缝"(图204):用法漆嵌入木板与木板拼合的缝隙,或器面与旁墙、旁墙与底板、底板与器足拼合的缝隙,然后,将溢出器面的法漆刮去,待干固,研磨平顺。"匾绦缚定,以木楔令紧"专指拼板胎合缝以后的正形,先在拼板胎内膛塞满木楔,使器形或方或圆,中规中矩,用法漆涂抹于板材接缝,将挤出缝外的漆液刮除,外壁用扁绳子捆绑

---

① 〔明〕张大命辑:《太古正音琴经·卷七·底面制度》,《续修四库全书》第1093册,第441页。

结实。待缝内之漆完全干固，解开绳子，取出木楔，拼板胎便牢固定型。之所以用扁绳子缚定胎骨，乃因圆绳子易打滑。木胎合缝干固以后，将合缝之处干磨平整，方可进入全面打底。

"法漆"之"法"当作何解？漆工称"合缝"之漆为"点漆""稀点漆"，制法是：将鱼鳔胶或明胶以2比10之比例掺水并且隔水蒸到完全融化，待其冷却，随即倾入净生漆，用棍棒搅拌缠绕拉打至拉出面条状的长丝而不黏手，"点漆"制成[①]。证之典籍，《辍耕录》记，"捲(当为"棬")素，髹工买来，刀刳胶缝干净平正，夏月无胶汎("泛"的异体字)之患，却炀牛皮胶和生漆，微嵌缝中，名曰梢(当为"捎")当"[②]。可见，嵌入木胎缝隙的"法漆"，即漆工所云"点漆""稀点漆"，是净生漆与胶水搅拌后的混合物。所以，漆工称合缝为"钻生""点生漆"。

王解本第169页解"法漆、法灰漆，所用原料应当基本上是相同的，是用生漆、胶及骨灰调制而成的"。[按]从《辍耕录》《太古正音琴经》《太音大全集》可知，"法漆"是净生漆与胶水搅拌后的混合物，其内不加灰，加灰则称"法灰漆"。

205【原典】

捎当，凡器物，先刮㓺缝会之处而法漆嵌之，及通体生漆刷之，候干，胎骨始固，而加布漆。

【扬明注】

器面窳缺、节眼等深者，法漆中加木屑、斫絮嵌之。

---

① 参见杨文光：《优质的木器粘合剂——点漆》，《中国生漆》1989年第1期。

② 〔元〕陶宗仪：《辍耕录·卷三十·髹器》，《文渊阁四库全书》第1040册，第744~745页。

【校勘】

1. 剅劂：剅：念lóu，指小裂口；劂，简化字中无此古字；剅劂，指用刀剔刳木缝。蒹葭堂抄本、德川抄本皆书为"剅劂"。其后各版用"剅劂"未改。

2. 嵌：蒹葭堂抄本扬明注书为"散"字，"散"字旁又书"嵌"字示意书错（影本34）；德川抄本直接书正确字为"嵌"字（影本35）。其后各版皆用"嵌"字。

3. 窳缺：蒹葭堂抄本、德川抄本皆书错字作"宯缺"。其后各版勘用"窳缺"。窳，念yǔ，指凹陷。

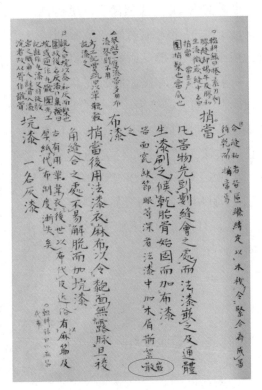

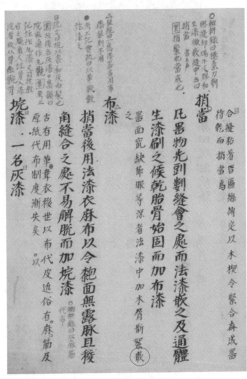

影本34：蒹葭堂抄本扬明注书为"散"字，"散"字旁又书"嵌"字示意书错

影本35：德川抄本直接书正确字"嵌"字

4.斫：蒹葭堂抄本、德川抄本皆书为异体字"斱"，其后各版随用，新版《图说》遵从现代出版规范用"斫"。

【解说】

图205：用生漆通体打底完毕的提盒木胎，笔者摄于宁海

揥当，北方漆工称"打底"，南方漆工称"批地"。合缝之处的法漆干固研磨平整以后，再用刀剔刳木板缝及虚松、疵病、腐败的地方，也就是"刭劂缝会之处"，漆工称其"撕缝"，用法漆调拌断麻断絮成"法絮漆"，用枅挑起法絮漆，填嵌于木板窳缺、节眼凹陷之处，待干固，磨平。斫絮，指将棉絮斫断；斫麻，指将麻丝斫断，北京漆工称"捉麻"，日本漆工称"刻苧"。"合缝""撕缝""斱絮嵌之"以后，才真正进入打底。质法工艺的打底法是通体薄刮生漆（图205）——福州漆工称"让木胎吃青"，不宜用其他任何胶质材料代替生漆为质法之胎打底。待干固，打磨平整，打底才算到位，然后才可以布漆。日本漆工称"打底"为"木固"。

206【原典】

布漆，揥当后，用法漆衣①麻布，以令糙面无露脉，且棱角缝合之处不易解脱，而加垸漆。

---

① 衣：在此做动词，念去声，指像给胎骨穿衣服似的糊裹麻布。

【扬明注】

古有用革、韦，后世以布代皮，近俗有以麻筋及厚纸代布，制度渐失矣。

【校勘】

古有用革、韦：蒹葭堂抄本、德川抄本皆书为"古有用革、韦衣"，朱氏刻本第166页、王解本第170页、索解本第147页随用。［按］此注乃注于"布漆"条下，指用革、韦做布漆，可见"衣"字为衍字，使本条"布漆"与《裹衣》章起装饰作用的"皮衣"即"革、韦衣"概念交混。笔者《图说》《东亚漆艺》《析解》据文意勘为"古有用革、韦"。

【解说】

布漆，指用漆糊麻布裹于打底干固之后的木胎上，使板合胎、屈木胎牢固地结合成为一个整体，不会散架松脱（图206-1）。这里的"布"既是动词，也提示了"布漆"工艺的材料。"布漆"所用的"法漆"，

图206-1：古人在为木胎打底布漆，选自《中国制漆图谱》，刘帅供图

图206-2：中国漆工在布漆，福州俞峥供图

图206-3：日本漆工在布漆，笔者摄于日本轮岛

净生漆内往往不兑入鱼鳔胶牛皮胶明胶之类胶水而兑入另一种胶黏材料糯米浆，常例用5分左右净生漆与糯米浆按4∶6比例调合，漆工称其"稀漆水"。布漆时，涂漆要充足，布要长于器面，糊布用力要均匀，布要不松不紧不歪不斜，没有皱折或是漏贴，布与布要搭接，错开搭头而不能对缝拼接。糊布完毕以后，用木压子将布处处压实，使法漆浸透布丝，将漫过布面的法漆刮净，以免余漆窝在布下，漆工俗称"窝浆"（图206-2）。待布漆干固，用刀削去接缝处因交叠凸起的麻布，再用砖、石蘸水磨顺，不可将布丝磨断。胎骨布漆干固之后，其上才可以做灰漆。

扬明记，古法有用生、熟牛皮糊裹于木胎以代替布漆，长沙楚墓出土战国"彩绘漆皮盾"可以为证。从扬明注可见，晚明已经有在木胎上裱糊麻丝或以纸代布的偷工减料做法。现代胶合板问世以后，少有拼木胎，屈木胎近于失传，布漆工艺渐成少见；车旋切断了木材的长纤维，所以，车旋的圆木胎不会开裂，不用布漆。日本漆工称"布漆"为"布着"，其糊布之法既省漆，又绝无"窝浆"的弊端（图206-3），值得中国漆工学习。

207【原典】

垸漆，一名灰漆，用角灰、磁屑为上，骨灰、蛤灰次之，砖灰、坯屑、砥灰为下。皆筛过，分粗、中、细，而次第布之如左。灰毕而加糙漆。

【扬明注】

用坯屑、枯炭末，和以厚糊、猪血、藕泥、胶汁等者，今贱工所为，何足用？又有鳗水者，胜之。鳗水，即灰膏子也。

【校勘】

1.磁：古通"瓷"。蒹葭堂抄本、德川抄本皆书为"磁"。其后各版用通假字不改。

2.坯屑：蒹葭堂抄本、德川抄本两书为"坏屑"，朱氏刻本第166页刻为"坏屑"，第167页刻为"坯屑"，王解本第171页、索解本第148页用"坯屑"。〔按〕坯，念pī，砖瓦未烧曰坯。坯屑，指未烧的砖瓦瓷器坯屑。承宁波泥金银彩绘大师李光昭先生见告，该作坊请窑工将未烧的瓷器坯屑碾碎入窑烧制成瓷灰，用作做灰漆的优质材料。笔者《图说》《东亚漆艺》《析解》从两抄本用"坏屑"。

3.粗：蒹葭堂抄本、德川抄本皆书为异体字"麤"，朱氏刻本第166页、索解本第148页随用。王解本，笔者《图说》《东亚漆艺》《析解》用正体字"粗"。

4.和：蒹葭堂抄本、德川抄本皆书为"和"，索解本随用，王解本第171页随朱氏刻本第166页改用"加"。〔按〕"和"，念去声，指调拌；"加"指添加，与调拌灰漆的工艺实际不符。笔者《图说》《东亚漆艺》《析解》从两抄本用"和"。

5.王解本第172页引："《辍耕录》：'鳗水，好桐油煎沸，如蜜之状却，取砖灰石细面和匀。'（寿86）"〔按〕寿笺脱字，王先生此引断句有错，"石灰、细面"二物误作"石细面"。《辍耕录》此段原文为："好桐油煎沸，以水试之，看躁也。方入黄丹、腻粉、无名异，煎一滚，以水试之，如蜜之状，令冷。油、水各等分，杖棒搅匀。却取砖灰一分、石灰一分、细面一分和匀，以前项油、水搅和调黏，灰器物上，再加细灰，然后用漆，并如黑光法。或用油亦可。"①

6.王解本第173页引："《琴经》：'灰法第一次粗灰而薄，第二次中灰匀而厚，次用细灰缘边作棱角，第四次灰补平。'……（寿87）"〔按〕王解本引《琴经》脱文，"灰粗"误作"粗灰"。查《琴经》此条原文为："第一次灰粗而薄，候干，用粗石略磨。第二次中灰匀而厚，候干，用水磨（二次水磨，三次油磨）。次用细灰纬（当作缘）边，作棱角，候干，磨过。第四次灰补平，候干，用无砂细砖长一寸许，用水磨，有不平处，以灰漆补之……"②

【解说】

垸，多音字，指用漆和灰涂抹器物时念huán，《说文解字》："垸，以漆和灰而鬃也。从土，完声。"可见，"垸漆"即做灰漆。木胎布漆干固以后，用胶漆调和严格过筛的粉状材料也就是"灰"成灰漆，分粗、中、细数道，平整均匀地批刮于布漆以后的胎骨，各地用"灰"之粗细、小件漆器与大件漆屏风用"灰"之粗细各有不同，由操作者酌定。不同材料的"灰"各有其性能，请见《利用》章第30条"土厚，灰"解说。此条中，黄成认为兽角磨成的细粉、瓷器屑磨成的细粉做灰最好，骨粉、蛤粉稍次，砖瓦粉、石粉为下；扬明补充说，晚明贱工甚至用未烧砖瓦坯的粉末、木炭粉与厚浆糊、猪血料、藕塘泥、胶汁调合做灰漆，成品哪里能够耐用？证之

① 〔元〕陶宗仪：《辍耕录·卷三十·鳗水》，《文渊阁四库全书》第1040册，第745页。
② 〔明〕张大命辑：《太古正音琴经·卷七·灰法》，《续修四库全书》第1093册，第441页。

明代《新增格古要论》，确有"又有用藕泥，其贱不可当"①的记录。鳗水，指单漆和单油工艺中用于打底的稀油灰，扬明又称其"灰膏子"（参见图199-4）。《马可波罗行记》记有中国船工用熟桐油与石灰水的调拌物"鲶料"涂塞船缝，可知古人以鲶鱼或鳗鱼体外的黏液比喻而有"鳗水""鲶料"之说；《三农记》"桐"条记，"子（籽）可出油，熬炼刷器光泽，入漆制熟运器成紫色，馀艎不离。和石灰为泥，坚固耐久"②，也记熟桐油与石灰水的调拌物用以涂塞船缝。扬明认为，用鳗水做灰漆用比厚浆糊、猪血料、胶汁调灰漆要好，此说并不尽然。鳗水干燥极慢，做灰漆很难刮平，现代漆工仅用稀鳗水做明度高的单漆、单油打底，或用厚鳗水即油腻子粘连镶嵌部件，并不用它来做灰漆。

胎骨做灰漆的目的，除起出棱角、密合子口、塑出开光线缘使器形规矩、器面致密平整以外，更是为了适应雕刻镶嵌的需要。晚明以来，江南流行款彩与镶嵌，漆工只能以加厚灰层降低其坚硬度以求奏刀的方便，于是改用用血灰做细灰漆，此风从南渐北。

王解本第172、173页解，"灰油，面糊调匀后，加入血料（由猪血做成），用木棍搅合，搅时需注意向一个方向旋转，不宜来回往返地搅。调匀后成灰白色的浆糊状，打满至此，便算完成"。[按]漆业并无"灰油"一说。"打满"实为"打鳗"，江南、北京漆工分别称"打么""打满"。"么""满"当为"鳗"字在吴方言、北方官话中的不同读音，"打么""打满"，就是"打鳗"。它隐含着这样一个事实：漆器简单制作的阶段髹涂单漆，用鳗水打底，由此派生出与鳗水相关的一系列工匠术语；漆器复杂制作的阶段常常需要刻、嵌、镶，从战国秦汉的薄做漆灰易为厚做灰，厚做灰的漆器不再用鳗水打底（仅单素

① 〔明〕曹昭撰，〔明〕王佐增补：《新增格古要论·卷八·螺钿》，南京图书馆藏明黄正位刻清淑躬堂重修本，第3页。
② 〔清〕张宗法撰，邹介正等校释：《三农纪校释·卷十二·桐》，农业出版社，1989年版，第416页。

漆器木胎仍用鳗水打底），漆器简单制作阶段的术语却沿用了下来[①]。

黄成记做灰漆五次，其记录的第三次、第五次，只是对灰面做局部精加工，不是全面做灰漆。《琴经》记做灰漆四次，其记录的第三次、第四次，也只是对灰面做精细找补，"第一次灰粗而薄，候干，用粗石略磨。第二次中灰匀而厚，候干，用水磨（二次水磨，三次油磨）。次用细灰纬（当作缘）边，作棱角，候干，磨过。第四次灰补平，候干，用无砂细砖长一寸许，用水磨，有不平处，以灰漆补之……"[②]考其实质，汉代漆器铭文"行三丸"记录其时工人做三遍垸漆；福州漆工惯言的"三道灰三遍漆"，指粗、中、细灰三道，生漆糙、煎糙再鞧漆三道。做粗灰漆，漆要多，力道要足，就像砌房子，地基要打坚实。渐往上层，漆递减，灰递细，水或其他胶质材料递加，笔者所选三幅图例，粗灰是漆灰，中灰是胶灰，细灰是血灰，读者比较颜色深浅就可以看出。每遍灰漆做罢，放置在阴凉之处晾干，再打磨平整。

清代祝凤喈《与古斋琴谱》记："调漆灰法：以角灰（即飞好鹿角霜）一两入清水三四钱润化，灰无片粒，再入生漆七钱，三者拌匀，交溶如浆糊，不稀不浓为妙。如漆多于角灰而水少，则干必皱皮；如角灰多于漆而水多，则干不黏结；如水少于灰漆，则不稠而难刷开；若不用水，则漆痴滞而不干。皆必如法调和得宜也。（每张琴刷漆灰一道，用角灰四两五钱、净生漆三两二钱、清水一两五六钱。夏冬天气，水宜酌增减之。）"[③]祝氏所记，可补《髹饰录》之未备。

王解本第173页解，"粗、中、细漆灰都用土子入生漆，它们的粗

① 参见笔者：《漆工术语磨敏、打么、㧑么考辨》，台湾《故宫文物月刊》1994年总第132期。

② 〔明〕张大命辑：《太古正音琴经·卷七·灰法》，《续修四库全书》第1093册，第441页。

③ 〔清〕祝凤喈：《与古斋琴谱·卷二·灰磨平匀》，《续修四库全书》第1095册，第573页。

细之分，在于土子研制粗细的程度而别"。［按］"灰"有多种。土子是催干剂，不作为调拌漆灰的"灰"大量使用。粗、中、细漆灰的区别，在于灰料研磨过筛的粗细及灰中入漆量的多少。

208【原典】
第一次粗灰漆，
【扬明注】
要薄而密。

【校勘】

粗：蒹葭堂抄本、德川抄本皆书异体字"麤"，朱氏刻本第167页、索解本第148页随用未改，王解本，笔者《图说》《东亚漆艺》《析解》用正体字"粗"。

【解说】

粗灰，常规以80目筛罗过筛取得，与下等精制生漆按1比1之比例加水调合，充分搅拌成粗灰漆。用刮板将粗灰漆摊开涂布于布漆干固以后的胎骨，涂层厚度一般在0.8毫米～1毫米，横向顺平，收边①。此为第一遍全面垸漆。粗灰漆起着覆压其下麻布和找平布纹的作用，在三遍灰漆中，漆的成分占比最高，所以能涂布到薄

图208：漆工在为花瓶做粗灰漆，笔者摄于福州

---

① 收边：指用刮板刮除沿坯胎边沿淌下的灰漆，使坯胎边角利落。

而且密（图208）。日本漆工称粗灰漆为"下錆"，称做粗灰漆为"地付"。粗灰漆吹干以后，用磨石蘸水重力打磨平顺，再吹干。

209【原典】

第二次中灰漆，

【扬明注】

要厚而均。

【解说】

图209：漆工在为柜子刮中胶灰，笔者摄于扬州

中灰，常规以160目筛罗过筛取得，与降比例中等精制生漆加水适量调合，充分搅拌而成中灰漆，涂布厚度一般在0.6毫米～0.8毫米。此为第二遍全面垸漆。中灰漆对其下麻布要有覆压力，所以要涂布厚而且均匀。扬州漆工称这道灰漆为"子母灰"，日本漆工称中灰漆为"上錆"，称做中灰漆为"切粉付"。中灰漆吹干以后，用磨石或木块包水砂纸蘸水用力打磨平顺，再吹干（图209）。

210【原典】

第三次作起棱角，补平窳缺，

【扬明注】

共用中灰为善，故在第三次。

【校勘】

窳：蒹葭堂抄本、德川抄本皆书错字作"窊"。其后各版均勘用
"窳"。

【解说】

黄成所记的"第三次"不是全面做灰，只是在中灰漆面磨顺吹干
透以后，用中灰漆起出胎骨棱角，补平灰面缺陷，对胎骨做进一步正
形稳形，使其方圆规矩，有棱有角，器与盖子口合缝严密并且补平灰
面细小的缺陷。扬明于上条"中灰"后加"漆"字，而于此条"中灰"
后减"漆"字，正说明第三次刮的是渗透性好的稀灰浆而不是难以渗
透的漆灰。用中灰起出棱角，扬州漆工叫"披边"；薄刮中灰以正形
稳形，扬州漆工叫"稳灰"。晾干，打磨平顺，再晾干。现代没有了
卷木胎，斫木胎旋木胎都不用正形稳形，所以，"稳灰"这道工序也就
减免了。

211【原典】

第四次细灰漆，

【扬明注】

要厚薄之间。

【解说】

常规以240目筛罗过筛取得细灰，与再降比例中等精制生漆加水

图211-1：漆工在为家具
刮细血灰，笔者摄于扬州

图211-2：做完灰漆后磨
细的胎骨，笔者摄于成都

适量调合，充分搅拌而得细灰漆。薄刮细灰漆于中灰漆干透以后的胎骨，使其渗入灰面微孔，以加固中灰漆。此为第三遍全面垸漆。细灰漆中，漆的成分往往较低且涂层较薄，漆面如做钩刻镶嵌，需要连刮数遍细灰漆以累积厚度，所以扬明注，"要厚薄之间"。细灰漆晾干以后，用磨石或木块包水砂纸巧力蘸水打磨平顺，再吹干，做灰漆也就完成了。漆工往往再用筛罗过筛取得更细的灰，与稀漆水充分搅拌成浆灰漆，在磨平晾干的细灰漆面遍刮一遍，以抹平细小的孔眼。从笔者所插三张图片灰漆深浅可见，三道灰漆中，漆的比例大有不同，各地细灰漆中或有漆，或根本没有漆而代之以胶水或是血料（图211-1）。日本漆工称做细灰漆为"錆付"，"一回錆付"干透、磨平、晾干以后，刮细灰浆，叫"二回錆付"。刮浆灰漆干透以后，磨到平整细腻（图211-2），便可以糙漆了。

漆工垸漆有很大的灵活性，既要考虑榡胎本身质地是否致密，也要考虑漆面用何种工艺装饰。比如，镶嵌漆器灰层要厚而坚；刻灰漆器灰层要厚而韧；戗划漆器灰层宜薄而浆灰层宜稍厚。再如，用插销拼合而成的杉木板胎布漆之前就要做一遍灰漆，布漆干后往往再做一两遍压布灰；压布灰干透以后，最好薄刮一道生漆，次之广油，使油漆钻入压布灰孔隙。各道灰晾干以后，最好薄刮一道生漆，次之广油或胶水，使漆或胶、油钻入灰层孔隙以加固胎体与漆灰层。扬州漆工称细灰面上薄刮油漆或胶水为"干闭""干收浆"，这就是《工程做法》所记的"拔浆灰""汁浆灰"。《太音大全集》记灰法"第三次以油磨"①，用油研磨细灰面，正为对细灰面起到"干闭"的作用。这里的"油"，指干性油，如紫坯油等。日本漆工的传统做法是：在磨平晾干的灰面各刮一道生漆，粗灰面薄刮生漆叫"地固"，中灰面薄刮生漆叫"切粉固"，细灰面薄刮生漆叫"錆固"，如髹黑漆，则在细灰面再薄刷一道墨汁，使其上三道黑漆显得深厚。

212【原典】

第五次起线缘。

【扬明注】

蜃窗②边棱为线缘或界缬者，于细灰磨了后，有以起线挑堆起者，有以法灰漆为缕粘络者。

【校勘】

1.线：蒹葭堂抄本、德川抄本各两书"線"字，朱氏刻本第167页、索解本第148页随用。[按]汉字简化以后，"线"多指姓氏，原典则指线缘。为免生歧义，王解本，笔者《图说》《东亚漆艺》《析解》用"线"。

---

① 〔明〕袁均哲辑：《太音大全集·卷一·灰法》，《续修四库全书》第1092册，第247页。
② 蜃窗：古代将蚌壳磨薄后遮挡窗牖，以使透光并挡风。这样的窗户，称"蜃窗"。扬明用以比喻用漆冻捶打成漆线，在漆胎上粘贴出开光。

2.蜃窗：蒹葭堂抄本、德川抄本皆连书错字、异体字作"脣窻"，其后各版均勘为"蜃窗"。

3.粘：蒹葭堂抄本、德川抄本皆书为动词"粘"，朱氏刻本第167页错改为形容词"黏"。其后各版皆用"粘"。

4.王解本第173页引："《杂事秘辛》：'日晷薄辰，穿照蜃窗。'（寿88）"［按］蒹葭堂抄本、德川抄本此条四周皆无此寿笺，王解本将朱氏刻本中阚铎增写的笺注误作祖本寿笺引入。

【解说】

黄成所记的"第五次"，也不是全面做灰，只是在细灰面用杇挑起法灰漆搓成的漆线，起出线缘或以识文围起开光。这样隆起的线缘，日本漆工称"玉緣"。扬明所注"起线挑"，即《利用第一》第26条所记的"杇"；所注"法灰漆"，指用明油、蛤粉等入漆调拌成可塑性极强、透气性极好的"漆冻"，用于堆塑花纹、堆起线缘或是围起开光。古代漆器上常以漆冻围起线脚成海棠、梅花等形状的装饰面，在围起的装饰面内做精致雕饰，围起的装饰面便叫"开光"。器面做了开光，就像房子开了窗户，窗内自有别样景致。所以，扬明将用漆冻搓成漆线围起的开光比喻为"蜃窗"。又，扬明将用漆冻围起开光置于"垸漆"末尾，其实，此时以识文围起开光为时尚早，容易使下一

图212：用杇挑起线形漆冻在漆面围起开光，宁波传统工艺坊供图

步髹漆以后，线缘盉根难以打磨清晰。以识文围起开光，宜在糙漆完成甚至麹漆完成之后（图212）。

213【原典】

糙漆，以之实垸，腠①滑灰面，其法如左。糙毕而加麹漆为文饰，器全成焉。

【校勘】

腠：蒹葭堂抄本、德川抄本均书为"腠"，朱氏刻本第167页，索解本第150页，王解本第174页跟错。[按]腠：念còu，指皮下肌肉间的空隙，黄成用以借指灰漆层亦即漆器"肉"之间的孔隙。笔者《图说》《东亚漆艺》《析解》勘用"腠"。

【解说】

漆器底胎做完灰漆以后、髹涂面漆之前，其上要用生漆、推光漆顺次先行涂刷，这道工序叫"糙漆"。糙漆的目的是使漆钻入灰漆层孔隙，使灰漆面平滑坚实并且养益面漆，使面漆呈色深邃，平整厚实。糙漆之"糙"，是与面漆之细腻比较而言的，其实，糙漆直接关系着麹漆面的平整细腻，绝对不可以粗糙对待。

推光漆兑入黑料髹涂，仍然不能达到正黑，必须有肥厚的黑糙漆垫底，黑色才见深厚。同理，色髹需要有肥厚的色糙漆垫底。糙漆干后，用油石、椑炭或木块包细水砂纸细心打磨平滑，漆工称此道工序为"磨糙"。旮旯凹凸之处，用灰条、椑炭打磨，或在砂纸背面衬以

———————————

① 腠：念còu，指皮下肌肉间的空隙。作者用以借指灰漆层亦即漆器"肉"之间的孔隙。

橡皮、布或手指软磨。磨糙宜边磨边看，动作幅度宜小，不可磨穿糙漆。如果磨出条状污垢，是漆未干固，应赶紧停止，候干固再磨。

王解本第174页解，"糙漆是制造漆器的第六道工序。在器物的漆灰上面上灰漆及漆"；索解本第150页解，"在经过垸漆手续后的器面，再加涂灰漆和漆"。［按］三道糙漆都是涂漆，不是涂灰漆。如果还涂灰漆，那就不是做糙漆，而是做灰漆了。《辍耕录》记："砖石车磨，去灰浆，洁净一二日，候干燥，方漆之，谓之糙漆。"①可证第一遍糙漆就不能掺灰。

214【原典】

第一次灰糙，

【扬明注】

要良厚而磨宜正平。

【解说】

在完成灰漆工艺的漆胎上做第一遍糙漆，这道糙漆叫"灰糙"。其作用是使漆液钻入灰层微孔，封闭灰地毛孔，加大灰层间的黏结力，使其上数道涂漆不至于渗入灰层，造成漆液浪费和漆面塌陷不平，所以，灰糙要厚。福州漆工根据"物尽其用"的原则，将桶底漆渣、杂色残剩之漆浸入煤油稀释后过滤，视其稀薄，加入烟炱和适量本色推光漆，成稀薄、快干、色黑的稀漆水②，刷于细灰面做灰糙。灰糙不必下窨，等待自然干燥，用水砂纸包木块蘸水打磨平顺。打磨手势要正，磨面要平，磨平后吹干。如果灰糙即用黏稠度颇高的上等生漆，漆浮

---

① 〔元〕陶宗仪：《辍耕录·卷三十·髹器》，《文渊阁四库全书》第1040册，第745页。
② 稀漆水：指经过稀释的生漆。漆工根据不同用途，决定其中掺水还是掺胶水、煤油。

在灰面，反而不能有效地往下钻入灰漆层了。

灰糙磨顺吹干以后，亚光的黑漆面可见许多没有磨到的黑色小亮斑。这是因为，灰漆面原来就有若干细小的凹塘，推光漆的特性是"漆不填塘"，第一遍糙漆干后，若干细小的凹塘仍然存在。如果不补平这些微凹，匏漆面就会留下若干细小的凹塘。补救之法是：用薄而弹性好的角挑挑起浆灰漆刮于凹塘亮斑，福州漆工称此道工序为"补敏"，黑髹补敏的浆灰漆内应兑黑料。晾干以后打磨，福州漆工称此道工序为"磨敏"。考"敏"字用于髹饰，其意实不可解。"敏"或当作"抿"，指抿合灰面的工艺过程，"补抿"指将浆灰漆刮入糙漆干后磨不到的小凹塘小亮斑以抿合小凹塘小孔眼，"磨抿"指小凹塘小孔眼抿合干后要再打磨。日本漆工做灰漆，粗灰漆有三道流程叫"地下附""地上附""地固"，中灰漆有三道流程叫"切粉下附""切粉上附""切粉固"，细灰漆又有三道流程叫"錆下附""錆上附""錆固"，灰漆面极其平整细腻，糙漆以后，自然也就无需"补敏""磨敏"了。

索解本第151页解，"第一次用灰糙，就是因为要在灰中加黑料，这与上述第一步用细灰垸漆，分别就在此了"，"良当作艮，艮者坚也"。［按］灰糙是在完成灰漆的胎面糙漆，所用的稀漆水内不掺灰。"良"，可解作"很"，如"思考良久""用心良苦""获益良多"云云，"良厚"就是很厚。"良厚"的灰糙今已少见。

215【原典】

第二次生漆糙，

【扬明注】

要薄而均。

【解说】

图215：生漆糙干后尚未打
磨的漆胎，笔者摄于东京

灰糙干后，研磨平整、吹干以后，用净生漆薄刷器面，因为用生漆，这道糙漆便叫"生漆糙"（图215）。生漆糙是否平整直接关系髹漆面的平整与否，所以要薄而均匀。生漆糙完成以后，灰漆被彻底封固，其上髹漆再不会渗入灰层。生漆糙不必下窨，待其自然干燥以后，用水砂纸包木块蘸水仔细打磨平滑。如生漆糙干后器物边棱涂层被磨薄或出现凹塘云斑，要用兑入烟炱的推光漆细心找补，福州漆工称此道工序为"补青""补乌"。青者，黛也，"补青"就是补黑。日本漆工称生漆糙为"下塗"，韩国漆工称生漆糙为"下漆"。

216【原典】

第三次煎糙。

【扬明注】

要不为皱皵。右三糙者，古法，而髹琴必用之。今造器皿者，一次用生漆糙，二次用曜糙而止。又者赤糙、黄糙，又细灰后以生漆擦之代一次糙者，肉愈薄也。

【校勘】

1. 皱皵：指糙漆起皱。皵，念què，指树皮粗糙皴裂。蒹葭堂抄本、德川抄本扬明注皆书为"皱皵"，朱氏刻本第168页、索解本第150页随用，王解本第174页错改为"皱斮"。笔者2007版《图说》第236页、《东亚漆艺》第491页、《析解》第192页均未勘出王解本错字而跟错。新版《图说》从两抄本用"皴皵"。

2. 又者：蒹葭堂抄本扬明注书为"又者"，索解本第150页随用。德川抄本扬明注书为"又有"，王解本第174页随朱氏刻本第168页改为"又有"。因德川抄本问世晚近，笔者《图说》《东亚漆艺》《析解》均从祖本蒹葭堂抄本用"又者"。

3. 王解本第174页引："《琴经》：'第一次糙用生漆，第二次糙亦用好漆，第三次用煎糙。又以上等生漆入乌鸡子清，用漆工调之。'（寿90）"〔按〕王解本将寿笺与《琴经》"好生漆"误改为"好漆"；将《琴经》"用漆调之"误改为"用漆工调之"。查寿笺此段原文是"《琴经》曰：'第一次糙用生漆入灰，第二次糙亦用好生漆，第三次用煎糙。'"寿笺省文添文，顿改《琴经》原意。查《琴经》此条原文为："第一次糙用上等生漆，于向日暖处，令漆浸润入灰，往来刷之，以多为妙。候干，以水磨洗。第二次糙亦用好生漆，候干，磨洗过，安徽，正岳，刻冠线。第三次用煎糙。"[1]又《琴经》"第三"后脱"次"字，笔者据文意并与袁均哲《太音大全集·卷一》互校后补入。

【解说】

在完成生漆糙并精细研磨的漆胎上，用推光漆做最后一遍糙漆，因为用经过煎制或晒制而成的推光漆做这最后一遍糙漆，所以这遍糙漆叫"煎糙"（图216-1）。"煎糙"直接关系到上涂漆的平整光滑，当然不可以涂层起皱。扬明补充说，如果做黑糙漆，则在漆内调入黑烟；做红糙漆，则在漆内调入红颜料；糙漆古法做三道，明代漆工仅髹琴糙漆三道，漆器糙漆改做两道；又有做完细灰以后用生漆擦一遍以代替灰糙的，面漆下的糙漆层愈来愈薄了。"曜糙"，指在推光漆内调入鸡蛋

---

① 〔明〕张大命辑：《太古正音琴经·卷七·煎糙法》，《续修四库全书》第1093册，第441页。

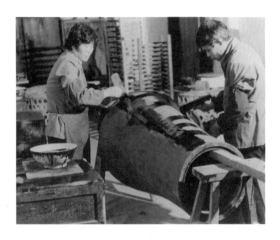

图216-1：漆工为花瓶
胎做煎糙，乔十光供图

图216-2：漆工淋水打磨生漆
糙干后的花瓶胎，乔十光供图

清做煎糙，使煎糙肥厚光亮。又，扬明"又细灰后以生漆擦之代一次糙者"一句，应注于"灰糙"条下，不当注于"煎糙"条下。"煎糙"用推光漆且在上涂漆之先，福州漆工称"光底漆"，日本漆工称"中塗"，韩国漆工称"中漆"。

明代张大命辑《琴经》记："生漆半斤，先下火煎数沸，入焰硝一分，以文武火煎四五食时，用柳枝搅起，视其色光焰为度。倾入瓷器内，以纸覆之，入地窟三宿，取出，以绵滤过三五次，候日色晴明则糙，往来刷之，以久为佳，糙毕入窖。今人只以上等生漆入乌鸡子清用，漆工谓之耀糙，取有肉也。"[①]前半所记，实为煎漆之法；后半

① 〔明〕张大命辑：《太古正音琴经·卷七·煎糙法》，《续修四库全书》第1093册，第441页。

所记，方为糙漆之法。

　　煎糙下窖待其干固，用水砂纸包木块蘸水十分细心地磨平磨顺（图216-2）。万一未磨平顺，糙漆面就会隐露籽颣或是磨痕；万一磨穿漆膜，即使细心找补，糙漆面仍然隐约可见凹塘或是云斑。所以，漆胎的一切瑕疵都要在糙漆阶段扫除，不

图216-3：完成研磨工艺的光底漆胎，笔者摄于台湾南投

能留待糙漆时解决。磨光以后，漆胎也就制成了，福州漆工称这样严格质法的漆胎为"光底漆胎"（图216-3、216-4），日本漆工称经过木胎封固（打底）、裱布、填布目（压布灰）、刮粗灰、刮中灰、刮细灰、用生漆固灰（灰糙）、髹下涂漆（生漆糙）、髹中涂漆（煎糙）这样严格的程序制成的漆胎为"本坚地"。在本坚地亦即光底漆胎上糙漆，做纹饰。

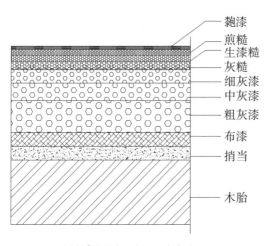

图216-4：木胎质法程序示意图，尤真绘

217【原典】

漆际，素器贮水、书匣防湿等用之。

【扬明注】

今市上所售器漆际者，多不和①斫絮、唯垸际漆界者，易解脱也。

【校勘】

斫：蒹葭堂抄本、德川抄本皆书为异体字"斲"，其后各版随用，新版《图说》遵从现代出版规范用正体字"斫"。

【解说】

农业社会提倡节用，低档器具不全面髹漆，只在其边际做灰漆或涂漆（图217）。唐人记"五品以上漆棺，六品以下但得漆际"②。后世器物贮水、书匣防湿等，往往用这样节省工料的方法。扬明补充说，晚明市场上出售的漆际之木器，合缝和节眼凹陷的地方多不斫入断絮用法絮漆填平，只在其边际做灰漆或是涂漆。这样的器物，当然容易松脱散架了。

图217：漆际的藤枕，选自何晓道《十里红妆女儿梦》

"漆际"与木胎"合缝"比较，木胎合缝只是漆器制作的初始，漆际则是器物的最后完成。黄成将"漆际"纳入《质法》章最后一条记录，正因为"漆际"是一种特殊的质法工艺——既是"质法"，又可作为朴素的装饰，兼有"质"与"文"双重属性，笔者称其为"亦质亦文的简易髹饰"。

---

① 和：这里作动词，念去声。
② 〔唐〕段成式：《酉阳杂俎》卷十三，《文渊阁四库全书》第1047册，第718页。

尚古第十八

【扬明注】

一篇之大尾。名尚古者，盖黄氏之意在于斯。故此书总论成饰而不载造法，所以温古知新也。

【校勘】

1.盖：蒹葭堂抄本、德川抄本扬明注皆书异体字为"葢"，其余各版繁体本用"蓋"，简体本用"盖"。

2.温古知新：蒹葭堂抄本、德川抄本扬明注皆书为"温古知新"，索解本第152页随用，王解本第175页随朱氏刻本第168页添字改作"温故而知新"。［按］此章言尚古，非言"故"事，不可照搬《论语》之句。笔者《图说》《东亚漆艺》《析解》从两抄本用"温古知新"。

【解说】

"尚古第十八"是黄成自拟章名不是条目，故不将其作为条目进行编号。黄成于全书行将结束的时候列一章名《尚古》，下列断纹、补缀、仿效三条，因为全书用意正在于尚古。各章之所以只记漆器如何装饰，未记漆器装饰的具体工艺，目的就在于帮助漆工温习古代技法，从中翻出新意。"温古知新"不是泥古不化，而是借古开新，守正创新。这是《髹饰录》又一极高明极智慧之处。

王解本第175页解："杨（扬）注称'此书总论成饰'，是指此章而言，并不是指《髹饰录》全书。"［按］黄氏原典是写给工匠看的，其意在于帮助工匠了解古今流行的漆器装饰。至于具体工艺，千变万化，因人、因地而异，得道与否，全靠工匠自己在实践中体悟。因此，综观黄成原典，除《质法》章涉及漆胎造法外，各章确实"总论成饰而不载造法"。"不载造法"可以使工匠不为成法所拘，温习"成饰"，再创新法。王解本对"黄氏之意"解读有误，扬明注"故此书总论成饰而不载造法，所以温古知新也"，实为对黄氏之意的准确诠释。

218【原典】

断纹。髹器历年愈久而断纹愈生，是出于人工而成于天工者也。古琴有梅花断，有则宝之；有蛇腹断，次之；有牛毛断，又次之。他器多牛毛断。又有冰裂断、龟纹断、乱丝断、荷叶断、縠纹断。凡揩光牢固者，多疏断；稀漆脆虚者，多细断且易浮起，不足珍赏焉。

【扬明注】

又有诸断交出；或一旁生彼，一旁生是；或每面为众断者：天工苟不可穷也。

【校勘】

1.疏断：蒹葭堂抄本、德川抄本皆夹用异体字作"疎断"，朱氏刻本第169页夹用异体字作"疎断"。索解本、王解本、笔者《图说》《东亚漆艺》《析解》用正体字作"疏断"。

2.王解本第176页引："《琴经》：'古琴以断纹为证。有蛇腹断，其纹横截如蛇腹下纹。又有细纹断，即牛尾（裛按：当作"毛"）断，如发千百条。又有梅花断，其纹如梅花片。又有龙纹断，其纹圆大。有龟纹、冰裂纹者。'（寿92）"［按］蒹葭堂抄本寿笺所书正是"牛毛断"，王解本引《琴经》脱文且夹入《琴笺》文字。查《琴经》此条原文为："古琴以断纹为证。琴不历五佰（原文作'伯'）岁不断，愈久，则断愈多。断有数等：有蛇腹断，其纹横截琴（原文作'琹'）面，相去或寸，或二寸，节相似，如蛇腹下纹；又有细纹断（即牛毛断），如发千百条，亦停匀，多在琴（原文作'琹'）之两旁，而近岳处则无之；又有面与底皆断者；又有梅花断，其纹如梅花片，此非千余载不能有也。"①

【解说】

　　漆器历年既久，木胎与漆灰层胀缩不一，或漆灰涂布不匀，或涂漆质量欠佳，或琴体受日照、温度湿度欠佳等，都会使漆面生出断纹。古玩家以漆器有断纹为贵。梅花断、蛇腹断、牛毛断、冰裂断、龟纹断、乱丝断、荷叶断、縠纹断都是黄成即形赋名，不必拘泥考据。因为断纹形状不可刻意谋求，黄成故言断纹"出于人工而成于天工"，并言古琴断纹以梅花形最珍贵，蛇腹形次之，牛毛形又次之。古琴之外，漆器多牛毛断。大凡泽漆揩光的漆器，漆层坚细牢固，断纹就比较稀疏；反之，如果涂漆单薄，或灰地虚松有欠坚实，断纹就细密且易浮起，甚至漆皮整片脱落，便不足作为珍赏了。扬明补充说，又有各种断纹交替出现于一件器物的，又有彼种断纹旁边生出另一种断纹的，或此种断纹旁边又生出此种断纹的，或漆器一面就有多种断纹的：天工实不可揣摩穷尽。此件宋代"夹纻胎花瓣形漆盘"（图218-1），胎轻漆坚，盘心因年久生出縠纹断间牛毛断。

　　古代文人爱琴，古琴断纹比漆

图218-1：〔宋〕夹纻胎花瓣形漆盘盘心縠纹断间牛毛断，选自东京松涛美术馆《中国の漆工芸》

---

① 〔明〕张大命辑：《太古正音琴经·卷六·真断纹》，《续修四库全书》第1093册，第437页。

器断纹更为人所珍。因为琴面灰漆厚而琴背灰漆薄，加之琴面日日为琴声激荡，所以，琴面、琴背断纹不同。灰漆较厚之处，断纹多如蛇腹下的横纹，年久会浮起甚至脱落；灰漆较薄之处，断纹细如牛毛，不很珍贵；梅花断、龟纹断虽断又各方相连，不易浮脱，人力难为，故有"千金难买龟纹断"一说。北京故宫博物院藏有历代名琴467张，其中，唐代名琴四张、宋代名琴两张。唐代"大圣遗音琴"（图218-2）用桐木砍研，用鹿角灰做灰漆，褐漆面红漆流变，琴面蛇腹断间牛毛断，美轮美奂，琴徽用金片镶嵌，龙池内有"至德丙申"（756年）年号，龙池旁刻四言隶书诗一首："巨壑迎秋，寒江印月，万籁悠悠，孤桐飒裂"。

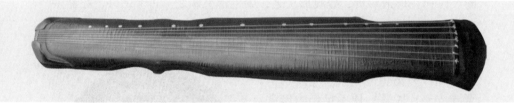

图218-2：〔唐〕大圣遗音琴面蛇腹断间牛毛断，北京故宫博物院藏，选自李中岳等编《中国历代艺术·工艺美术编》

《髹饰录》记录了断纹的形态，却没有记录人工制造断纹的方法。宋代漆工就已经用人工制造断纹：在灰漆胎贴纸，然后做糙漆，髹面漆，漆面干固推光以后，将蛋清或糯糊刷于漆面，日晒或火烤后水浇，蛋清或饭糊将漆面拉拽出断纹。灰漆面糊纸的作用在于：制造漆面裂纹时，不至于造成涂层整片脱落。此法见载于南宋赵希鹄《洞天清录》[1]并且传到日本，日本漆工称此法为"奉書斷紋塗"。

---

① 〔宋〕赵希鹄：《洞天清录·古琴辨·伪断纹》，见笔者编著：《中国古代艺术论著集注与研究》，天津人民出版社，2008年版，第197页。

219【原典】

补缀。补古器之缺，剥击痕尤难焉，漆之新古、色之明暗相当为妙。又修缀失其缺片者，随其痕而上画云气，黑髹以赤、朱漆以黄之类，如此，五色金钿，互异其色而不掩痕迹，却有雅趣也。

【扬明注】

补缀古器，令缝痕不觉者，可巧手以继拙作，不可庸工以当精制，此以其难可知。又补处为云气者，盖好事家仿祭器，画云气者作之，今玩赏家呼之曰"云缀"。

【校勘】

1.掩：蒹葭堂抄本、德川抄本皆书为"揜"，朱氏刻本、索解本随用，王解本第177页改作"掩"。揜：念 yǎn，意同"掩"。笔者2007版《图说》《东亚漆艺》《析解》亦从两抄本用"揜"。新版《图说》遵从现代汉语规范用"掩"。

2.盖：蒹葭堂抄本、德川抄本皆书为异体字"葢"，其后各版繁体本用"蓋"，简体本用"盖"。

3.仿祭器：蒹葭堂抄本书为"做祭器"，德川抄本改书异体字为"倣祭器"。扬明本意指今人仿效古人，德川抄本改字语义正确。索解本第154页随蒹葭堂抄本用"做祭器"，朱氏刻本第170页改书异体字为"倣祭器"。王解本、笔者2007版《图说》《东亚漆艺》《析解》用正体字作"效祭器"。按文意，新版《图说》从德川抄本改异体字为正体字用"仿祭器"。

【解说】

补缀，指修补古漆器缺损。色漆髹涂有一个缓慢干固、漆色充分转艳的过程，北方漆工称涂层干固、漆色充分转艳的过程为"开"，扬州漆工称这一过程为"吐"，苏州漆工称这一过程为"醒"。所以，修补黑髹漆器容易一些，修补彩髹漆器，要做到"漆之新古、色之明暗相当"，还要做出古漆器上剥落或是被击损的痕迹，相当困难。修补古漆器前，宜先将色漆髹涂于试牌，待其干透，看颜色的明暗与古漆器是否适合，然后再进行髹补。髹补的漆色务必要比古漆器原来的漆色暗一些，漆色"吐"出之后，才能新旧衔接，没有破绽。暗到什么程度为好？全凭经验把握。所以扬明才说，只可以让巧手修补不好的作品，不可以让庸工修补精致的古物。黄成还提出，如果漆器上已经有漆片脱落，不妨在缺脱之处画上古代漆器上常见的云纹，如黑地子上画红、朱地子上画黄之类，使其与五色金钿互异其色，看不出修补过的痕迹。扬明补充说，修补的地方画上云纹以遮盖修补的痕迹，源于好事者对祭祀用漆器的效仿，古玩家称这样的修补方法为"云缀"。

220【原典】

仿效。模拟历代古器及宋、元名匠所造，或诸夷、倭制等者，以其不易得，为好古之士备玩赏耳，非为卖骨董者之欺人贪价者作也。凡仿效之所巧，不必要形似，唯得古人之巧趣与土风之所以然为主。然后考历岁之远近，而设骨剥、断纹及去油漆之气也。

【扬明注】

要文饰全不异本器，则须印模后熟视而施色。如雕镂识款，则蜡墨干打之，依纸背而印模，俱不失毫厘。然而有款者模之，则当款旁复加一款曰："某姓名仿造"。

【校勘】

1.模拟：蒹葭堂抄本、德川抄本皆错书为"摸拟"，朱氏刻本第170页随错，索解本第155页随用而以括号标出"模"字，其余各版用正确字作"模拟"。

2.仿效：蒹葭堂抄本、德川抄本原典连书两次各两个异体字作"倣傚"，扬明注末尾书为"倣"，朱氏刻本第170页、索解本第155页随用，王解本，笔者《图说》《东亚漆艺》《析解》用正体字作"仿效""仿"。

3.考：蒹葭堂抄本、德川抄本皆书为"攻"，与上下文意难以衔接。朱氏刻本第170页勘用"考"。其后各版皆用"考"。

4.印模：蒹葭堂抄本书为"印摸"，德川抄本改书为"印模"。按文意，其后各版皆用"印模"。

5.蜡：蒹葭堂抄本、德川抄本扬明注皆书异体字为"蝎"，索解本第155页跟错用"蝎"。"蝎"，念xiē。按干打工艺，此字应勘为"蜡"。王解本第178页从朱氏刻本改用"蜡"。笔者《图说》《东亚漆艺》《析解》从朱氏刻本用"蜡"。

6.有款者模之：蒹葭堂抄本、德川抄本扬明注书错字作"摸之"，朱氏刻本第170页随错，索解本第155页勘为"摹之"。［按］"临摹"比"模仿"固能"不失毫厘"，而校勘当以尽量不动原典为原则，王解本，笔者《图说》《东亚漆艺》《析解》均勘出错字又尊重原典用"模之"。又，两抄本扬明注于"者"字左首均有寿笺"一本作而"。其后各版均不采寿笺改文。

【解说】

仿效，指模仿历代古漆器以及宋、元名匠所造的漆器，或东方诸国、日本漆工制造的漆器，作为好古文人的玩赏之物。仿效时应该考证仿效对象的年代，根据其所历年岁的远近，去除油漆的新气，做出器骨剥损或漆面断纹，古玩界称此类做法为"做旧"。"夷"，这里指

图220：仿唐三彩骆驼，选自《福建工艺美术》

有漆器制造传统的东南亚国家，如越南、缅甸、泰国等；"倭"是中国古人对日本人的称呼。黄成生于明中后期那样一个动荡的关捩，有一定历史视野和亚洲视野，《髹饰录》记录的，其实是宋元至明代以及明代传入的大漆髹饰工艺。他提出广学古今中外，反对"欺人贪价"，强调"不必要形似，唯得古人之巧趣与土风之所以然为主"，即仿旧如旧的仿效标准，难能可贵。扬明注补充了过稿套印花纹、干拓款识等不失毫厘的仿效方法，更提出工匠应该有写明"仿造"的职业道德。对比今天的造假之风，古代工匠不欺世的做法，难能可贵。现代，时漆仿古已成专门学问，如仿唐三彩、仿青铜器、仿瓷器等。本书略备图片，不做延伸。（图220）

髹饰录坤集终

【解说】

兼葭堂抄本坤集文字结束以后，于当页钤朱笔隶书"文化甲子"（1804年）四字，下接白页、封底、护封；德川抄本坤集文字结束以后，跨页钤"德川宗敬氏寄赠"楷书长方朱文印，无白页，无封底，无护封。这再次证明官府流出的兼葭堂抄本比民间抄本德川本来得郑重。

参考文献

蒹葭堂抄本《髹饰录》，http://webarchives.tnm.jp/imgsearch/show/E0032634。

德川钞本《髹饰录》，http://webarchives.tnm.jp/imgsearch/show/E0032693。

索予明：《髹饰录解说》，台湾商务印书馆，1974年版。

王世襄：《髹饰录解说》，文物出版社，1983年版。

〔明〕黄成著，〔明〕杨明注，王世襄编：《髹饰录》，中国人民大学出版社，2004年版。

〔明〕黄成著，〔明〕扬明注，长北校勘、译注、解说：《髹饰录图说》，山东画报出版社，2007年版。

长北：《〈髹饰录〉与东亚漆艺——传统髹饰工艺体系研究》，人民美术出版社，2014年版。

长北：《〈髹饰录〉析解》，江苏凤凰美术出版社，2017年版。

〔汉〕许慎：《说文解字》，中华书局，1963年版。

〔宋〕李诫：《营造法式》，南京图书馆藏民国十四年紫江朱氏刻本。

〔明〕李时珍：《本草纲目》，清光绪十一年合肥张氏刻本。

〔明〕高濂编撰：《遵生八笺》（重订全本），巴蜀书社，1992年版。

〔明〕曹昭撰，〔明〕王佐增补：《新增格古要论》，南京图书馆藏明黄正位刻清淑躬堂重修本。

《工程做法·内庭工程做法·乘舆仪仗做法》，见故宫博物院编："故宫珍本丛刊"第339册，海南出版社，2000年版。

〔清〕永瑢等编纂:《文渊阁四库全书》，台湾商务印书馆，1986年版。

续修四库全书编辑委员会编:《续修四库全书》，上海古籍出版社，1995年版。

四库全书存目丛书编辑委员会编:《四库全书存目丛书》，齐鲁书社，1997年版。

〔宋〕李昉辑:《太平御览·杂物部一·漆》，河北教育出版社，1994年版，第七册。

〔清〕陈梦雷辑:《古今图书集成·经济汇编·考工典·第九卷·漆工部》，南京图书馆藏民国二十三年中华书局影印清雍正四年铜活字印本。

王云五主编:《丛书集成初编》，中华书局，1985年版。

《丛书集成新编》，台湾新文丰出版公司，1985年版。

《丛书集成续编》，台湾新文丰出版公司，1989年版。

《丛书集成三编》，台湾新文丰出版公司，1997年版。

郑师许:《漆器考》，中华书局，1936年版。

梁思成:《营造法式注释》，中国建筑工业出版社，1983年版。

王世襄编著:《清代匠作则例汇编（佛作、门神作）》，北京古籍出版社，2002年版。

中国第一历史档案馆、香港中文大学文物馆编:《清宫内务府造办处档案总汇》，人民出版社，2005年版。

朱家溍选编:《养心殿造办处史料辑览　第一辑　雍正朝》，紫禁城出版社，2003年版。

张荣选编:《养心殿造办处史料辑览　第二辑　乾隆朝》，故宫博物院出版社，2012—2016年版。

索予明主编:《中华五千年文物集刊·漆器篇》，中华五千年文物集刊编辑委员会，1984年版。

台北"故宫博物院"编：《和光剔彩——故宫藏漆》，台北"故宫博物院"，2008年版。

陈慧霞撰述，王必慈译：《清宫莳绘——院藏日本漆器特展》，台北"故宫博物院"，2002年版。

台北"故宫博物院"编辑委员会编：《海外遗珍·漆器》，台北"故宫博物院"，1987年版。

故宫博物院编：《故宫博物院藏雕漆》，文物出版社，1985年版。

王世襄编著：《中国古代漆器》，文物出版社，1987年版。

王世襄、朱家溍主编：《中国美术全集·漆器》，文物出版社，1989年版。

湖北省博物馆、香港中文大学文物馆编：《湖北出土战国秦汉漆器》，香港湖北省博物馆、中文大学文物馆，1994年版。

夏更起主编：《故宫博物院藏文物珍品大系·元明漆器》，上海科学技术出版社、商务印书馆（香港）有限公司，2006年版。

李久芳主编：《故宫博物院藏文物珍品大系·清代漆器》，上海科学技术出版社、商务印书馆（香港）有限公司，2006年版。

中国漆器全集编辑委员会编：《中国美术分类全集·中国漆器全集》，福建美术出版社，1993—1998年版。

李中岳等编：《中国历代艺术·工艺美术编》，文物出版社，1994年版。

胡德生编著：《故宫经典·明清宫廷家具》，故宫出版社，2008年版。

陈振裕等编：《中国美术全集·漆器家具》，黄山书社，2010年版。

丁文父：《中国古代髹漆家具——十至十八世纪证据的研究》，文物出版社，2012年版。

苏州博物馆编著：《苏州博物馆藏工艺品》，文物出版社，2009年版。

扬州博物馆编：《汉广陵国漆器》，文物出版社，2004年版。

常州市博物馆编:《常州文物精华》,文物出版社,1998年版。

沈福文编著:《中国漆艺美术史》,人民美术出版社,1992年版。

乔十光主编:《中国传统工艺全集·漆艺》,大象出版社,2004年版。

何豪亮、陶世智:《漆艺髹饰学》,福建美术出版社,1990年版。

长北:《扬州漆器史》,江苏人民出版社,2017年版。

长北:《长北漆艺笔记》,江苏凤凰美术出版社,2018年版。

长北:《中国传统工艺集萃·天然漆髹饰卷》,中国科学技术出版社,2018年版。

[日]六角紫水:《東洋漆工史》,雄山閣,1932年版。

[日]沢口悟一:《日本漆工の研究》,丸善株式会社,1933年版。

[日]松田權六:《うゐしの話》,岩波書店,1964年版。

[日]荒川浩和:《螺鈿》,東京国立博物館,1985年版。

[日]西岡康宏:《中国の螺鈿——十四世紀から十七世紀を中心に》,東京国立博物館,1979年版。

松濤美術館編:《中国の漆工芸》,松濤美術館,1991年版。

根津美術館編:《宋元の美——伝来の漆器を中心に》,根津美術館,2004年版。

[日]德川義宣編:《唐物漆器——中国、朝鮮、琉球》,德川美術館,1997年版。

[日]德川義宣編:《螺鈿》,德川美術館,1990年版。

東京国立博物館編:《中国宋時代の彫漆》,東京国立博物館,2004年版。

德川美術館、根津美術館編:《彫漆》,大塚巧藝社,1984年版。

[日]河野一隆等編:《彫漆——漆に刻む文様の美》,九州国立博物館,2011年版。

[日]杉山二郎:《正倉院》,ブレーン,1975年版。

《茶の湯の漆器——唐物》,茶道資料館,1989年版。

［日］佐々木英：《漆芸の伝統技法》，理工学社，1986年版。

［日］灰野昭郎：《日本の意匠》，岩波書店，1995年版。

浦添市美術館編：《館藏琉球漆芸》，浦添市美術館，1995年版。

［日］宮城清：《琉球漆器·歴史と技術、技法》，琉球漆器事業協同組合，1991年版。

［日］後藤俊太郎：《鎌倉彫》，主婦と生活社，2010年版。

K. Herberts: *Oriental Lacquer Art and Technique*, London Thames & Hudson，1962.（［英］赫伯特：《东方漆器艺术与技术》，伦敦泰晤士哈德逊图书出版社，1962年版。）

East Asian Lacquer, *the Metropolitan Museum of Art*.（［美］屈志仁：《东亚漆器》，纽约大都会博物馆，1991年版。）

Mother-of-pearl: *A Tradition in Asian Lacquer*.（［美］丹尼斯：《亚洲的螺钿》，纽约大都会博物馆，2006年版。）

2000 Years of Chinese Lacquer.（香港中文大学文物馆编：《中国漆艺二千年》，香港中文大学画廊，1993年版。）

East Asian Lacquer.（［韩］李宗宪：《东亚洲漆艺》，首尔北村美术馆，2008年版。）

Masterpieces of Chinese Lacquer.（［韩］李宗宪：《中国漆器之美》，首尔北村美术馆，2007年版。）

Korean Lacquer Wares: *The Everlasting Beauty*.（［韩］李宗宪：《韩国漆器之美》，韩国国家博物馆，2006年版。）

권상오：칠공예·천연칠의 매력과 표현기법, 조형사.（［韩］权相伍：《漆工艺·天然漆的魅力和表现技法》，首尔造型社,1997年版。）

권상오：나전공예, 대원사.（［韩］权相伍：《螺钿工艺》，首尔大园社，2007年版。）

髹饰工艺术语索引

二画

几……八六、八七
入色推光漆（艳蠟色漆日、韩）……九九

三画

大木漆树……九七
小木漆树……九七
广油（光油）……六五
干着（干设色）……二〇三、二〇四、
　二〇六～二〇七、二四三、二五二

四画

木蒂……四四～四五
木锉……一〇三
车旋……四〇
什锦锉……五二
中灰（上錆日）……三八二
中灰漆（切粉付日）……三八二
引起料……六九
双钩……三一三

五画

打底（捎当、批地、木固日）……
　一六二～一六三、三七一
打金胶……一八六
生漆（荒味漆日）……九六、九七～九八
生漆糙（下塗日、下漆韩）……三八九、
　三九〇
石（磨灰用）……五〇～五一
石色（矿物颜料）……五四～五五
写起识文（堆漆）……二四五～二四七
布……九二～九三
布漆（布着日）……一六一～一六二、
　三七四～三七六
布衣……三五三
布胎（重布胎、夹纻）……三六七～三六八
皮衣……三五〇～三五二
皮胎……三六九
本色推光漆（明膏、膏漆、合光）……九八

六画

竹蒂……四四～四五
竹节草……二六二

阳识……二四〇~二四八

合色漆（合色、混水货）……五六、三五五、
　三五七、三五八

合缝……三七〇

合题……三六六

灰（錆土日）……八七~九一

灰刷……六三

灰糙……三八八~三八九

灰擦……一七二、一七三、二三二

朱髹……一七五~一七七

光底漆胎（本坚地日）……三九三

百宝嵌（宝装、嵌装日）……三二四~三二八

仿效……四〇〇~四〇二

七画

枊（舔棒、木蹄儿、补土刀、起线挑）
　……八一~八三、二五三、二七七

快干漆……九八

没骨画……二〇七~二〇八

纸衣（一闲張日）……三五三、三五四

冻子胎……三六八

补敏（补抿）……三八九

补青（补乌）……三九〇

补缀……一六四、三九九~四〇〇

识文……一四一~一四二、二四七、二四八

识文描金……二四一~二四二

识文描漆……二四三

纹魏……一八八~二〇〇

纹间……三四〇~三四九

赤糙……一九五

八画

油饰……一二七~一二九、一八二~一八三

油光漆（有油漆日）……九八

油腻子（厚油鳗）……三七九

板合胎（板物日、指物木地日）……三六六

屈木……三六六

卷木胎（曲物日、曲物木地日）……三六六

卷凿……六六~六七

矾胎……二五五、二五九

果园厂……二六〇

罗衣……三五二

罗纹地诸饰……三三五~三三七

鱼鳔胶……一〇九

法漆……三七二

法灰漆……三七二、三八五

法絮漆……八一

单素……三五五~三六三

单漆……一五六~一五七、三五五~三五八

单油……三五九~三六〇

拔浆灰（汁浆灰）……三八五

坯油……六五

质法……三六四~三九四

质色……一六九~一八七

细灰……三八三

细灰漆（錆付日）……三八四

细斑地诸饰……三三三、三三四

泽漆（揩漆、摺漆日、拭漆日）……一七三

帚笔……七七、七八

刷丝……一三一~一三三、一八八~一九〇

刻丝花……一九一

刻理……二五〇

金箔（飞金）……四二

金髹（浑金漆）……一八四~一八七

金筒子……一九九

金理（付描日）……二〇二、二五〇

金银胎剔红……二六三、二六四

金理钩描漆（彩勾金）……三〇八~三〇九

金钩填色描漆（金骨填彩、假台彩）
　　……三〇八～三〇九
金理钩描油……三一二
金钩填色描油……三一二
金双钩螺钿……三一三
金理钩描漆加蜔……三一一～三一二
泥金……一八六
明金……一八六
衬色螺钿（衬色蜔嵌、伏彩螺钿日、伏色螺
　　钿韩）……二二九、二三〇、三一九
尚古……三九五～四〇二

九画

活架……四六～四七
荫室（風呂日）……七九～八一
挑子（刮板、角铲、篦日）……七二～七三
砖……五〇～五一
砖灰……一七二、一七四
斫絮……九一～九三
斫麻（捉麻、刻苧日）……三七四
炭末……八七、一七四
染刷……六三
染料……五四～五五
退光（磨退、艳消日）……一三五～一三七、
　　一七一～一七二
退揩青……一七三
茧球（丝绵球）……七七、七八
贴金（平金）……一二九、一八四～一八七
洒金（末金镂、沙嵌、斑洒金）……一四三～
　　一四四、一九八～二〇〇、二三二
洒金地诸饰……三三〇～三三二
洋漆漆器……三〇一
厚料漆（油光漆）……九八、二六二

重色雕漆（横色雕漆、彫彩漆日）
　　……二七一～二七三、二七四
复色雕漆……二七三～二七四
复饰……三二九～三三九

十画

胶……一〇八、一〇九
桐油……六三～六五
垸漆（丸漆）……一六〇、三七七～三八七
捎盘……八六、九三～九六
笔觇……一〇四～一〇六
浆灰漆……三八四、三八九
透明推光漆（透明漆、透蠟色漆日、木地蠟
　　色漆日）……九九
剔犀（云雕）……一五〇～一五一、
　　二八〇～二八六
剔红（雕红）……二五五～二六三
剔黄……二六五
剔绿……二六五～二六六
剔黑……二六六～二六八
剔彩……二六九～二七三
粉衬……二八八、二九八
粉盏（粉镇韩）……七〇、七一
破螺漆（波罗漆、若狭塗日）……二三八、
　　二三九

十一画

银……四三
旋床……四〇～四一
旋木胎（梡物日、椀木地日）……三六六
旋题……三六六
揩笔觇……五六、一〇四～一〇六
麻布（夏布）……九二～九三

麻筋（麻丝）……九一～九三

桴炭……四八、四九

斜头刀（开纹刀）……一〇二～一〇四

绿髹（绿沉漆）……一七八～一八〇

假洒金（砂金漆、撒金）……一四三、
　　一四四、一九八、一九九

清钩描金……二〇二

脱胎……三六七

粗灰……三八一

粗灰漆（下錆日）……三八一～三八二

银箔……四三

银朱……五三、五四

铜胎（鍮胎）……二六三、二六四、三六八

鹿角霜（鹿角灰）……三八〇

绮纹刷丝……一九〇

绮纹填漆（刷毛目塗日）……二一八

绮纹地诸饰……三三四～三三五

麸金……四二

麸银……四三

密陀僧……六五、二〇三

密陀油……六五、二〇三

推光（艶付き日）……一七三～一七五

推光漆（呂色漆日）……一八二、三九一

推光漆髹涂（呂色塗日、蠟色塗日）
　　……一六九～一八二

黄髹……一七七、一七八

黄糙……一九六

黄明单漆……三六一～三六三

描饰……一三九～一四一、二〇一～二一〇

描金（箔絵日、越、缅、泰）……二〇一～二〇三

描漆（描华、设色画漆）……二〇三～二〇八

描油（描锦、密陀絵日）……六四、二〇九～
　　二一〇

描金罩漆……二一〇～二一三、三六三

描金加彩漆……三〇一～三〇二

描金加蜔……三〇二、三〇三

描金加蜔错彩漆……三〇三、三〇四

描金殽沙金……三〇四～三〇六

描金错洒金加蜔……三〇七～三〇八

描漆错蜔……三〇九～三一一

彩金象……二〇一、二〇二

彩油错泥金加蜔金银片……三二三、三二四

隐起描金……二四九～二五一

隐起描漆……二五一～二五二

隐起描油……二五二、二五三

堆起……一四二、二四九～二五三

堆色雕漆（竖色雕漆、紅花緑葉日）
　　……二七一～二七四

堆红（假雕红）……二七五～二七七

堆彩（堆锦、锦塑、锦料堆花）
　　……二七七～二八〇

断纹……三九六～三九八

十二画

棚架（栈）……四七、四八

筒罗……六七～六八

提庄漆（严生漆、精制生漆、生正味日、生
　　上味日）……九八、一七三

湿漆桶……七八、七九

湿漆瓮……七八、七九

揩光石……四八、四九

揩光（艶上げ日）……一三六、一七三～一七六

揩青（泽黑漆）……一七三

黑料……一七〇、一七一

黑糙……一八四、一八五、三八七

黑髹（黑推光漆髹涂、黑蠟色塗日）
　　……一七〇～一七五

黑漆理（黑理、开黑）……二〇一、二五〇

疏理（描割日）……二〇二

嵌螺钿……一四五、二二四～二三一
嵌金（金平脱、金平文、切金日）
　　……二三一～二三三
嵌银（银平脱、銀平文日）……二三一～二三三
嵌金银（金银平脱、金銀平文日）
　　……二三一～二三三
嵌蚌间填漆……三四四
犀皮（犀毗、西皮、津軽塗日）
　　……二三四～二三九
款彩（深刻、刻灰）一四六～一四八、二八八～
　　二九一
款彩间犀皮……三四三～三四四
揸花漆……二四四～二四五
桊榛……三六五、三六六
紫髹……一八〇、一八一
紫坯油……六五

十三画

煎漆锅……九九、一〇〇、一〇一
煎糙（垫光漆、光底漆、中塗日）
　　……一五八～一五九、三九〇、三九一
滤车（绞漆架、馬日）……一〇六～一〇八
滤漆布（幦）……一〇七
罩明（罩透明漆）……一三〇～一三一、
　　一九四～二〇〇
罩朱单漆……三六三
罩朱髹……一九五～一九六
罩黄髹……一九六
罩金髹……一九七
填嵌……二一三～二三九
填漆加蜔……三一四、三一五
填漆间螺钿……三四四
填蚌间鎗金……三四四～三四五
填漆加蜔金银片……三一六

填漆间沙蚌……三四六～三四七
蓓蕾漆……一三三～一三四、一九二～一九三
犏斓……二九九～三二八、三四八～三四九
锦纹鎗金地诸饰……三三八

十四画

韶粉……五三
模凿……八六、一〇二～一〇四
漆画笔……七三、七四
漆冻（冻子、锦料、锦泥）……二四九、
　　二七六、三八六
漆际……三九四
髹刷……六〇～六三
髹几……九三
髹色（草色）……三五五、三五七～三五八
褐髹……一八一～一八二
窨……八四～八六
彰髹（斑文填漆）……二一九～二二二
彰髹加金（赤宝砂、绿宝砂）……二二二
镂嵌填漆（蒟酱緬、泰、日）……二一三～二二二
裹衣……一五四～一五六、三五〇～三五四
榛器……三五五

十五画

熟漆……九六～九九
镌蜔（浮彫螺钿日、韩）……二八六～二八八
颜料（色料）……五四～五五

十六画

靛花（靛蓝）……五三、五五
觌漆（光漆、上塗日、上漆韩）……
　　一二一～一二七、一六九

磨灰……五〇～五一
磨糙……三八七～三九三
磨敏……三八九
磨显（磨现）……一三七～一三九
磨显填漆（漆下研磨彩绘）……二一三～
　二一七
糙漆……三八七～三九三
雕刀……七五～七七
雕镂……二五四～二九一
雕漆……一五二～一五四、二五四～二八六
雕漆错镌蜎……三二二、三二三

十七画

篾胎（籃胎日）……三六八
螺钿（钿螺）……五八～六〇
螺钿加金银片（嵌金间螺钿）……三一七、
　三四六

十八画

曜糙（曜糙）……三九〇～三九二
鎗划……一四八～一五〇、二九二～二九八
鎗金（沈金日）……二九三
鎗彩……二九八
鎗金细钩描漆……三一九、三二〇
鎗金细钩填漆……三二〇～三二二

十九画

鳗水（灰膏子）……三七七、三七九
攒犀（鎗金间犀皮）……三四〇～三四二
曝漆盘……九九～一〇一
曝漆挑子……一〇一～一〇二

二十二画

蘸子……六八、六九

后　记

　　2018年秋，杭间先生、徐峙立先生等动议出版"中国传统工艺经典丛书"，诚邀笔者参与写作，修订《髹饰录图说》。笔者深知，这是笔者此生研究《髹饰录》的最后一本著作，既然丛书易名扩版，理应作为重写新书对待。从签约之日起，笔者便苦思冥想如何凸显这最后一本独特的学术品格、学术价值，过去各本的缺陷都得在此本弥补，过去各本没有说清没有解透的字句都得在这本说清解透，再不能留有遗憾。局部说，理应一句不漏、一词不漏、一字不漏地予以校勘予以解说，每一个字都要推敲坚实；整体说，理应荟萃前人研究和自身著作精华，超越过往，更上层楼，写出特色。

　　蒹葭堂抄本、德川抄本之后，华语世界《髹饰录》版本已不在少。

　　近代版本唯朱氏刻本。营造学社创始人朱启钤先生钩沉之功，永存史册。其版本来源系日本美术史家大村西崖先生从蒹葭堂抄本复抄后，由朱先生交阚铎重加笺注，刊刻200本行世，其中百本寄往海外。刻本比抄本可读，加之阚铎将原抄本上寿碌堂主人增补、眉批、按语全部从原典中剔出集中附于书末，使刻本眉目更趋清晰。不足在于，朱氏刻本转抄转刻自大村西崖从蒹葭堂抄本转抄之本。古籍研究历来重视版本源头，慎用转抄复转抄、转手太多的版本，所以，朱氏刻本适合一般性阅读，研究者宜谨慎选用。朱氏刻本另一缺陷在于：原典之后的《髹饰录笺证》，寿笺与阚铎自加笺注混杂不分，造成后人误读，王世襄先生因此将阙笺全部误作为"寿笺"，收入《髹饰录解说》。21世纪，王先生得到索予明先生大著《髹饰录解说》，将蒹葭堂抄本复印件与朱氏刻本一同交付中国人民大学出版社，于2004年合印出版。

现代解说本首推索予明先生《髹饰录解说》（台湾商务印书馆，1974年版，书后附蒹葭堂抄本复印本）。索先生得益于现代台湾获取海外资料的方便，以迄今全世界流行各版本的共同祖本——蒹葭堂抄本为底本，全录寿碌堂主人增补、眉批和按语并将蒹葭堂抄本全本附于书后。其解说综观约取，删削枝蔓，简洁浅显。一些王先生不能解说而以"待考"二字带过之处，索先生以白话明解，片言只语，顿使读者大致明白。索先生还为《髹饰录》原注者扬明正名。扬明，蒹葭堂抄本、德川抄本《序》末扬明自署名皆为提手之"扬"。索予明先生考证，西塘一支扬姓为提手之"扬"，《嘉兴府志》记，"张德刚，西塘人。父成，与同里扬茂俱擅髹剔红器"[①]，藏于北京故宫博物院的扬茂制"剔红花卉纹渣斗"，器底针刻姓名正是提手之"扬"。因此，索解本据两抄本恢复初注者为"扬明"。索解本缺陷在于：海峡两岸长期不相往来，索先生难以向大陆髹饰工坊调查取证。时代造成的，岂止是学者之痛！

王世襄《髹饰录解说》（文物出版社，1983年版）是大陆最早的现代解说本。王先生只能以当时大陆唯一可见版本朱氏刻本为底本。此本从抄本抄出，复抄，增删，复刻，王先生复抄则喜作润色。原典中凡条目顶格书写，章名降一格，节名再降一格，王解本将原典章名、节名统统计为条目，或数条合并为一条。王解本中许多寿笺，在两抄本中皆无出处，原来其非寿笺，而是朱氏刻本末尾的阙笺；王解本将初注者标为"杨明"，盖因朱氏刻本转刻之时易抄本之"扬"为

---

① 索予明：《剔红考》，《故宫季刊》第6卷第3期，1972年。

"杨"。以上种种，使王解本引用原典与寿笺失真。当时大陆并无其他版本可资比较，谈何版本校勘？加之20世纪50年代以来，王先生饱受政治磨难，偷偷伏案研究还怕被戴上"白专"帽子，遑言田野考察。由于对工艺隔膜，王解本只能沿用历代文人注经之法，错解、误解实不在少。而《髹饰录》实在并非经书，乃是工艺书，其价值在于完整记录了古代髹饰工艺体系。王先生注经之法为后世学者尊重，却难为漆艺实践者阅读使用。王先生因时代禁锢无法得见原抄本，也无法前往各地调查工艺，后人当充分理解学者之痛！

长北作为后学，曾得到索先生、王先生耳提面命。《髹饰录图说》（山东画报出版社，2007年版）撰写之时，长北有幸获赠索予明先生蒹葭堂抄本《髹饰录解说》，由是连求多本，分赠何豪亮等大陆师友；此后，又获赠中国人民大学出版社《髹饰录》合印本等多种漆器著作。由是，长北有比较版本的可能。加之长北青少年时期曾从事漆器生产实践，熟悉理解工艺，于是将《髹饰录》还原到工艺书加以解说。2007版《图说》兼版本校勘、解说工艺两端且开本简明，缺憾在于，退休前的长北重荷在身，图例草草，不足还原历史语境，不足表现博大精深的髹饰工艺体系，校勘遗漏实不在少。

退休后的长北，具备了艺术学学者的研究方法和学术视野，以再十数年精力从容回归漆艺研究，《〈髹饰录〉与东亚漆艺——传统髹饰工艺体系研究》（国家出版基金项目，人民美术出版社，2014年版）以大量第一手调查的鲜活例证参之以古代文献，梳理记录了从史前到现代东亚髹饰工艺体系的动态流变，记录了《髹饰录》之前、之后的工艺创造并按《髹饰录》分类原则归类，使此书成为对东亚髹饰工艺体系相对完整全面的记录，成为新版《八千年髹饰录》。长北还用第五卷共五章篇幅，对《髹饰录》各版本进行详细校勘。该书长处是：信息量极大且来自田野调查记录与原始文献，图片欣赏性强，内容可操作性强，读者特别是实践型读者逐页读完《髹饰录》诞生前、诞生时、诞生后三卷及日本髹饰工艺等各卷，再读书末《东亚漆器髹饰工艺成长精进衍变之目录树》，莫不回馈大有裨益。长即短：通读、细读需要心定，颇费时间；长北要求用繁体字以广流传，漏校、留错尚不在少。

在2007版《图说》售罄、漆艺家纷纷希望长北再写通俗读本的情况之下，长北《髹饰录析解》2017年由江苏凤凰美术出版社出版。此书干脆浅到家简到家，舍弃校勘，只按髹饰工艺的实际流程完整解说《髹饰录》，以彻底服从工人学艺、漆艺家全面传承传统、大众了解漆艺的需要，出版后，甚受漆艺实践者欢迎，隔年便印刷二版。而从学术层面说，忽略研究古籍必需的校勘注释，又不足面对读惯经书的书斋型学者。

新版《图说》对于笔者，是一次改进不足更上层楼的机遇。笔者将纸质蒹葭堂抄本、德川抄本与各种解说本再度置于两案之前，以坐穿板凳般的耐力，连续数月重新逐字比对逐字推敲，发现大有以往解说熟视无睹以为不必解而未解之处。笔者还发现，两抄本各页书写格式惊人地相同，皆书为原典大字、扬明注小字，甚至每章每条占页多少、从何字转书下行也惊人地酷肖。这显然不是两抄本转抄自同一母本，而是其中一部抄本完整仿抄另一部抄本。这种高度近似的模抄，只能出现在另一部抄本流传已久、已为世人认可之后。对两抄本用字差异、装潢繁简差异、流传有绪无绪差异等深入比对研究，笔者进一步厘清了《髹饰录》的源头。重写《图说》的过程中，又每遇不宜用简体而改用繁体、电脑自动转换为简体的苦恼，颠来倒去，真令笔者胆颤！笔者询问出版社：是否可以原典统一使用繁体字、异体字以真实再现原典面貌？答曰：除通假字可以不换，其余必须遵循现代汉语出版规范。就这样，笔者在繁体字与简体字、古字与今字、通假字与正体字及古人错字间徘徊斟酌。主观愿望是校勘到一字不错、一字不漏，心底则惴惴：能否完全按照笔者意愿成书？成书流程中是否仍会有电脑自动换字造成的漏校？笔者不是越校越胆大，而是校了二十余年，越校越胆小。所幸出版社极其重视，张编辑极度认真且水平极高，如果没有她以古籍校勘的专业功底严格把关，自我期许根本无望达到。新版《图说》突出特色在于：细致校勘，包括前人从未做过的两抄本校勘和中文各版本校勘；向古图、古书、古物求取典型例证，力求返回古代语境。它比《〈髹饰录〉与东亚漆艺——传统髹饰工艺体系研究》解说典型，不求多多益善；比《髹饰录析解》重视校勘，重视注释，重视版本流传，不仅仅是解说工艺；比2007版《图说》观照立体，校勘更严格，解说更严密，选择资料更典型更全面更严谨，更尊重原典诞生的语境。

　　笔者与王世襄先生对《髹饰录》的理解多有不同，王先生也确乎不很愿意回答我过多的疑问。随着治学的深入，我渐渐体悟出一点治学之道：晚学并不靠积一堆问题干扰前辈，必得靠自己行脚读书渐有体悟。王世襄先生、张道一先生是性情中人。即之，或有时以烫，有时以冷；遇事，或有时以喜，有时以愤：每令晚辈惶恐。我愈老，愈体味到曾能即之的幸福；愈老，愈发现立身治学深受曾经即之的几位先生潜移默化的影响。我尤其景仰王先生特立独行的人格精神。他在困境中坚持，坚守，了不起就在他始终昂首的态度和日后为世瞩目的学术成果。王先生其实是身体力行在引导我治学，身体力行在引导我人生。我愈老，对我曾即之的多位先生的思想境界愈有灵魂深处的同气相投和息息相通。王先生是现代中国第一位研究《髹饰录》的学者，其解说见经学时代文人治学特色，科学时代或有可商，其综合素养加学术研究所代表的文化高度，却"与天壤而同久，共三光而永光"。

　　新书签约以后，适逢美国弗利尔国家博物馆高级研究员Blythe McCarthy、美国迪美博物馆研究员王伊悠飞越万里专程来到寒舍，商议如何英译《髹饰录》，对《髹饰录》祖本注者为扬明、朱氏刻本转抄转刻自大村西崖从蒹葭堂抄本转抄之本并由阚铎增减笺注等问题高度重视，彼问我答，凡三天。两位学者回国之后，逐字研读拙著《髹饰录与东亚漆艺》，提出翻译第五卷第四章《〈髹饰录〉初注者姓氏考辨》等附于《髹饰录》英译本书末并在海外以论文形式发表。美国学者的视角，启发笔者逐条检视自身解说未向跨文化语境读者说透之处，以科学思维重新审视《髹饰录》。待到新版《图说》和《髹饰录》英译版出版，全世界对《髹饰录》的研究将再上新层次。

　　翻思此生，笔者盘熟了若干本古籍，而就其中一本粗盘，细盘，反反复复地盘，几十年心血付诸《髹饰录》，终于就《髹饰录》写出四本各具特色的解说。笔者的解说，以注重考察工坊、研究工艺、搜集多重证据、通览髹饰工艺的古今之变为特色，对每一项工艺的诞生年代不贸然提前，而于实物印证、文献佐证之外，借助当时工艺的整体背景、文化背景等加以综合考察。四本又各具自身特色。读者想读详，有详；想读略，有略；想读繁，有繁；想读简，有简；想研究校勘、注释与版本流传的学问家，想学习、复原、创新工艺的实践者，各自可以寻其所好。笔者不趋风，不赶趟，不在意冷门研究不热，深知治学只能是自发自愿、慢慢积累的苦活，对抄袭、矫引、崇引等劣行深感无奈，却从没有因为时风日下而气馁，笔者深知：著作真实的价值认定，需等数百年后书还在传，而人已经冷透。

　　　　　　长北，2020年于东南大学，时年七十有六